应用经济学研究与教学方法论丛书

人口、资源与环境经济学模型与案例分析

（第二版）

主　编　刘耀彬　肖小东　胡凯川

副主编　田　西　占少贵　陈建军　张　灵

U0263538

科学出版社

北　京

内 容 简 介

本书从人口、资源与环境的整体性和相关性出发，对人口、资源与环境经济学的学科属性和研究内容进行系统介绍，阐述人口、资源与环境在经济分析中的主要模型和应用方法。全书包括人口与经济、资源与经济、环境与经济、人口资源环境与经济的相互关系四个方面的内容，通过理论介绍、模型展示和案例应用，使学生掌握区域人口、资源与环境经济学分析中的主要模型，学会相关模型的实际应用，以此提高学生的分析能力和动手能力。

本书既可作为普通高等学校经济类专业高年级本科生、研究生的教学用书，也可作为从事经济管理工作人士的参考用书。

图书在版编目（CIP）数据

人口、资源与环境经济学模型与案例分析 / 刘耀彬，肖小东，胡凯川主编. —2 版. —北京：科学出版社，2020.9
（应用经济学研究与教学方法论丛书）

ISBN 978-7-03-063235-7

Ⅰ.①人… Ⅱ.①刘… ②肖… ③胡… Ⅲ.①人口经济学–研究 ②资源经济学–研究 ③环境经济学–研究 Ⅳ.①X196

中国版本图书馆 CIP 数据核字（2019）第 249411 号

责任编辑：郝 静 / 责任校对：贾娜娜
责任印制：张 伟 / 封面设计：蓝正设计

科 学 出 版 社 出版
北京东黄城根北街 16 号
邮政编码：100717
http://www.sciencep.com

北京中科印刷有限公司 印刷

科学出版社发行 各地新华书店经销

*

2020 年 9 月第 一 版 开本：787×1092 1/16
2023 年 8 月第三次印刷 印张：18
字数：426 000

定价：88.00 元
（如有印装质量问题，我社负责调换）

目　　录

第三篇　资源经济学模型与案例分析

第四篇　环境经济学模型与案例分析

第五篇 资源对经济约束模型与案例分析

第一篇

人口、资源与环境经济学学科属性与内容框架

第一章 人口、资源与环境经济学学科属性

第一节 人口、资源、环境的概念及本质

一、人口的概念及其本质

（一）人口的相关概念

人口是指在一定社会生产方式下，在一定时间、一定地域，实现其生命活动并构成社会生活主体，具有一定数量和质量的人所组成的社会群体。通俗地讲，人口就是"某一地区的全体居民"，是构成一个国家或社会的最基本要素，是一个内容复杂、综合多种社会关系的社会实体。

人口问题涵盖了社会学、地理学等学科，同时也是人口学研究的主要范畴，其研究内容主要涉及人口流动、人口迁移、人口红利、人口老龄化、人口预测、人口结构、人口增长、人口分布、人口密度、人口普查等。所谓人口问题实质是指人口统计变量的变化而引致的人口系统的失衡现象或者指人口系统和非人口系统（也就是经济、社会、资源、环境系统）在互动中的矛盾冲突。人口问题包括人口统计变量的变化所导致的原生型人口问题和人口现象，人口过程的诸多变化所带来的社会、经济负面后果（即次生型人口问题）（穆光宗，1996）。人口问题的解决最终要依赖经济和社会的发展，而发展的速度和质量在人类目前的条件下又受制于人口问题，所以在发展的同时又要合理地解决人口问题，实现人口、经济和社会的协调、统一发展。归根结底，人口问题的本质是发展问题。

（二）人口的属性

（1）人口的本质属性是社会属性。人口作为一个社会群体，虽然也有自然属性，受生物学规律的支配，但其本质属性是社会属性，在根本上受社会发展规律的支配。人口的本质属性决定了人口绝不是几个数字的简单罗列，在其表象背后，有着丰富的社会、

经济特征和含义。因此，对人口数据进行统计分析一定要与社会、经济变量的分析相结合，否则就难以揭示人口问题的真实含义。最重要的是，人口的本质属性说明了人口是"发展"过程中的变量，而不是"发展"过程之外的变量。

（2）人口是"发展"过程中的要素。人口的发展离不开出生、死亡、迁移、婚姻、生育等一系列人口事件的产生和发展，而人口事件本质上是社会、经济变量的函数。总之，没有人口要素的存在和作用，"发展系统"将无法进行。

（3）人口问题的产生必然有一定的经济、社会背景和难以割舍的历史根源。人口问题的产生既与人口系统运行的内在机制有关，也与人口系统内在机制运行中的社会、经济环境和历史设定的客观条件有关。但一般而言，经济、社会及人类自身的"发展程度"是决定一个社会人口问题产生机制、类型范围以及严重程度最为重要的综合变量。

（4）人口问题的解决最终取决于经济发展和社会进步。一个社会人口问题的产生机制和解决途径都需要在"发展"的过程中去寻找，撇开经济、社会的发展（包括制度的创新和变迁）来谈人口问题的治理无异于"缘木求鱼"。例如，国民素质问题和人口老龄化问题的解决，需要充分结合经济、社会的发展才能奏效。国民素质问题主要涉及教育、卫生和保健投资以及人力资源开发的制度创新问题，人口老龄化问题则涉及社会保障体制、人类赡养体制等问题。总之，人口问题的解决取决于经济发展和社会进步。

二、资源的内涵

（一）资源的概念

古往今来，虽然不同的人都在谈论资源，但是对于资源的真正含义，学术界却没有统一的定论。资源是一个具有广泛意义的词汇，由于研究领域和研究角度的不同，人们在资源概念的解释和使用上，有广义和狭义之分。广义的资源指构成社会、经济、生态环境三大运行系统所需的一切物质要素和非物质要素的总和，包括人力、智力、信息、技术、管理等经济资源和社会资源，还包括阳光、空气、水、矿产、土壤、植物、动物等自然资源。

概括来说，资源的发展经历了以下几个阶段：局限于自然资源的传统观念；从自然资源引申释义到社会、经济资源；从自然资源到社会、经济资源，再到知识资源的扩展；全面资源的雏形——大资源的形成。

人们通常谈论的资源概念，一般指自然资源，即狭义的资源概念（欧阳金芳等，2009）。本书重点讨论自然资源的相关概念和内涵。联合国环境规划署（United Nations Environment Programme，UNEP）对自然资源所下的定义为：在一定时间、地点、条件下能够产生经济价值，以提高人类当前和将来福利的自然因素和条件。《英国大百科全书》将自然资源定义为：人类可以利用的自然生成物及生成源泉的环境能力。前者如土地、水、大气、岩石、矿物，以及森林、草场、矿床、陆地、海洋等；后者如太阳能、地球物理的循环机能、生态学的循环机能、地球化学的循环机能。《中国大百科全书》认为：自然资源作为生产资料和生活资料的来源，一般包括土地资源、水资源、生物资源、气候资源、旅游资源等。

概括来说，自然资源是指存在于大自然中的，在一定经济、技术条件下可以被人类利用的各种天然存在的自然物。

（二）自然资源的含义

自然资源的含义包括以下几点。

（1）自然资源指的是天然存在的自然物，而不是人造物。它们的数量与质量、形成和发展、空间分布形式和地域组合特征，都不随人的主观意志而转移，而是受到自然规律的支配。人类不能随心所欲地制造自然资源或改变自然资源丰富或贫乏的状况。人类要制造人造物，就必须利用有关的自然物，人造物实际上是人类利用天然自然物的产物。对于人造物而言，自然资源是它的来源，是制造人造物所利用的原料、能源。

（2）自然资源指由人类发现的有用途和有价值的物质，而不是脱离人类的生产应用对客观物质的抽象研究的对象。自然资源是从自然环境中得到的，可以采取各种方式为人类所利用的一切自然要素。把这些自然要素称为自然资源，是从人类需要的角度出发的，它们是社会生产发展的自然物质基础。只要是可以被人类利用的自然物，即使暂时还未利用，也仍然是自然资源。有些自然物起初人类就认为其无法利用，那就不是自然资源。

（3）自然资源是一个相对概念，它的内涵与外延并非是一成不变的。随着社会生产力水平的提高和科学技术的进步，以及人类开发利用自然资源的广度和深度日益增加，人类可以利用的自然物质和能量的形态、结构和功能在不断变化。例如，随着航天事业的发展和人类对宇宙的探索研究，地球外的资源被人们认识和利用，而且空间资源的概念也日趋成熟。人类对自然资源的认识，以及自然资源开发利用的范围、规模、种类和数量，都在不断发展，现在甚至把环境质量和生态服务功能也视为自然资源（蔡运龙，2007）。

（4）自然环境和自然资源是密不可分的，但又是两个不同的概念。自然环境是指人类周围客观存在的物质，而自然资源是从人类利用的角度来理解的自然环境因素。可以说，自然资源是人类能够利用、满足人类生存和发展所需要的自然环境。因此，自然资源不仅包括可以用于人类生产和生活的自然资源，也包括能给予人类精神文明享受的自然环境。

（5）自然资源具有相对稀缺性，永不短缺或还没有显现出短缺可能性的自然物，不能称为自然资源。阳光与空气这类事物虽然对人类具有极为重要的社会效用，但人们并不视其为资源，这是因为与人类的需求相比，它们的供给是充分的，只在某些特殊的情况下，才表现出相对的稀缺性或潜在的限制性，并被视为资源，如阳光作为太阳能开发或日光被利用时就显示出相对稀缺性。因此，尚未被发现或发现了但不知其用途的，或者虽然发现其有用，但与需求数量相比太小的，就认为其没有价值，或者没有实际应用价值的物质，就不能算是自然资源。

三、环境的概念及基本属性

（一）环境的概念

环境指的是周围的事物或周围所存在的条件，它总是相对于某一中心事物而言的，通常所说的环境是指围绕着人类的外部世界。环境科学所研究的环境是以人类为主体的外部世界，即人类生存、繁衍所必需的相适应的环境或物质条件的综合体，可分为自然环境和人为环境。

本书所讲的环境主要是自然环境，即人类目前赖以生存、生活和生产所必需的自然条件和自然资源的总称，包括空气、水、岩石、土壤、阳光、温度、气候、地磁、动植物、微生物以及地壳的稳定性等直接或间接影响到人类的一切自然形成的物质、能量和自然现象（吕红平和王金营，2001）。

（二）环境的基本属性

1. 整体性与区域性

环境的整体性与区域性是同一环境特性在两个不同侧面的表现。

环境的整体性指环境各要素构成的一个完整的系统，即在一定空间内，环境要素（大气、水、土壤、生物等）之间存在着确定的数量、空间位置的排布和相互作用关系。通过物质转换和能量流动以及两者相互关联的变化规律，在不同的时刻，系统会呈现出不同的状态。环境的区域性是指环境整体特性的区域差异，即不同区域的环境有不同的整体特性。

2. 变动性和稳定性

环境的变动性是指在自然过程和人类社会行为的共同作用下，环境的内部结构和外在状态始终处于变动之中，人类社会的发展史就是环境的结构与状态在自然过程和人类社会行为相互作用下不断变动的历史。环境的稳定性是指环境系统具有的在一定限度范围内自我调节的能力，即环境可以凭借自我调节能力在一定限度内将人类活动引起的环境变化抵消。

环境的变动性是绝对的，稳定性是相对的。人类必须将自身活动对环境的影响控制在环境自我调节能力的限度内，使人类活动与环境变化的规律相适应，以使环境朝着有利于人类生存发展的方向变动。

3. 资源性与价值性

环境的资源性表现在物质性和非物质性两方面，物质性（如水资源、土地资源、矿产资源等）是人类生存发展不可缺少的物质资源和能量资源；而非物质性同样可以是资源，如某一地区的环境状态直接决定其适宜的产业模式。因此，环境状态是一种非物质性资源。环境的价值性源于环境的资源性，其是由生态价值和存在价值组成的。

第二节 人口、资源与环境经济学的特征

一、人口、资源与环境经济学的学科特点

人口、资源与环境经济学是 1997 年国务院学位委员会在理论经济学一级学科下设立的二级学科，它是一门以经济过程和经济发展中的人口、资源、环境三大因素之间的内在联系以及它们各自所起的作用为研究对象的科学（吕红平和王金营，2001）。作为一门理论经济学的新兴分支学科，人口、资源与环境经济学具有如下两大方面的特点。

（一）综合性

人口、资源与环境经济学的综合性是由于这一学科既涉及文科知识，也涉及理工科知识，既包含人口经济学、资源经济学、环境经济学等经济学科，也包含社会学、生态学、管理学等其他学科的内容。它对以上诸学科按照人口、资源与环境经济学的学科性质和研究目的进行提炼与综合，使其既反映各个"分子学科"的精华，又不同于原来的"分子学科"；既有原来各个"分子学科"的印迹，又远远超出原来的"分子学科"的范畴，从而形成一个基于以上诸"分子学科"之上的新学科。

应该说，在人口经济学、资源经济学、环境经济学以及社会学、生态学、管理学等学科的建设方面，我们已经取得了很大成绩，基本上都在各自的学科领域形成了较为系统的研究框架和学科体系。但作为一个新的学科，人口、资源与环境经济学绝不是人口经济学、资源经济学、环境经济学等学科的简单相加，而是经过综合之后形成的一个全新的学科，是由以上诸学科有机组合而形成的整体。

（二）应用性

人口、资源与环境经济学的应用性主要是由这一学科的产生背景和研究目的所决定的。人口、资源与环境经济学是为了满足综合解决人口问题、资源问题、环境问题等制约社会经济发展的重大问题的需要而产生的，同时反映了研究、制定和实施可持续发展战略的客观要求。

可持续发展理论出现后，人们对解决人口、资源、环境问题的目的性更加明确，各国政府也纷纷把解决人口问题、资源问题、环境问题看成是实现可持续发展战略的主要内容，并制定了具体的行动计划。要研究、制定和实施可持续发展战略，就必须对人口、资源、环境等关系到可持续发展的重要因素进行理论上的论证，以求得最大的经济合理性，人口、资源与环境经济学就是以解决这些问题为主要研究任务的。

此外，人口、资源与环境经济学的应用性还体现在为实施可持续发展战略提供具有科学性、可行性和可操作性的可选方案，并进行科学论证，从而使理论研究走出"理论家的殿堂"，应用于实践，服务于实践，对实践起到应有的指导作用。

二、人口、资源与环境经济学的学科建设需要反映的特点

作为一门新兴学科，现有的人口、资源与环境经济学学科建设还存在着很多问题，如经济学学科性质不突出、学科一体化不够、学科体系不完善等。人口、资源与环境经济学学科建设，虽然要吸收人口经济学、资源经济学、环境经济学研究的积极成果，但又不能把它视为三门学科的集合，只是探讨人口、资源、环境之间的内在联系。人口、资源与环境经济学是研究人口、资源、环境的经济学，而不是人口经济学、资源经济学、环境经济学的结合。因此，要建立把人口、资源、环境融为一体的学科理论基础，使原来的三门学科统一在一条主线下，需要反映以下几个特点（白永秀和吴振磊，2012）。

1. 明确人口、资源与环境经济学的定位

人口、资源与环境经济学是"以人为本的经济学"，它研究的是经济社会发展中的主体——人以及人的地位与作用，人的经济行为与社会行为，人口的数量、规模与结构，人口、资源、环境之间的内在联系与相互作用。

从学科属性看，人口、资源与环境经济学是经济学，而且是最基本、最重要的经济学学科，在经济学类中居于举足轻重的地位，它研究与涉及的问题是经济学学科的灵魂与本质。

2. 明显体现经济学的理论特色

人口、资源与环境经济学属于理论经济学的范畴，因此，要加强学科的经济学理论性建设。人口、资源与环境经济学要依托理论经济学的支持，把理论经济学作为它的发展基础。人口、资源与环境经济学的建设与发展，并不否定人口经济学、资源经济学、环境经济学的存在，但它们是有明确分工的。人口经济学、资源经济学、环境经济学更多的是研究技术层面的问题，而人口、资源与环境经济学更多的是研究理论层面的问题。

3. 注重学科结构的一体化

在整体设计上彻底改变"三大板块结构"的局面，在经济学的框架内把人口、资源、环境统一起来；在人口、资源与环境经济学的框架内把生态经济学、气候经济学、灾害经济学、可持续发展经济学等有机结合起来，探讨它们之间的内在联系。

4. 注重学科的系统性

人口、资源与环境经济学作为一门学科，应当有一套属于自己的成熟范式。从学科建设的角度出发，重点探讨本学科的研究对象、主线、目的、任务等，建立比较完善的理论体系。

第三节　人口、资源与环境经济学的建立、形成与发展

一、人口、资源与环境经济学的建立

1997年，国务院学位委员会在调整研究生专业目录时，将原来的人口经济学扩展为

人口、资源与环境经济学。它不仅是人口经济学、资源经济学、环境经济学的学科整合，也是我国现代化建设中所需要的与时俱进，是经济学发展里程中的重大革命。该学科的兴起与发展，也是通过可持续发展理念，整合多个学科，不断交融、深化的过程，学科发展存在多源头特征（李通屏等，2007），这种特点可以表示如下：

$$PREE=SD \cdot (PE+RE+EE) \tag{1-1}$$

式中，PREE 表示人口、资源与环境经济学；SD 表示可持续发展；PE 表示人口经济学；RE 表示资源经济学；EE 表示环境经济学。

二、人口、资源与环境经济学的形成与发展

（一）人口经济学的形成与发展

在人口、资源与环境经济学学科体系中，人口经济学是起步较早、理论和方法比较完备的分支之一。作为早期政治经济学的组成部分，马尔萨斯开启了人口经济研究的先河。第二次世界大战以来，世界人口发展经历了若干重要变化，20 世纪 40 年代末到 60 年代初，世界人口快速增长，而发达国家在经历人口增长率短暂回升之后，表现出持续下降的趋势。日益加强的人口迁移和城市化趋势，也为人口经济学研究提出了新的课题，并促成了这门学科的诞生和发展。

（二）资源经济学的形成和发展

1. 萌芽阶段

资源经济学的萌芽出现在工业革命之后，世界人口增加的速度显著加快，人类技术能力与生产力水平有了革命性的进步，促进了科学的发展，一些涉及自然资源研究的学科（如生物学、地学、经济学）以及资源利用技术的学科（如农学、森林学、土壤学、矿物学）等分别进行了各种各样的研究，但尚未综合成一门独立的资源经济学。尽管如此，这些学科所积累的科学资料和知识，为资源经济学的产生创造了条件，奠定了基础（蔡运龙，2007）。

2. 资源经济学的形成

第二次世界大战以后，人口爆炸性增长，世界人口从 1950 年的 26 亿人跃升到 1999 年的 60 亿人，物质生活水平和技术水平也不断提高，工业化向全球扩展，人类不再是偎依在地球母亲怀抱中的婴儿，倒像是自然界的主人。正如《世界自然保护大纲》中所指出的那样，这个时代的一个重要特征是，人类几乎有着无限的建设能力和创造能力，但又有着同样的破坏力和毁灭力。财富稳步增长，对食物、能源、原材料、水、土地等自然资源的需求与日俱增，人类对自然界造成了前所未有的压力，导致了自然资源的稀缺、冲突和环境危机。在严峻的事实面前，合理开发利用和积极保护自然资源，已成为一个全球关注的社会问题。

1972 年在斯德哥尔摩召开的人类环境会议提出了"只有一个地球"的口号，标志着人类对资源与环境问题的世界性觉醒。在这样的背景下，资源经济学以其综合性和整体

性的特点，在新的科学技术手段和方法的武装下，以崭新的面貌出现在当代科学舞台上。

3. 资源经济学的蓬勃发展

第二次世界大战后，学术界对资源经济学的关注焦点经历了三个阶段的变化：第一阶段，关注焦点大多集中在自然资源和环境的极限及质量的退化上，自然资源的基本问题倾向于限定在自然概念内；第二阶段，重新定义资源问题的核心，并将注意力从原来的自然资源稀缺和环境变化转向与资源利用有关的更为广泛的社会、经济和政策考察；第三阶段，主要关注自然资源的可持续利用，这个问题的核心仍然是自然环境对人类发展施加的限制，虽然就这个意义来看，这种关注是 20 世纪 70 年代初期忧虑的回声，但寻求解决办法的重点已有了显著的变化。

出于对资源环境问题的关注，经济学、环境科学及其他相关学科的研究者从不同于人口经济学的角度，广泛开展了对资源、环境问题的研究，并形成了自身的学科体系和研究方法。资源经济学（严格地说，即自然资源经济学）是一门相对年轻的学科，主要研究资源有效配置问题，资源配置决策的收入分配效果，以及自然资源方面的政策问题，如土地、森林、水资源、大气以及生态系统等方面的问题，资源经济学力图分析这些资源在经济社会发展过程中的优化配置问题，提出相关政策建议（杨云彦和程广帅，2006）。

（三）环境经济学的形成和发展

环境经济学也是一门年轻的学科，直到 20 世纪 60 年代才得以兴起。环境经济学是运用经济学理论与方法研究自然环境的保护和发展及其与人类活动关系的学科。关于环境经济学的研究对象，一般认为它至少包括环境的污染与治理，以及生态平衡的破坏与恢复。有争议的是，环境经济学的内容是否应充分拓展，以将全部生态问题都纳入自身研究范围之内。

环境经济学的研究方法，同样源于现代经济学，它为环境分析提供了一种思想方法和分析工具，并可为环境问题的解决提供现实的、有效的工具。环境经济学通过社会成本效益分析等途径来评价环境变化的经济价值，探讨环境恶化的经济原因，最后设计经济机制来减缓乃至消除环境的恶化。

三、可持续发展观促使了人口、资源与环境经济学的诞生

在人们对传统发展观反思和突出环境保护发展观形成的过程中，1980 年，世界自然保护联盟提出了"可持续发展的生命资源保护"问题。1981 年，美国学者布朗出版了《建设一个持续发展的社会》，首次比较系统地阐述了可持续发展的思想。1987 年，世界环境与发展委员会在《我们共同的未来》报告中，对可持续发展给出了定义：既满足当代人的需求，而又不危及后代人满足其需求的发展。从此，可持续发展观就为越来越多的国家所接受。1992 年召开的联合国环境与发展大会，要求各国制定和组织实施可持续发展战略、计划和政策，迎接人类面临的共同挑战。

可持续发展的思想包括：人处于普受关注的可持续发展问题的中心；经济社会与人口、资源和环境相协调，当代人与子孙后代利益相协调的发展；以人为本、节约资源、

环境友好的能够持续维持的发展。

　　可持续发展是一个全新的发展战略,它从根本上革新了人类社会的传统发展观和发展战略。首先,它是一个综合的发展战略:既是一个人口发展战略,又是一个经济发展战略;既是一个资源开发、利用和保护战略,又是一个环境保护战略。其次,它又是一个开创性的战略。可持续发展就是人口、资源、环境和经济四者之间均能在质上提高,在时间上得到延伸,四者均能有一个真正可以无限延续的连续过程。这一战略以依靠科技进步、提高人口素质、开发人力资源、提高资源利用效率、促进环境友好,把人口、资源、环境和经济发展作为统一整体为特点。可持续发展观的提出,有效地整合了原来独立、分散的人口经济学、资源经济学和环境经济学,促成了一门新兴学科——人口、资源与环境经济学。

第二章 人口、资源与环境经济学主要研究内容

第一节 人口、资源、环境的相关问题

一、人口问题

在人类社会的漫长历史中，人口问题一直是影响人类社会发展的主要问题。工业革命前，受科学技术与生产力发展水平的限制，人口增长十分缓慢，制约着人类社会经济的发展。到了近现代，人口增长速度日渐加快，特别是 20 世纪中叶以来，人口的增长速度已经超出了社会经济和自然生态环境的承受能力，成为制约人类社会经济发展甚至危及人类自身生存的重大问题。

世界人口迅速增长导致了资源紧张、环境恶化以及严重的社会问题（如粮食危机、就业困难、收入增长受限、住房保障困难、教育医疗条件差、城市化问题加剧等）（欧阳金芳等，2009）。人口问题关乎中华民族生存与发展，关乎中国现代化建设兴衰成败，是关系到人口与经济、社会、资源、环境能否协调和可持续发展的重大问题。

（一）人口数量

近几个世纪以来，世界人口数量经历了一个高速增长的过程。世界人口从 10 亿增长到 60 亿，每增长 10 亿分别经历了一个 100 年、一个 50 年、一个 15 年和两个 10 年，人口上升的趋势越来越快，这种现象在发展中国家表现得更为明显，尤其是在中国和印度两个人口大国。

人口的迅速增长，使得地球有限的资源消耗加快，环境污染更加严重，严重威胁人类的生存和发展，人口、资源和环境问题即将成为全球严峻的问题之一。根据联合国的预测，到 21 世纪中叶，世界人口将突破 100 亿，由此引发的资源结构不合理、社会人口老龄化、就业问题和环境问题，都将引发一系列并发症候，严重影响和制约社会经济的可持续发展，并带来环境、资源、能源等的紧缺或恶化。因此建立人口预测和控制模型

就显得尤为重要，其可以为正确的人口政策提供科学合理的依据（施键兰和黄加增，2012）。

我国是世界上人口最多的国家，我国的人口与资源、环境的关系甚至比大多数国家更加紧张。全国的资源能供养多少人口、环境的承载能力如何已成为人们广泛关注的问题。为此，进行人口预测是有效地协调人口、资源和环境三者关系不可缺少的手段之一，同时是人口决策的重要依据，对人口进行预测，做到人口有计划地发展，不仅能有效地处理好人口、资源、环境的关系，而且是我国经济稳定、高效、协调发展的重要保证。

人口预测是指根据现有的人口状况及对影响人口发展的各种因素的假设，对未来人口规模、水平和趋势做出的测算。人口预测为社会经济发展规划提供重要信息，预测的结果可以指明经济发展中可能发生的问题，有助于制定正确的政策。人口预测始于 1696 年，当时英国的社会学家 G. 金使用简单的数学方法对英国未来 600 年的人口发展进行了粗略的计算，虽然这一结果与以后的实际情况相差甚远，但他的思想却对后人的工作很有启发。

（二）人口素质

1. 人口素质的内涵

人口素质涉及人口性别、年龄构成、职业构成、人群健康、国家政策、社会关系、教育水平、人际交往、环境和遗传等方面。人口素质是人口在质的方面的规定性，又称人口质量，包含思想素质、文化素质、身体素质等，通常称为德、智、体（胡怡荃，2010）。

思想素质是支配人们行为的意识状态，可在社会号召力、凝聚力和社会活力中体现。文化素质是指人口群体所具有的文化知识、科学技术水平、生产经验和劳动技能等，包括人口的文化科学素质和文化技术素质两部分，是人们认识和改造世界的能力，反映人口文化素质的一般指标有受过高等教育的人占总人口的比重、在校大学生占总人口的比重、人口文化水平构成、文盲率、科研率、科研人员比重、中等专业技术人员比重、技工的技术等级构成、社会管理水平和生产管理水平以及劳动者的创造性能力。身体素质是人口质量的自然条件和基础，可由一组人的人体运动能力、发育状况、疾病状况、死亡率、出生时预期寿命等反映。

2. 中国人口素质的现状

人口的文化素质是衡量人口素质的最主要因素。人口的文化素质包括人口的文化科学素质和文化技术素质两部分。人口的文化科学素质是指人口群体的文化知识、科学技术水平、生产经验和劳动技能等，人口的文化技术素质是指人口将掌握的知识运用于实践的能力。我国是人口大国，如何提高人口的文化素质，把沉重的人口负担转化为丰富的人力资源优势，把教育大国发展成为教育强国，把人口大国建成人力资源强国，是我们亟待解决的问题。

我国是世界上人口最多的国家，实行"控制人口数量，提高人口素质"的人口政策。目前，我国农业人口占很大比重，文盲半文盲贫困人口占一定比重，一些地区尤其是边远贫困地区新生婴儿出生缺陷发生率还较高，提高出生人口的素质，解决好人口老龄化带来的问题以及出生人口性别的问题，仍然是十分艰巨的任务。

（三）人口分布

1. 人口分布现状

人口分布是指人口在一定时间内的空间存在形式和分布状况。人口分布受自然、社会、经济和政治等多种因素的影响，其中自然环境条件（如纬度、海拔、距海远近等）对人口分布起重要作用。20 世纪以来，随着世界范围的工业化和城市化进程的加速，社会、经济和政治等因素对人口分布的影响越来越大。

人口的分布分为水平分布和垂直分布。人口的水平分布是人口按陆地平面投影的地理位置分布的状况；人口的垂直分布则是人口在不同海拔的分布状况。世界人口的水平分布很不均匀，按纬度地带来说，主要分布在 20°~60° 的范围之内，除局部地区外，人口偏少，高纬度地带更为稀少；按地区来说，亚洲东南半壁、欧洲以及北美洲东部是三个最大的人口稠密区，其人口数占世界人口总数的 70% 左右，其余地区，除规模较小的密集区外，大都为人口稀疏区；按距海远近来说，全世界有过半数的人口居住在离海岸线 200km 以内的地带，大陆腹地多为人烟稀少区域。垂直分布的总特点是人口随高度的增大而减少。

2. 影响人口分布的因素

影响人口分布的因素有自然环境、经济条件和历史条件。自然环境对人口分布的影响，主要通过纬度、地势地形和气候反映。纬度过高或过低都不适合人类生活，高纬度地带的限制尤为严重。中纬度地带居民多定居在地势较低的地方，只有部分热带国家利用气温垂直递减的规律，选择 1km 以上的高原或山间定居。干燥气候和湿热气候都有碍于人口分布，随着科技与医学的进步，湿热环境的不利影响正在克服，但干旱的环境仍然是人口活动的重大障碍。

自然环境提供了人口分布的地理框架，而人口分布的格局则取决于社会经济条件。在前资本主义社会，农业是压倒一切的生产部门，人口分布表现为土地依存型或农牧业依存型，相对分散而均衡，政治中心和文化中心常常集中大量人口。受商品经济发展影响的人口向城镇集中，但在以农业生产为主的社会中，城市人口不占重要地位。人口密度的差异取决于土地肥力、土地利用方式（农或牧）、作物种类、灌溉条件、集约的程度等因素共同作用下的单位面积产量或载畜量。在资本主义社会和社会主义社会，工业、交通、商业、国际贸易的发展，使人口分布转向工业依存型。在这一转变中，工业是动力，交通运输业是杠杆。工业在城镇的集聚，相应地吸收着基本人口和服务人口，使乡村人口源源不断地转入城镇，城镇体系逐渐形成，人口分布格局从散布型走向点、轴集中型。国际贸易的发展，更刺激了沿海港口城市的成长，促进了海岸带人口的密集。这一过程在资本主义制度下是自发的，在社会主义制度下能够通过有计划地合理布局生产力，为合理调节人口分布创造条件。

历史条件也是影响人口分布的一个因素。历史上人口长期增殖往往会造成在开发较早、历史悠久的地区，人口一般较多，如旧大陆的人口密度比新大陆要高。人口分布的状况，往往与历史上的人口大迁移有关，由于迁移的背景不同，有时会产生奇特的分布现象。例如，阿尔及利亚境内冬冷夏干的崎岖山地，出现了人口密度比全国平均数大几倍的反常现象，这一现象是历史上异族入侵迫使当地居民进山避难所造成的。

3. 我国的人口分布

由于各地经济、历史发展的不平衡和地理环境的特殊限制，我国人口分布呈现出东部地区人口稠密，西部地区人口稀少的特点。第六次全国人口普查数据显示，我国人口在东中西部地区分布情况为东部地区 4.9 亿人，中部地区 4.2 亿人，西部地区 3.6 亿人，而东中西部地区面积大小排序恰好倒位，依次为 108.6 万 km^2，158.5 万 km^2 和 692.7 万 km^2。

对于人口分布，本书重点介绍城市人口密度模型、内插法空间分布模型、光谱估算法、土地利用密度法、居住单元估算法、夜间灯光强度估算法、硬化地表估算法，并对这七种城市人口分布空间模拟方法进行比较。在人口分布模拟案例分析中，介绍基于地理信息系统（geographic information system，GIS）的关中地区人口分布时空演变特征研究案例。

（四）人口迁移

1. 人口迁移的内涵及分类

（1）人口迁移的概念及属性。人口迁移是指以改变定居点为目的而越过规定边界的人口移动行为。人口迁移具有两个重要属性：一是时间属性，即只有那些居住地发生"永久性"变化的运动才能称为人口迁移，而日常通勤活动造成的居住地暂时变动则排除在外；二是空间属性，即人口迁移必须迁出原居住地一定距离，一般以跨越行政界线为依据，从而排除了在同一行政区域内改变居住地的人口。

（2）人口迁移的分类。人口迁移一般可以从五个方面进行分类：①从地域上来看，根据移动是否跨越国界线，可以分为国际迁移和国内迁移（国内迁移又可分为省内省外、县内县外）；②从时间和定居属性来看，根据人口迁移时间和是否定居，可分为永久性迁移、定期迁移、季节迁移、临时性迁移；③根据人口迁移数量分为个人迁移、集体迁移和移民洪流；④根据迁移者的处境分为自愿迁移和非自愿迁移；⑤根据人口移动的组织程度又可分为自发迁移和有组织迁移。

2. 人口迁移的发展历史

国际上的人口迁移大致可以分为两个时期，以第二次世界大战为分界点，如表 2-1 所示。

表 2-1　国际人口迁移

	第二次世界大战以前的人口迁移	第二次世界大战以后的人口迁移
迁移的原因	地理大发现和新航线的开辟	世界各国生产发展的不平衡性
	资本主义的发展和殖民主义的扩张	劳动力供求关系上的地区差异
迁移的流向	从欧洲迁往美洲	欧洲由人口迁出地区变为迁入地区
	从非洲劫掠黑人到美洲	拉丁美洲由人口迁入地区变为迁出地区
	中国、日本、印度移民开发东南亚和美洲	北美洲和大洋洲仍为迁入地区
迁移的特点	从旧大陆流向新大陆	人口从发展中国家流向发达国家
	从已开发地区流向未开发地区	定居移民减少，短期流动工人（外籍工人）大量增加
		外籍工人主要分布在北美、西欧、西亚、南美、南非
迁移的意义	促进了迁入国和地区的经济发展	一个国家人口的移出，对于缓和所在国人口过多的压力，有一定的好处，但往往也造成人才外流
	减轻了迁出国的人口压力	为迁入国提供廉价的劳动力，促进迁入国的经济发展

我国历史上有过多次人口大规模迁移，如图 2-1 所示。

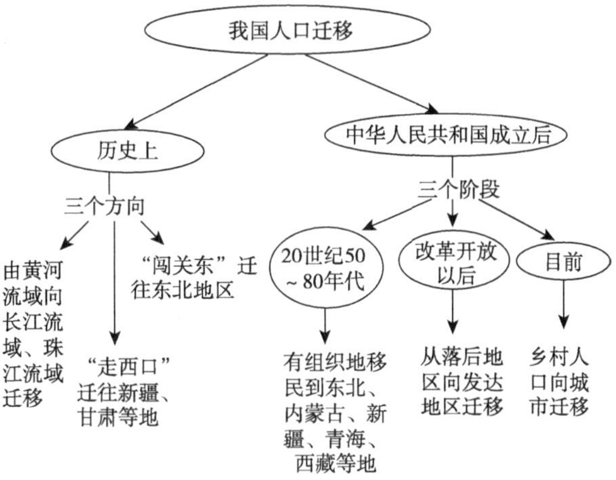

图 2-1 我国的人口迁移

3. 人口迁移的影响因素

引起人口迁移的因素有很多，主要受经济、政治、社会文化、生态环境，以及其他因素的影响，如表 2-2 所示。

表 2-2 影响人口迁移的因素

影响因素	主要原因	实例
经济因素	高收入，就业机会多	改革开放后，许多人到广东发展事业并定居
政治因素	战争	1948 年，巴以战争使 96 万巴勒斯坦人沦为难民
	国家政策	1955 年，新疆招收河南省知识青年 0.38 万人
社会文化因素	民族不平等	20 世纪 30 年代，40 多万犹太人因民族不平等离开德国
生态环境因素	自然灾害	19 世纪 40 年代，爱尔兰水灾引发饥荒，许多农户迁往美国
其他因素	家庭、婚姻	著名歌手××与瑞典人结婚，后定居瑞典
	性别	男性比女性更富有迁移动力
	年龄	青年迁移的比重比少年和老年迁移的比重更大
	教育资源	外地学生去北京求学

4. 人口迁移的研究内容

人口迁移的相关研究主要集中在迁移人口属性研究、人口迁移空间格局分析、人口迁移影响因素分析、人口迁移对社会经济的影响分析、人口迁移政策研究等（表 2-3）。其中，人口迁移影响因素分析是人口迁移研究领域内的热点问题，多学科研究方法的引入促进了影响因素研究的快速发展，本书主要介绍人口迁移影响因素的分析方法。

表 2-3 人口迁移的研究内容

研究方向	研究内容	研究方法
迁移人口属性研究	年龄结构、文化程度、就业结构、迁入地和迁出地状况	实地调查与统计分析
人口迁移空间格局分析	人口迁移的流向、源地、空间结构	空间分析方法
人口迁移影响因素分析	区域经济差异、交通距离、资本投入、就业因素	引力模型、因子分析、回归分析
人口迁移对社会经济的影响分析	对迁入地和迁出地正面、负面影响	基尼系数、模型回归
人口迁移政策研究	户籍改革、完善劳动力市场、健全外来人口管理制度	地区个案研究

二、自然资源问题

自然资源以自然状态存在于自然系统之中，必须经过有目的的物质变换，其潜在的经济价值、社会价值才得以实现，这就是自然资源的开发利用过程。从目前世界自然资源的存量和供求矛盾来看，资源短缺问题日趋严重，已经成为人类面临的三大全球性问题之一。因而，需要从全球发展的高度，依据不同资源的内在属性和所处外部环境探寻解决资源短缺问题的出路。对自然资源问题的研究，主要有三个方面：自然资源的价值与价格、自然资源的利用和自然资源的配置。

（一）自然资源的价值与价格

资源价值是资源经济的核心问题，国内外学者对资源价值的理论研究经历了从自然资源无价值论到自然资源有价值论。秉持自然资源无价值论的学者主要从马克思主义政治经济学的劳动价值论和西方经济学的利润论出发，得出了自然资源没有价值的结论。在资源短缺问题日益成为阻碍人类经济社会发展的全球性问题的背景下，人们在分析和研究资源价值问题的基础上，提出了多种形式的资源有价值的理论，如效用价值论、财富论、地租论、稀缺价值论、价格决定论。

（二）自然资源的利用

资源利用就是从人类生产和生活需要出发，将各类资源运用于人类社会经济生活中并为人类带来效益的过程。随着社会的进步、生产力的提高和科学技术的发展，人类开发和利用自然资源的深度与广度不断加强。自然资源的开发利用创造了物质财富，也带来了资源的枯竭和环境的破坏。因此，在资源开发利用的过程中，要尽可能使其产生最大的经济和环境效益，人与自然和谐共存（陆亚洲，1994）。

对自然资源的利用直接关系到国计民生和人类的可持续发展，因此，我们需要研究自然资源利用对生态影响的程度，并把这一程度控制在一定的合理范围之内。学术界在对生态影响评价的研究中，出现了各种定量的评价方法及相关理论，其中生态足迹法、能值分析理论、生态系统服务价值理论是目前评价自然资源利用对生态环境影响的主要方法。

（三）自然资源的配置

自然资源配置是指自然资源的稀缺性决定了任何一个社会都必须通过一定的方式把有限的自然资源合理分配到社会的各个领域中，以实现自然资源的最佳利用，即用最少的资源耗费，生产出最适用的商品和劳务，获取最佳的效益。

自然资源配置合理，就能节约资源，带来巨大的社会经济效益；自然资源配置不合理，就会造成社会性资源浪费。合理配置自然资源，使自然资源得到有效使用是经济发展的一项重大任务。合理配置自然资源的方法多种多样，在市场经济体制下，除了依靠市场这只"看不见的手"，还需要运用其他"看得见的手"。

三、环境问题

人类在改造自然环境和创建社会环境的过程中，自然环境仍以其固有的自然规律变化着，社会环境一方面受自然环境的制约，一方面也以其固有的规律运动着。环境问题是指人类活动作用于周围环境所引起的环境质量变化，以及这种变化对人类的生产、生活和健康造成的影响。人类与环境不断地相互影响和作用，产生环境问题。

环境问题归纳起来有两类，由自然力如火山喷发、地震、洪涝、干旱、滑坡等引起的环境问题为原生环境问题，也称第一环境问题。人类的生活和生产活动引起生态系统破坏和环境污染，反过来又威胁人类自身的生存和发展的现象，为次生环境问题，也称第二环境问题（赵媛和何寅昊，2008）。到目前为止，人类认识到的环境问题主要有全球变暖、臭氧层破坏、酸雨、淡水资源危机、能源短缺、森林资源锐减、土地荒漠化、物种加速灭绝、垃圾成灾、有毒化学品污染等，给社会经济的发展及人类自身的生存带来了严重威胁。

（一）环境质量评价

环境质量评价就是对环境质量按照一定的标准和方法给予定性及定量的说明与描述，是人们认识环境的本质以及进一步保护和改善环境质量的手段与工具，为环境管理、环境工程、环境标准、环境规划、环境污染综合防治、生态建设提供科学依据。

国内外常用的评价方法主要有综合指数法、专家评价法、层次分析法、模糊数学评价方法、主成分分析评价法、人工神经网络评价法、物元可拓评价法、灰色关联分析评价法等（李祚泳等，2004）。

（二）环境价值评估

从经济学的角度，目前指导资源环境定价的价值理论主要有劳动价值论、效用价值论、存在价值论等，它们从不同角度来阐述自然资源和环境的价值，但它们对自然资源的价值来源问题各有自己的理论体系，还没有统一。环境经济学将环境（包括环境质量）看作一种与人造资本同等重要的资本形式，也是一种资本资产，即环境是有价值的。

虽然环境的价值不能用市场价值来计量，但是在经济决策的过程中不可避免地将其价值包含在内。在工业化和城镇化的过程中，生态环境正在快速退化。过去的经验表明，往往是在失去生态环境的服务之后，它的重要性才得到广泛重视（过孝民等，2009）。

由于许多影响环境价值的因素难以确定，所以环境价值的计量不可能一下就做得十分精确。对环境价值计量方法的探索，首先要解决从无到有的问题，然后再逐步解决从粗到精的问题。环境价值计量的基本方法主要分为四类：直接市场法、替代市场法、费用分析法和意愿调查法。

（三）环境政策及其分析方法

从历史的角度看，环境政策工具经历了三代演变，即强制性命令-控制、经济激励和自愿环境管制。相对应地，学者对环境政策工具提出了不同的划分方式并做出了具体的分类。每种环境政策都有其优缺点，为了达到保护环境的最终目标，就必须对环境政策进行最优设计与选择，因此，对环境政策的分析就显得十分重要。众学者对环境政策的设计与选择问题进行了大量的研究，常用的环境政策分析模型主要有博弈论模型、情景分析模型、可计算的一般均衡（computable general equilibrium，CGE）模型等。本书主要介绍博弈论模型和情景分析模型。

第二节　人口、资源、环境与经济的关系

人口剧增、资源短缺、环境污染是人类当今所面临的三大难题，正确处理与协调人口、资源、环境、经济之间的相互关系，是实现人类可持续发展、求得生存的唯一途径。人口、资源、环境与经济的辩证关系密切，相互依存、相互促进、相互制约，要将三者统一到一个科学严谨的分析体系之内，从整体的角度处理人口、资源、环境与经济的问题。

人们在漫长的历史发展阶段都把社会经济系统和自然环境看作两个相互独立的系统，几乎很少有人考虑到资源的枯竭、环境的破坏等问题。一直到 20 世纪，当环境问题开始威胁人类自身的生存之后，经济学家才真正全面、认真、深入地思考自然资源的利用与人类的发展之间的关系。人们对于环境问题的关心和对经济增长前景的担忧而进行的研究逐渐演变成了经济学的一个分支——环境经济学。人们终于认识到环境保护要与经济发展相互协调、相互促进，以牺牲资源环境为代价的发展模式最终会毁灭人类自身。

环境与经济的相互作用是环境经济学中历史最悠久的一个研究领域，也是环境经济学的理论基础。现代经济系统由物质加工、能量转化、残余物处理和最终消费四个部分组成。这四个部分之间，以及由这四个部分组成的经济系统与自然环境之间，存在着物质流动关系（物质平衡理论）。自然环境为经济系统提供资源，经济系统对资源进行加工处理，改变了资源的形态和存在形式，变成了社会的各种需求品，最后经济系统将残余物排放到自然环境中（马忠，1999）。

人口、资源、环境与经济关系密切，相互依存、相互促进、相互制约。有限的资源

养活着有限的人口,人口依赖于生存环境,人口增多,资源减少,环境污染加剧,进而造成资源进一步减少,经济发展就要受到制约。人口增长得越快,这种恶性循环就越快,最终结果是经济衰退,人类陷入贫困和毁灭。因此,只有适度的人口、充足的自然资源和良好的生态环境,才能促使经济健康、高速、持续地发展。高速、持续发展的经济可以为人们提供物质的需求并改善人类赖以生存的环境,最终提高人们的生活水平和生活质量(代凤娥,2007)。

关于人口、资源、环境与经济的相互关系,本书重点探讨三个问题:城市化与环境耦合度研究、城市化与环境协调度研究、城市化与环境系统动力学研究。在介绍相关模型和方法的基础上,特选了具有代表性的徐州市和江苏省作为案例进行分析。

第二篇

人口经济学模型与案例分析

第三章 人口预测模型与案例

第一节 人口预测方法与模型

一、Malthus 人口模型

Malthus 人口模型指的是人口指数增长模型，是在 1798 年由英国人口学家和政治经济学家马尔萨斯（Malthus）提出来的。以两个假设为前提：第一，食物为人类生存所必需；第二，人的性本能几乎无法限制。

马尔萨斯认为相对出生率（单位时间内新生婴儿数）b 和相对死亡率 d 均为常数，因此人口的自然相对增长率 r 也为常数。其中自然相对增长率可以通过人口统计数据得到。由于人口增长的数量为出生数量减去死亡数量，即 $b-d$。由此可假设人口增长数量与总人口之间成正比，可得到：$b-d=rN(t)$，其中 $N(t)$ 为 t 时刻的人口数。

假设初始时刻 t_0 的人口数为 N_0，可以得到：

$$\begin{cases} \dfrac{\mathrm{d}N}{\mathrm{d}t} = rN \\ N(t_0) = N_0 \end{cases} \tag{3-1}$$

其解为

$$N(t) = N_0 K \mathrm{e}^{r(t-t_0)} \tag{3-2}$$

MATLAB 程序实现：

```
>> f=@(t, N)[0.2*N];
>> [t, N]=ode45(f, [0, 100], 2);
MATLAB>> plot(t, N)
```

式（3-1）和式（3-2）中，t_0 为初始时刻（初始年度）；N_0 为初始年度 t_0 的人口总数；r 为自然相对增长率。Malthus 人口模型所说的人口并不一定限于人，可以是任何一个生物群体，只要满足类似的性质即可。

上述模型存在着一些缺陷，如它没有考虑到环境资源是有限的，人类不可能无限制增长，当环境资源供给高于人类需求的时候，人口数量会有一个较快增长，然而当人口数量达到一定水平之后，会出现资源匮乏、人口密度大等问题甚至会遭受疾病瘟疫等，人口数量又会出现下降。

二、Logistic 模型

Logistic 模型在 Malthus 人口模型的基础上进行了改进，设在一定的范围内，有限的资源能供养的人口数量极值为 K，称为极限人口。将人口较少时的自然增长率设为 r，N 为 t 时刻的人口数量，将人口的相对增长率设为 $r(1-N/K)$ 是比较合理的。因此人口总数 $N(t)$ 满足：

$$\begin{cases} \dfrac{\mathrm{d}N}{\mathrm{d}t} = r\left(1-\dfrac{N}{K}\right)N \\ N(t_0) = N_0 \end{cases} \tag{3-3}$$

可解得

$$N(t) = \frac{N_0 K \mathrm{e}^{r(t-t_0)}}{K + N_0\left(\mathrm{e}^{r(t-t_0)}-1\right)} = \frac{K}{1+\left(\dfrac{K}{N_0}-1\right)\mathrm{e}^{-r(t-t_0)}} \tag{3-4}$$

MATLAB 程序实现：

```
>> f=@(t, N)[0.2*(1-N/10^5)*N];
>> [t, N]=ode45(f, [0, 100], 2);
>> plot(t, N)
```

但是，Logistic 模型考虑的影响因素太过笼统，仅考虑了环境和资源的影响，虽然可引入迁入、迁出因素进行修正，但是忽略了性别比例、出生率、死亡率、人口老龄化等十分重要的因素，所用的数据也较少，可用于中短期预测，但长期预测效果不佳。人类的年龄、体质、性别、生存环境等的差异，导致人口的出生率和死亡率的不同，忽略这些因素显然是不科学的，但对所有的人都进行逐一的分析也是不可能的。Logistic 模型考虑的影响因素不够具体，虽然估计到了环境和资源的影响，但是对于人口老龄化、出生率和死亡率等十分实际的问题考虑都有所欠缺，在长期预测方面效果不够理想。

三、Leslie 模型

Leslie 在预测人口发展时，考虑到了人口的结构问题，即社会成员之间的个体差异。1945 年他提出了一个离散模型，该模型主要考虑了女性人口数量，这是因为男女人口通常有一个比例，由女性人口预测出人口总数相对比较客观。他首先假设了同一年龄段的人具有同等的生育能力和死亡率，由此建立的模型不仅能够预测人口总数，也能预测不同年龄段的人口信息。

该模型将人数按相同的年龄间隔划分组，如可将人员每隔 5 岁编为一组，那么 0~100 岁就构成了编号为 0~19 的 20 组。各组中女性的年龄在 $[i\Delta t,(i+1)\Delta t]$ 之内，$i=0,1,2,\cdots,m$，其中 $(m+1)\Delta t$ 为女性能够生存的最大年龄。

k 岁人口的死亡率 $d_k=k$ 岁人口一年内的死亡人数/k 岁人口该年度总数

k 岁妇女的年生育率 $b_k=k$ 岁妇女一年内生育的婴儿数/k 岁妇女该年度总数

令 $x_i(t)$ 表示 t 时刻第 i 个年龄的人数，$x_i(0)$ 表示第 i 个年龄组初始时刻的人数，$k(t)$ 表示第 t 年女性人口占总人口的比例，可建立数学模型：

$$x(t)=\left(x_0(t),x_1(t),\cdots,x_m(t)\right)^{\mathrm{T}},t=j\Delta t \qquad (3\text{-}5)$$

记

$$s_k=1-d_k \qquad (3\text{-}6)$$

为 k 岁人口的存活率，则各年龄组别人口数量随时间变化的规律为

$$x_{k+1}(t+1)=s_k x_k(t) \qquad (3\text{-}7)$$

再考虑零岁婴儿的数量，即各年龄组别妇女所生育的婴儿数总和。将 $k(t)$ 看作常数，有

$$x_0(t+1)=\sum_{k=0}^{m}kb_k x_k(t) \qquad (3\text{-}8)$$

可以得到人口数量问题的离散模型为

$$\begin{cases} x_{k+1}(t+1)=s_k x_k(t) \\ x_0(t+1)=\sum_{k=0}^{m}kb_k x_k(t) \end{cases} \qquad (3\text{-}9)$$

根据人的生理特征和医学上妇女生育的资料，妇女的育龄区间一般取 15~49 岁。那么可以认为当 $k<15$ 以及 $k>49$ 时，妇女无生育能力。建立的模型若不考虑百岁以上的老人，每 5 岁分成一个组，在 0~100 岁分出 20 个组，我国现有的男女人口比例为 116.9:100，所以 $k=1/2.17$。如果知道了第 t 年各年龄组别的人口数就可以知道未来的人口数量。利用上面建立的模型，可对人口数量进行预测与控制。

四、灰色模型

灰色系统理论中的灰色模型（grey model，GM）指的是抽象的逆过程。它是根据关联度、生成数、灰导数和灰微分等观点以及一系列数学方法建立起来的连续型的微分方程。通常 GM 表示为 GM（n,h）。当 $n=h=1$ 时即构成了单变量一阶灰色预测模型。灰色预测模型是根据灰色关联分析方法，分析各相关因素对系统的影响程度即关联序的大小，然后根据数据检验的处理结果，建立模型 GM（1,1），并进行求解。对结果进行分析时必须检验预测值才能得出结论。

对于影响人口系统的因素，除了出生率和死亡率，还有净迁入量、社会经济、自然环境、科学技术等一系列因素，这些众多的因素不是用几个指标就能表达清楚的。而且它们之间的结构关系错综复杂，它们对人口增长的作用更是无法精确计算。此外，多数因素都处于动态变化之中，其运行机制和变化规律难以理解。所以，将灰色模型用到人口预测中不仅简单而且能达到比较准确的预测效果。

GM（1,1）模型设原始序列为

$$x^{(0)} = \left(x^0(1), x^0(2), \cdots, x^0(n) \right) \qquad (3\text{-}10)$$

这是一组信息不完全的灰色量，具有很大的随机性，将其进行生成处理，提供更多的有用信息。其形式为

$$\frac{\mathrm{d}x^{(1)}}{\mathrm{d}t} + ax^{(1)} = u \qquad (3\text{-}11)$$

根据式（3-10）可预测第 $n+1$ 期，第 $n+2$ 期，$\cdots$的值：

$$x^0(n+1), x^0(n+2), \cdots \qquad (3\text{-}12)$$

设相应的预测模型模拟序列为

$$\hat{x}^{(0)} = \left(\hat{x}^0(1), \hat{x}^0(2), \cdots, \hat{x}^0(n) \right) \qquad (3\text{-}13)$$

设 $x^{(1)}$ 为 $x^{(0)}$ 的一次累加序列：

$$x^1(i) = \sum_{m=1}^{i} x^0(m), i = 1,2,3,\cdots,n \qquad (3\text{-}14)$$

即

$$\begin{cases} x^{(1)}(1) = x^{(0)}(1) \\ x^{(1)}(i) = x^{(0)}(i) + x^{(1)}(i-1), i = 1,2,\cdots,n \end{cases} \qquad (3\text{-}15)$$

利用 $x^{(1)}$ 计算 GM（1,1）模型参数 a、u。令 $\hat{a} = (a,u)^{\mathrm{T}}$，则有

$$\hat{a} = \left(B^{\mathrm{T}} B \right)^{-1} B^{\mathrm{T}} Y_n \qquad (3\text{-}16)$$

式中

$$B = \begin{bmatrix} -\dfrac{1}{2}(x^{(1)}(1) + x^{(1)}(2)) & 1 \\ -\dfrac{1}{2}(x^{(1)}(2) + x^{(1)}(3)) & 1 \\ \vdots & \vdots \\ -\dfrac{1}{2}(x^{(1)}(n-1) + x^{(1)}(n)) & 1 \end{bmatrix} \qquad (3\text{-}17)$$

$$Y_n = \left(x^0(2), x^0(3), \cdots, x^0(n) \right)^{\mathrm{T}} \qquad (3\text{-}18)$$

由此获得 GM（1,1）模型：

$$\hat{x}^{(1)}(i+1) = \left(x^0(1) - \frac{u}{a} \right)^{\mathrm{e}^{-ai}} + \frac{u}{a} \qquad (3\text{-}19)$$

$x^{(1)}(t+1)$ 为所得的累加的预测值，将预测值还原，即

$$\hat{x}^{(0)}(t+1) = \hat{x}^{(1)}(t+1) - \hat{x}^{(1)}(t), t = 1,2,3,\cdots,n \qquad (3\text{-}20)$$

最后，还要对模型的精度进行评价，评价精度最简单的方法是看模型值和原值之间的残差百分比。一般残差百分比在 ± 5%以内为满意，对 ± 20%以内的，根据实际情况也可以使用。当误差较大而且不能满足实际需要时，可以利用其残差系列建立一个修正模

型，消除误差，也可用两次拟合参数来提高精度。

记 0 阶残差为

$$\varepsilon^{(0)} = x^{(0)}(i) - \hat{x}^{(0)}(i), i = 1, 2, \cdots, n \tag{3-21}$$

其中，$\hat{x}^{(0)}(i)$ 为通过预测模型求得的预测值，则可求得残差的均值：

$$\overline{\varepsilon}^{(0)} = \frac{1}{n}\sum_{i=1}^{n}\overline{\varepsilon}^{(0)}(i) \tag{3-22}$$

残方差为

$$s_1^2 = \frac{1}{n}\sum_{i=1}^{n}\left(\varepsilon^{(0)} - \overline{\varepsilon}^{(0)}\right)^2 \tag{3-23}$$

设原始数据均值为 $\overline{x}$，则

$$\overline{x} = \frac{1}{n}\sum_{i=1}^{n}x^{(0)}(i) \tag{3-24}$$

那么原始数据的方差为

$$s_2^2 = \frac{1}{n}\sum_{i=1}^{n}(x^{(0)}(i) - \overline{x})^2 \tag{3-25}$$

根据以上数据可以求得后验差比值 c 和小误差概率 p，即

$$\begin{cases} c = s_1/s_2 \\ p = p\left(\overline{\varepsilon}^{(0)}(i) - \overline{\varepsilon}^{(0)}\right) < 0.674\,5s_2 \end{cases} \tag{3-26}$$

其中，p 值是由符合 $\overline{\varepsilon}^{(0)}(i) - \overline{\varepsilon}^{(0)}$ 的个数除以总个数 N 来计算的，灰色系统后验差检验规定预测精度等级见表 3-1。

表 3-1 预测精度等级表

参数	好（1）	合格（2）	勉强（3）	不合格（4）
c	$c \leqslant 0.35$	$0.35 < c \leqslant 0.50$	$0.50 < c \leqslant 0.65$	$c > 0.65$
p	$p \geqslant 0.95$	$0.80 \leqslant p < 0.95$	$0.70 \leqslant p < 0.80$	$p < 0.70$

五、BP 神经网络模型

（一）BP 神经网络

神经网络对复杂非线性系统具有曲线拟合能力，基于反向传播（back propagation，BP）神经网络的时间序列预测方法只需以历史数据作为输入，通过抑制与激活神经网络节点自动决定影响性能的参数及其影响程度，自动形成模型，无须进行模型假设。

BP 神经网络是单向传播的多层前向网络，其网络除了输入和输出节点外，还有一层或多层的隐含层节点。输入信号从输入层节点，依次传过各隐含层节点，然后传到输出节点。每层节点的输出只影响下一层节点的输出。每个节点都是一个神经元结构，其单元特性即传递函数 $f(x)$ 通常为 S 形函数（Sigmoid）等非线性函数。S 形曲线常常是在

（0，1）或者（-1，1）内连续取值的单调可微分的函数，如 $f(x) = \dfrac{1}{1+e^{-x}}$。BP 神经网络可看成是一个从输入到输出的高度非线性映射，即 $f: R^n \rightarrow R^n, f(x) = Y$。

在建立人口预测模型的过程中，把影响人口增长的主要因素：某区域总出生率、某区域女性死亡率、某区域男性死亡率、某区域男女出生比例、某区域老龄化指数、乡村与城镇人数比例作为输入层，得到两个输出层：该区域女性总人数与该区域男性总人数。由于数据是分地域与性别的，因此输出结果也分地域与性别。神经网络结构图如图 3-1 所示。

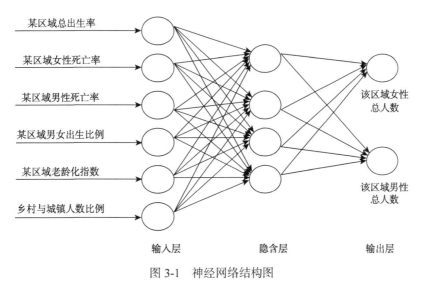

图 3-1 神经网络结构图

（二）BP 算法

BP 算法不仅有输入层节点、输出层节点，还可有一个或多个隐含层节点。对于输入信号，要先向前传播到隐含层节点，经作用函数后，再把隐含层节点的输出信号传播到输出节点，最后给出输出结果。节点作用的激励函数通常选取 S 形函数，如

$$f(x) = \frac{1}{1 \pm e^{-x/Q}} \tag{3-27}$$

式中，Q 为调整激励函数形式的 Sigmoid 参数。该算法的学习过程由正向传播和反向传播组成，在正向传播过程中，输入信息从输入层经隐含层逐层处理，并传向输出层，每一层神经元的状态只影响下一层神经元的状态，如果输出层得不到期望的输出，则转入反向传播，将误差信号沿原来的连接通道返回，修改各层神经元的权值，使得误差信号最小。

设含有 n 个节点的任意网络，各节点的特性为 Sigmoid 型。为简便起见，指定网络只有一个输出 y，任一节点 i 的输出为 O_i，并设有 N 个样本，$(x_k, y_k)(k=1,2,3,\cdots,N)$ 对某一输入为 x_k、网络输出为 y_k 的节点 i 的输出为 O_{ik}，节点 j 的输入为

$$\text{net}_{jk} = \sum_i W_{ij} O_{ik} \tag{3-28}$$

并将误差函数定义为

$$E = \frac{1}{2}\sum_{k=1}^{N}\left(y_k - \hat{y}_k\right)^2 \tag{3-29}$$

式中，$\hat{y}_k$ 为网络实际输出，定义

$$E_k = \left(y_k - \hat{y}_k\right)^2 \tag{3-30}$$

$$\delta_{jk} = \frac{\partial E_k}{\partial \mathrm{net}_{jk}} \tag{3-31}$$

且

$$O_{jk} = f\left(\mathrm{net}_{jk}\right) \tag{3-32}$$

于是

$$\frac{\partial E_k}{\partial W_{ij}} = \frac{\partial E_k}{\partial \mathrm{net}_{jk}}\frac{\partial \mathrm{net}_{jk}}{\partial W_{ij}} = \frac{\partial E_k}{\partial \mathrm{net}_{jk}}O_{ik} = \delta_{jk}O_{ik} \tag{3-33}$$

当 j 为输出节点时，$O_{jk} = \hat{y}_k$

$$\delta_{jk} = \frac{\partial E_k}{\partial \hat{y}_k}\frac{\partial \hat{y}_k}{\partial \mathrm{net}_{jk}} = -\left(y_k - \hat{y}_k\right)f\left(\mathrm{net}_{jk}\right) \tag{3-34}$$

若 j 不是输出节点，则有

$$\delta_{jk} = \frac{\partial E_k}{\partial \mathrm{net}_{jk}} = \frac{\partial E_k}{\partial O_{jk}}\frac{\partial O_{jk}}{\partial \mathrm{net}_{jk}} = \frac{\partial E_k}{\partial O_{jk}}f'(\mathrm{net}_{jk})$$

$$\begin{aligned}\frac{\partial E_k}{\partial O_{jk}} &= \sum_m \frac{\partial E_k}{\partial \mathrm{net}_{mk}}\frac{\partial \mathrm{net}_{mk}}{\partial O_{jk}} \\ &= \sum_m \frac{\partial E_k}{\partial \mathrm{net}_{mk}}\frac{\partial}{\partial O_{jk}}\sum_i W_{mi}O_{jk} \\ &= \sum_m \frac{\partial E_k}{\partial \mathrm{net}_{mk}}\sum_i W_{mj} \\ &= \sum_m \delta_{mk}W_{mj}\end{aligned} \tag{3-35}$$

因此

$$\delta_{jk} = \begin{cases} f'\left(\mathrm{net}_{jk}\right)\sum_m \delta_{mk}W_{mj} \\ \dfrac{\partial E_k}{\partial W_{ij}} = \delta_{mk}O_{ik} \end{cases} \tag{3-36}$$

如果有 M 层，而第 M 层仅含输出节点，第一层为输入节点，则 BP 算法步骤如下。

第一步，选取初始权值 W。

第二步，重复下述过程直至收敛。

（1）对于 k 为 1~N：①计算 O_{ik}、net 和 $\hat{y}_k$ 的值（正向过程）；②对各层从 M 到 2 反向计算（反向过程）。

（2）对同一节点 $j \in M$ ，由式（3-34）和式（3-36）计算 δ_{jk} 。

第三步，修正权值：

$$W_{ij} = W_{ij} - \mu \frac{\partial E}{\partial W_{ij}}, \mu > 0 \qquad (3\text{-}37)$$

其中

$$\frac{\partial E}{\partial E_{ij}} = \sum_{k}^{N} \frac{\partial E}{\partial W_{ij}} \qquad (3\text{-}38)$$

第二节　案例分析

案例　基于灰色系统理论的广州市人口预测

一、研究背景

广州市作为改革开放的"排头兵"，社会经济快速稳定发展，各方面取得显著成绩，经济的繁荣也带来广州市人口的快速增长，尤其是外来人口的迅速增长。下面以 1992 ～ 2006 年广州市的总人口数量为基础数据进行分析，并预测其未来的发展趋势，揭示其增长的内在规律（郝永红和王学萌，2002）。

二、广州市近 15 年的人口增长预测

根据式（3-10）生成 GM（1,1）模型的原始序列为

$x^{(0)} = \{x^{(0)} | 612.201\,6,\ 623.664\,7,\ 637.024\,1,\ 646.711\,5,\ 656.050\,8,\ 666.486\,2,\ 674.140\,0,$
$685.002\,4,\ 700.689\,6,\ 712.597\,9,\ 720.622\,9,\ 725.188\,8,\ 737.672\,0,\ 850.532\,2,\ 760.722\,0\}$

$$\qquad (3\text{-}39)$$

由式（3-33）可得出其累加生成的数据序列 $x^{(1)}$ ，得

$x^{(1)} = \{612.201\,6,\ 623.664\,7,\ 637.024\,1,\ 646.711\,5,\ 656.050\,8,\ 666.486\,2,\ 674.140\,0,$
$685.002\,4,\ 700.689\,6,\ 712.597\,9,\ 720.622\,9,\ 725.188\,8,\ 373.672\,0,\ 750.532\,2,\ 760.722\,0\}$

$$\qquad (3\text{-}40)$$

由上面的累加生成数据 $x^{(1)}$ ，可生成数据矩阵 B 和 Y_N 为

$$B = \begin{bmatrix} -(x^{(1)} + x^{(1)}(2))/2 & 1 \\ -(x^{(1)}(2) + x^{(1)}(3))/2 & 1 \\ \vdots & \vdots \\ -(x^{(1)}(n-1) + x^{(1)}(n))/2 & 1 \end{bmatrix} = \begin{bmatrix} -924.034 & 1 \\ -1554.38 & 1 \\ \vdots & \vdots \\ -9928.95 & 1 \end{bmatrix} \qquad (3\text{-}41)$$

$$Y_N = \left(x^{(1)}(2), x^{(2)}(3), \cdots, x^{(n-1)}(n)\right)^{\mathrm{T}} = (623.664\,7, 637.024\,1, \cdots, 760.722\,0)^{\mathrm{T}} \quad (3\text{-}42)$$

由式（3-16）在 MATLAB 软件中计算，可得

$$\begin{bmatrix} a \\ u \end{bmatrix} = \left(B^{\mathrm{T}} B \right)^{-1} B^{\mathrm{T}} Y_n = \begin{bmatrix} -0.0150 \\ 613.2217 \end{bmatrix} \tag{3-43}$$

得 $a = -0.0150$，$u = 613.2217$，则根据式（3-19）可得出其灰色预测模型：

$$\hat{x}^{(1)}(k+1) = 41\,465.94 e^{0.0150k} - 40\,853.7340 \tag{3-44}$$

根据此模型得到预测值 $\hat{x}^{(1)}$ 后，由式（3-20）将该模型还原为预测值 $\hat{x}^{(1)}$，具体见表 3-2。

表 3-2　广州市总人口统计数据分析

年份	k	$x^{(0)}$	$x^{(1)}$	$\hat{x}^{(1)}$	$\hat{x}^{(0)}$	$\bar{\varepsilon}^{(0)}$
1992	1	612.2016	612.2016	612.2016	612.2016	0
1993	2	623.6647	1235.8660	1239.3070	627.1056	-3.440920
1994	3	637.0241	1872.8900	1875.8970	636.5896	0.434520
1995	4	646.7115	2519.6020	2522.1140	646.2170	0.494526
1996	5	656.0508	3175.6530	3178.1040	655.9900	0.060833
1997	6	666.4862	3842.1390	3844.0140	665.9108	0.575439
1998	7	674.1400	4516.2790	4519.9960	675.9816	-1.841590
1999	8	685.0024	5201.2810	5206.2010	686.2047	-1.202330
2000	9	700.6896	5901.9710	5902.7830	696.5825	4.107131
2001	10	712.5979	6614.5690	6609.9000	707.1172	5.480741
2002	11	720.6229	7335.1920	7327.7120	717.8112	2.811731
2003	12	725.1888	8060.3810	8056.3790	728.6669	-3.478110
2004	13	737.6720	8798.0530	8796.0650	739.6868	-2.014820
2005	14	750.5322	9548.5850	9546.9390	750.8734	-0.341200
2006	15	760.7220	10309.3100	10309.1700	762.2292	-1.507150

1. 后验差检验

根据式（3-22）和式（3-25）可得

$$\bar{\varepsilon}^{(0)} = 0.0093, s_1 = 2.4604, \bar{x} = 687.2871, s_2 = 45.2726 \tag{3-45}$$

$$c = s_1 / s_2 = 0.0543 < 0.35 \tag{3-46}$$

由于 $0.6745 s_2 = 30.5364$ 　　　　　　　　　　　　　　　　　　　　（3-47）

$$\bar{\varepsilon}^{(0)}(1) - \bar{\varepsilon}^{(0)} = -0.0093 < 0.6745 s_2 \tag{3-48}$$

$$\bar{\varepsilon}^{(0)}(2) - \bar{\varepsilon}^{(0)} = -3.4502 < 0.6745 s_2 \tag{3-49}$$

$$\bar{\varepsilon}^{(0)}(3) - \bar{\varepsilon}^{(0)} = 0.4252 < 0.6745 s_2 \tag{3-50}$$

$$\bar{\varepsilon}^{(0)}(4) - \bar{\varepsilon}^{(0)} = 0.4852 < 0.6745 s_2 \tag{3-51}$$

$$\bar{\varepsilon}^{(0)}(5) - \bar{\varepsilon}^{(0)} = 0.0515 < 0.6745 s_2 \tag{3-52}$$

$$\bar{\varepsilon}^{(0)}(6) - \bar{\varepsilon}^{(0)} = 0.5661 < 0.6745 s_2 \tag{3-53}$$

$$\bar{\varepsilon}^{(0)}(7) - \bar{\varepsilon}^{(0)} = -1.8509 < 0.6745 s_2 \tag{3-54}$$

$$\bar{\varepsilon}^{(0)}(8) - \bar{\varepsilon}^{(0)} = -1.2116 < 0.6745 s_2 \tag{3-55}$$

$$\bar{\varepsilon}^{(0)}(9) - \bar{\varepsilon}^{(0)} = 4.0978 < 0.6745 s_2 \tag{3-56}$$

$$\bar{\varepsilon}^{(0)}(10) - \bar{\varepsilon}^{(0)} = 5.4714 < 0.6745 s_2 \tag{3-57}$$

$$\bar{\varepsilon}^{(0)}(11) - \bar{\varepsilon}^{(0)} = 2.8024 < 0.6745 s_2 \tag{3-58}$$

$$\bar{\varepsilon}^{(0)}(12) - \bar{\varepsilon}^{(0)} = -3.4874 < 0.6745 s_2 \tag{3-59}$$

$$\bar{\varepsilon}^{(0)}(13) - \bar{\varepsilon}^{(0)} = -2.0241 < 0.6745 s_2 \tag{3-60}$$

$$\bar{\varepsilon}^{(0)}(14) - \bar{\varepsilon}^{(0)} = -0.3505 < 0.6745 s_2 \tag{3-61}$$

$$\bar{\varepsilon}^{(0)}(15) - \bar{\varepsilon}^{(0)} = -1.5165 < 0.6745 s_2 \tag{3-62}$$

$$\text{故 } p = p\left\{\bar{\varepsilon}^{(0)}(i) - \bar{\varepsilon}^{(0)} < 0.6745 s_2\right\} = 1 > 0.95 \tag{3-63}$$

查预测登记表，可知该模型等级为 1，拟合精度非常高，预测结果正确可靠。

根据广州市 1992~2006 年的人口数量（表 3-3），利用灰色预测模型来预测广州市 2007~2016 年的人口数量，其数据见表 3-4。

表 3-3 广州市 1992~2006 年的人口数量

年份	1992	1993	1994	1995	1996	1997	1998	1999
人口/万人	612.202	623.665	637.025	646.716	656.051	666.486	674.140	685.002
年份	2000	2001	2002	2003	2004	2005	2006	
人口/万人	700.689	712.598	720.623	725.189	737.672	750.532	760.722	

数据来源：1993~2007 年《广州统计年鉴》。

表 3-4 广州市 2007~2016 年人口数量预测

年份	2007	2008	2009	2010	2011	2012	2013	2014	2015	2016
人口/万人	773.75	785.45	797.33	809.39	821.63	834.06	846.67	859.48	872.47	885.67

2. 结果分析

灰色模型预测人口数量结果与原始数据相比较，模型的拟合精度高，预测结果可靠。由预测结果可见，广州市常住人口数量在 2007~2016 年逐步缓慢上升，并且约以 1.51% 的速度稳定增长。

三、结论

根据广州市往年的总人口数据，应用灰色预测方法建立的人口数量预测模型 GM（1,1），并通过残差检验，其拟合精度非常精确，且预测结果准确可靠，非常真实地反映了广州市总人口数量的增长趋势，为研究城市人口发展趋势提供了一个可靠、操作性强的科学预测方法，为城市发展规模、城市管理、城市规划和政府决策提供了有效实用的依据。GM（1,1）模型适用于"贫信息、小样本"的灰色系统，数学模型简单且容易建立，预测精度高。

第四章 人口素质评价模型与案例

第一节 人口素质评价方法与模型

在人口经济学中，评价人口素质的方法有很多，如层次分析法（analytic hierarchy process，AHP）、德尔菲法（Delphi method）、模糊层次分析法（fuzzy-analytic hierarchy process，F-AHP）、粗糙集法（rough set theory）、主成分分析法（principal component analysis，PCA）、因子分析法（factor analysis）、聚类分析法（cluster analysis）等，各种方法在应用时各有利弊，下面主要介绍研究中常用到的主成分分析法、层次分析法和聚类分析法（胡怡荃，2010）。

一、主成分分析法

（一）主成分分析法的主要内容

降维是主成分分析法的核心，即用较少的几个综合指标来代替原来较多的变量指标，使这些较少的综合指标既能尽量多地反映原来较多指标所反映的信息，而且它们之间又是彼此独立的。即设法将原来众多的具有一定相关性的指标 $X_1, X_2, \cdots, X_p$（如 p 个指标），重新组合成一组较少个数的互不相关的综合指标 F_m 来代替原来的指标。因此，适当地提取综合指标，使其既能尽量多地反映原变量 X_p 所代表的信息，又能保证新指标之间互不相关就显得非常重要。

设 F_1 表示原变量的第一个线性组合所形成的主成分指标，即

$$F_1 = a_{11}X_1 + a_{21}X_2 + \cdots + a_{p1}X_p \tag{4-1}$$

每一个主成分所提取的信息量可用其方差来度量，其方差 Var（F_1）越大，表示 F_1 包含的信息越多。常常希望第一个主成分 F_1 所含的信息量最大，因此 F_1 应该是 $X_1, X_2, \cdots, X_p$ 的所有线性组合中方差最大的，故称 F_1 为第一主成分。如果第一个主成分不足以代表原来 p 个指标的信息，再考虑选取第二个主成分指标 F_2，为有效地反映原信息，F_1 已有的信息就不需要再出现在 F_2 中，即 F_2 与 F_1 要保持独立、不相关。

用数学语言表达就是其协方差 Cov(F_1, F_2)=0，所以 F_2 是与 F_1 不相关的 $X_1, X_2, \cdots, X_p$

的所有线性组合中方差最大的，故称 F_2 为第二主成分，以此类推构造出的 $F_1,F_2,\cdots,F_m$ 为原变量指标 $X_1,X_2,\cdots,X_p$ 的第一，第二，$\cdots$，第 m 主成分。

$$\begin{cases} F_1 = a_{11}X_1 + a_{12}X_2 + \cdots + a_{1p}X_p \\ F_2 = a_{21}X_1 + a_{22}X_2 + \cdots + a_{2p}X_p \\ \qquad\qquad\qquad\vdots \\ F_m = a_{m1}X_1 + a_{m2}X_2 + \cdots + a_{mp}X_p \end{cases} \qquad (4\text{-}2)$$

（二）主成分分析法的计算步骤

1. 计算协方差矩阵

计算样品数据的协方差矩阵：$\Sigma = (s_{ij})\, p \times p$，其中

$$s_{ij} = \frac{1}{n-1}\sum_{k=1}^{n}(x_{ki} - \bar{x}_i)(x_{kj} - x_j), i,j=1,2,\cdots,p \qquad (4\text{-}3)$$

2. 求出 Σ 的特征值 λ_i 及相应的正交化单位特征向量 a_i

Σ 的前 m 个较大的特征值 $\lambda_1 \geqslant \lambda_2 \geqslant \cdots \geqslant \lambda_m > 0$，就是前 m 个主成分对应的方差，λ_i 对应的单位特征向量 a_i 就是主成分 F_i 关于原变量的系数，则原变量的第 i 个主成分 F_i 为

$$F_i = a_i X \qquad (4\text{-}4)$$

主成分的方差（信息）贡献率用来反映信息量 a_i 的大小：

$$a_i = \frac{\lambda_i}{\sum\limits_{i=1}^{m}\lambda_i} \qquad (4\text{-}5)$$

3. 选择主成分

最终要选择几个主成分，即 $F_1,F_2,\cdots,F_m$ 中 m 是通过方差（信息）累计贡献率 $G(m)$ 来确定的：

$$G(m) = \frac{\sum\limits_{i=1}^{m}\lambda_i}{\sum\limits_{k=1}^{p}\lambda_k} \qquad (4\text{-}6)$$

当累计贡献率大于 85% 时，就认为能够反映原来变量的信息了，对应的 m 就是抽取的前 m 个主成分。

4. 计算主成分载荷

主成分载荷是反映主成分 F_i 与原变量 X_j 之间的相互关联程度，原变量 $X_j(j=1,2,\cdots,p)$ 在诸主成分 F_i（$i=1,2,\cdots,m$）上的载荷 $l(Z_i,X_j)$（$i=1,2,\cdots,m$；$j=1,2,\cdots,p$）为

$$l(Z_i,X_j) = \sqrt{\lambda_i}\, a_{ij}, i=1,2,\cdots,m; j=1,2,\cdots,p \qquad (4\text{-}7)$$

在 SPSS 软件主成分分析结果中，"成分矩阵"反映的就是主成分载荷矩阵。

5. 计算主成分得分

计算样品在 m 个主成分上的得分：

$$F_i = a_{1i}X_1 + a_{2i}X_2 + \cdots + a_{pi}X_p, \quad i=1,2,\cdots,m \qquad (4-8)$$

SPSS 19 中可以对原始数据进行处理，输出以上步骤的所有结果，无须单独分步计算。

二、层次分析法

层次分析法是对一些较为复杂、较为模糊的问题做出决策的简易方法，它特别适用于那些难以完全定量分析的问题。它是美国运筹学家 Saaty 于 20 世纪 70 年代初期提出的一种简便、灵活而又实用的多准则决策方法，其主要特征是将定性与定量的决策合理地结合起来，按照思维、心理的规律把决策过程层次化、数量化。

用层次分析法分析问题大体要经过以下几个步骤：①建立层次结构模型；②构造判断矩阵；③确定权重；④对判断矩阵进行一致性检验。

（一）建立层次结构模型

应用层次分析法分析决策问题时，首先要把问题条理化、层次化，构造出一个有层次的结构模型。一个完整的层次结构模型通常包含三个部分：①目标层，即拟解决的问题；②准则层，即为实现总目标而采取的措施和方案；③方案层，即用于解决问题的备选方案（图 4-1）。

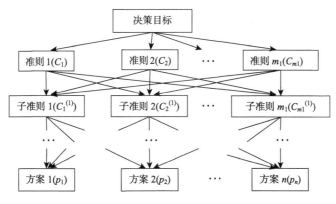

图 4-1　层次结构模型

（二）构造判断矩阵

层次结构反映了因素之间的关系，但准则层中的各准则在目标衡量中所占的比重并不一定相同，在决策者的心目中，它们各占有一定的比例。通过相互比较确定各准则对于目标的权重，即构造判断矩阵。

设要比较 n 个因素 $C_1, C_2, \cdots, C_n$ 对上一层（如目标层）O 的影响程度，即要确定它在 O 中所占的比重。对任意两个因素 C_i 和 C_j，用 a_{ij} 表示 C_i 和 C_j 对 O 的影响程度之比，按 $1 \sim 9$ 的比例标度来度量 a_{ij} $(i, j = 1, 2, \cdots, n)$，如表 4-1 所示，可得到两两成对比较矩阵

$A = \left(a_{ij}\right)_{m \times n}$，又称为判断矩阵，显然

$$a_{ij} > 0 \qquad (4\text{-}9)$$

$$a_{ji} = \frac{1}{a_{ij}}, a_{ii} = 1, i, j = 1, 2, \cdots, n \qquad (4\text{-}10)$$

表 4-1　比例标度值

标度	含义
1	表示两个元素相比，具有同样的重要性
3	表示两个元素相比，前者比后者稍重要
5	表示两个元素相比，前者比后者明显重要
7	表示两个元素相比，前者比后者极其重要
9	表示两个元素相比，前者比后者强烈重要
2，4，6，8	表示上述相邻判断的中间值
倒数：若元素 i 和元素 j 的重要性之比为 a_{ij}，那么元素 j 与元素 i 的重要性之比为 $a_{ji}=1/a_{ij}$	

（三）确定权重

判断矩阵 A 对应于最大特征值 $\lambda_{\max}$ 的特征向量 W，经归一化后即为同一层次相应因素对于上一层次某因素相对重要性的排序权值。确定权重的方法有以下几种。

1. 和法

将判断矩阵 A 的 n 个行向量归一化后的算术平均值，近似作为权重向量，即

$$\omega_i = \frac{1}{n} \sum_{j=1}^{n} \frac{a_{ij}}{\sum\limits_{k=1}^{n} a_{kj}}, i = 1, 2, \cdots, n \qquad (4\text{-}11)$$

计算步骤如下。

第一步：A 的元素按行归一化。

第二步：将归一化后的各行相加。

第三步：将相加后的向量除以 n，即得权重向量。

类似的还有列和归一化方法计算，即

$$\omega_i = \frac{\sum\limits_{j=1}^{n} a_{ij}}{n \sum\limits_{k=1}^{n} \sum\limits_{j=1}^{n} a_{kj}}, i = 1, 2, \cdots, n \qquad (4\text{-}12)$$

2. 根法（即几何平均法）

将 A 的各个行向量进行几何平均，然后归一化，得到的行向量就是权重向量。其公式为

$$\omega_i = \frac{\left(\prod_{j=1}^{n} a_{ij}\right)^{\frac{1}{n}}}{\sum_{k=1}^{n}\left(\prod_{j=1}^{n} a_{kj}\right)^{\frac{1}{n}}}, i = 1,2,\cdots,n \qquad (4\text{-}13)$$

计算步骤如下。

第一步：A 的元素按列相乘得一新向量。

第二步：将新向量的每个分量开 n 次方。

第三步：将所得向量归一化后即为权重向量。

3. 特征根法

解判断矩阵 A 的特征根问题：

$$AW = \lambda_{\max} W \qquad (4\text{-}14)$$

式中，$\lambda_{\max}$ 为 A 的最大特征根；W 为相应的特征向量，所得到的 W 经归一化后就可作为权重向量。

4. 对数最小二乘法

用拟合方法确定权重向量 $W = (\omega_1, \omega_2, \cdots, \omega_n)^{\mathrm{T}}$，使残差平方和 $\sum_{1 \le i \le j \le n}\left[\lg a_{ij} - \lg\left(\omega_i \big/ \omega_j\right)\right]^2$ 为最小。

5. 最小二乘法

确定权重向量 $W = (\omega_1, \omega_2, \cdots, \omega_n)^{\mathrm{T}}$，使残差平方和 $\sum_{1 \le i \le j \le n}\left[\lg a_{ij} - \lg\left(\omega_i \big/ \omega_j\right)\right]^2$ 为最小。

（四）对判断矩阵进行一致性检验

1. 计算一致性指标（consistency index，CI）

$$CI = \frac{\lambda_{\max} - n}{n - 1} \qquad (4\text{-}15)$$

2. 查找相应的平均随机一致性指标（random index，RI）

对 $n = 1, \cdots, 9$，Saaty 给出了 RI 的值，如表 4-2 所示。

表 4-2 平均随机一致性指标

n	1	2	3	4	5	6	7	8	9
RI	0	0	0.58	0.90	1.12	1.24	1.32	1.41	1.45

RI 的值是这样得到的，用随机方法构造 500 个样本矩阵：随机地从 1~9 及其倒数中抽取数字构造正互反矩阵，求得最大特征根的平均值 $\lambda'_{\max}$，并定义：

$$CI = \frac{\lambda'_{\max} - n}{n - 1} \qquad (4\text{-}16)$$

3. 计算一致性比例（consistency ratio，CR）

$$CR = \frac{CI}{RI} \qquad (4-17)$$

当 CR<0.10 时，认为判断矩阵的一致性是可以接受的，否则应对判断矩阵作适当修正。可以在层次分析软件 yaahp 0.5.2 中建立层次结构模型，直接输出权重和一致性比例。

三、聚类分析法

聚类分析法是指能将一批样本或变量按照它们在性质上的相似、疏远程度进行科学分类的一种应用广泛且很有效的方法，分为 Q 型聚类和 R 型聚类两种，Q 型聚类是指对样本进行分类，R 型聚类是指对变量进行分类。

聚类分析的基本思想是认为研究的样本或变量之间存在程度不同的相似性，根据一批样本的多个观测指标，具体找出一些能够度量样本或指标之间相似程度的统计量，以这些统计量作为划分类型的依据，把一些相似程度较大的样本（或变量）聚合为一类，把另外一些彼此之间相似程度较大的样本（或变量）也聚合为一类，关系密切的聚合到一个小的分类单位，关系疏远的聚合到一个大的分类单位，直到把所有的样本（或变量）都聚合完毕，把不同的类型——划分出来，形成一个由小到大的分类系统，最后再把整个分类系统画成一张图，将亲疏关系表示出来。

（一）统计量

聚类分析中可采用不同类型的统计量，通常 Q 型聚类采用距离统计量，R 型聚类采用相似系数统计量。

1. 距离统计量

设有 n 个样本，每个样本观测 p 个变量，数据结构为

$$\begin{bmatrix} x_{11} & x_{12} & \cdots & x_{1p} \\ x_{21} & x_{22} & \cdots & x_{2p} \\ \vdots & \vdots & & \vdots \\ x_{n1} & x_{n2} & \cdots & x_{np} \end{bmatrix} \qquad (4-18)$$

式中，x_{ij} 是第 i 个样本第 j 个指标的观测值。因为每个样本点有 p 个变量，可以将每个样本点看作 p 维空间中的一个点，那么各样本点间的接近程度可以用距离来度量。以 d_{ij} 为第 i 个样本点与第 j 个样本点间的距离长度，距离越短，表明两样本点间相似程度高。最常见的距离指标如下。

绝对距离：

$$d_{ij} = \sum |x_{ik} - x_{jk}| \qquad (4-19)$$

欧氏距离：

$$d_{ij} = \sqrt{\sum_{k=1}^{p} \left(x_{ik} - x_{jk}\right)^2} \qquad (4-20)$$

切比雪夫距离：

$$d_{ij} = \max_{1 \le k \le p} \left| x_{ik} - x_{jk} \right| \tag{4-21}$$

马氏距离：

$$d_{ij} = \left[\left(X_i - X_j \right)' S^{-1} \left(X_i - X_j \right) \right]^{\frac{1}{2}} \tag{4-22}$$

其中

$$X_i = \left(x_{i1}, x_{i2}, \cdots, x_{ip} \right), i = 1, 2, \cdots, n \tag{4-23}$$

S 是样本数据矩阵相应的样本协方差矩阵，即

$$S = \frac{1}{n-1} \sum_{k=1}^{p} (x_{ki} - \overline{x}_i) \left(x_{kj} - \overline{x}_j \right) \tag{4-24}$$

2. 相似系数统计量

对于 p 维总体，由于它是由 p 个变量构成的，而且变量之间一般都存在内在联系，因此往往可用相似系数来度量各变量间的相似程度。相似系数介于-1 和 1 之间，绝对值越接近 1，表明变量间的相似程度越高。常见的相似系数如下。

夹角余弦：

$$\cos \theta_{ij} = \frac{\sum\limits_{k=1}^{p} x_{ki} x_{kj}}{\sum\limits_{k=1}^{p} x_{ki}^2 \sum\limits_{k=1}^{p} x_{kj}^2}, i, j = 1, 2, \cdots, p \tag{4-25}$$

相关系数：

$$r_{ij} = \frac{\sum\limits_{k=1}^{p} \left(x_{ki} - \overline{x}_i \right) \left(x_{kj} - \overline{x}_j \right)}{\sqrt{\sum\limits_{k=1}^{p} \left(x_{ki} - \overline{x}_i \right)^2 \left(x_{kj} - \overline{x}_j \right)^2}} \tag{4-26}$$

（二）分类方法

系统聚类法是聚类分析中应用最广泛的一种方法，凡是具有数值特征的变量和样本都可以采用系统聚类法。选择适当的距离和聚类方法，可以获得满意的聚类结果。

1. 分类的形成

先将所有的样本各自算作一类，将最近的两个样本点首先聚类，再将这个类和其他类中最靠近的结合，这样继续合并，直到所有的样本合并为一类。若在聚类过程中，距离的最小值不唯一，则将相关的类同时进行合并。

2. 类与类间的距离

系统聚类法的不同取决于类与类间距离的选择，由于类与类间距离的定义有许多种，如定义类与类间距离为最近距离、最远距离或两类的重心之间的距离等，所以不同

的选择就会产生不同的聚类方法。常见的有最短距离法、最长距离法、重心法、类平均法、离差平方和法等。

设两个类 G_l, G_m，分别有 n_1 和 n_2 个样本。

最短距离法：

$$d_m = \min(d_{ij}, X_i \in G_l, X_j \in G_m\} \tag{4-27}$$

最长距离法：

$$d_{lm} = \max(d_{ij}, X_i \in G_l, X_j \in G_m\} \tag{4-28}$$

重心法：两类的重心分别为 $\bar{x}_l, \bar{x}_m$，则

$$d_{lm} = d_{\bar{x}_l \bar{x}_m} \tag{4-29}$$

类平均法：

$$d_{lm} = \frac{1}{n_1 n_2} \sum_{X_i \in G_l} \sum_{X_j \in G_m} d_{ij} \tag{4-30}$$

离差平方和法：首先将所有的样本自成为一类，然后每次缩小一类，每缩小一类，离差平方和就要增大，将整个类内离差平方和增加最小的两类合并，直到所有的样本归为一类。

这里应该注意，不同的聚类方法结果不一定完全相同，一般只是大致相似。如果有很大的差异，则应该仔细考查，找到问题所在；另外，可将聚类结果与实际问题对照，看哪一个结果更符合经验。

第二节 案 例 分 析

案例一 主成分分析法在人口素质评价中的应用
——以江苏省为例

一、研究背景

人口素质是衡量一个国家或地区综合实力的重要指标。人口素质的高低不仅对经济与社会的发展有重要影响，而且对我国可持续发展战略的实现也有重要影响。由于地理环境、社会经济、教育发展水平，以及历史、政策等方面的原因，我国的人口素质存在明显的区域性差异。迄今为止，国内有关人口素质的定性研究比较多见，而定量模型研究尚不多见，人口素质的评价与测度研究仍处于探索阶段，目前还没有一套被广泛接受的指标体系和评价方法。随着人口素质发展水平对经济社会发展的影响日趋明显，人口素质定量化已经成为亟待开展的研究课题。

从全国范围看，江苏省经济发展迅速，取得了令人瞩目的成绩，2008 年地区生产总

值居全国第二，但以长江为界南北经济的发展不均衡，人口素质的发展也不均衡，江南地区高校云集，而江北地区只有少数几所高校。因此，对于全国来说，江苏省的人口发展具有典型意义。本案例在重新探讨人口素质内涵的基础上，构建了人口素质评价指标体系，运用主成分分析法，搜集江苏省 2000 年、2008 年的相关统计数据，对江苏省 13 个省辖市的人口素质发展状况进行定量分析研究，以期对政府和各职能部门在制定人口素质相关政策时能够有所帮助（屈云龙和许燕，2010）。

二、人口素质评价指标体系的构建

在借鉴物质生活质量指数（physical quality of life index，PQLI）三大指标（识字率指数、婴儿死亡率指数和预期寿命指数）的基础上，按照指标的全面性、系统性、可比性和可操作性等原则，结合该领域专家和学者的研究成果，利用主成分分析法把人口素质划分成身体素质水平、科学文化素质水平和劳动技能素质水平三个维度，并分别选取了具体的统计指标，最终确定了人口素质指标体系框架，如图 4-2 所示。

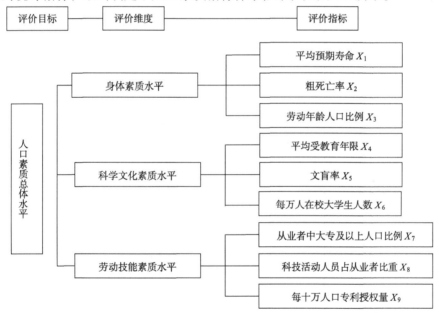

图 4-2　人口素质指标体系框架

（一）身体素质水平

身体素质是人口素质的最基本内容，身体素质的优劣直接影响到人口素质的其他方面，它是人口素质的生物学基础，体现着人口的自然属性，为了反映身体素质，选择平均预期寿命、粗死亡率和劳动年龄人口比例三个指标。

一般认为，平均预期寿命和粗死亡率是体现人口身体素质最敏感的指标，而且国际上通用，基本可以反映人口的健康水平。平均预期寿命和粗死亡率能直接客观地反映出人口健康状况，而劳动年龄人口比例是体现人口年龄结构状况的重要指标。一般来说，参与经济活动的人口相对多一些，其社会负担就相对轻一些，而且从一般意义上来理解，劳动适龄人口的身体素质比儿童和老年人要好。

（二）科学文化素质水平

科学文化素质水平是反映人口受教育程度和掌握科学知识多少的指标，是人口素质的另一个基础内容，体现着人口的社会属性。

识字是整个社会人口掌握知识的基础，因而识字率一般被用作体现人口科学文化素质最基本的指标，但是它忽略了文化程度内部的层次性，本案例模型中选取了它的一个逆指标——文盲率来替代。每万人在校大学生人数可以反映出一个国家或地区高等教育的普及程度，是说明科学文化素质水平的一个重要方面。但这两个指标未能考虑整个社会群体，为了反映出整个社会群体的文化水平，还需要选择平均受教育年限作为文盲率和每万人在校大学生人数的补充，并通过这三个指标衡量人口的科学文化素质水平。

（三）劳动技能素质水平

随着新知识和新技术的层出不穷，劳动技能素质越来越成为人口素质的重要方面。人口劳动技能素质的提高可为国家或地区增强竞争活力和后劲提供重要保证，一国人口的劳动技能素质在经济社会领域发展中发挥着重要作用，这也是邓小平提出"科学技术是第一生产力"的原因。因此，可以选取从业者中大专及以上人口比例、科技活动人员占从业者比重这两个指标来测度人口的实践能力和应用科学技术的潜力，而每十万人口专利授权量可直观地反映某地区在科技领域所取得的成就。

三、江苏省人口素质水平的主成分分析

（一）指标值的采集与计算

本案例分析的样本为江苏省的 13 个省辖市，利用江苏省 2000～2008 年的相关统计数据，用上述九个指标对江苏省各省辖市的人口素质状况进行计算，结果如表 4-3 所示。

表 4-3　江苏省及其各省辖市人口素质状况

指标 地区	平均预期 寿命/岁	粗死亡率 /%	劳动年龄 人口 比例/%	平均受教 育年限/年	文盲 率/%	每万人在 校大学生 人数/人	从业者中大 专及以上人 口比例/%	科技活动人 员占从业者 比重/%	每十万人 口专利授 权量/项
南京	75.22	5.55	77.70	9.42	4.21	1107	21.90	1.82	39.59
无锡	75.60	6.95	77.20	8.45	5.29	223	9.86	1.04	50.02
徐州	73.53	14.27	71.91	7.46	9.69	121	4.91	0.27	12.88
常州	75.52	6.68	70.40	8.36	6.83	288	10.69	0.99	36.48
苏州	75.89	6.53	79.55	8.07	6.19	246	7.98	0.79	59.95
南通	74.88	7.77	71.25	7.47	9.54	95	5.79	0.36	23.57
连云港	73.49	13.44	69.67	6.88	16.56	64	5.86	0.24	6.30
淮安	72.51	10.18	69.68	6.88	16.55	121	6.56	0.13	7.64
盐城	72.42	7.16	73.85	7.25	13.13	57	4.73	0.28	6.91
扬州	72.92	8.93	72.73	7.30	11.83	166	6.08	0.56	26.66

续表

指标 地区	平均预期 寿命/岁	粗死亡率 /%	劳动年龄 人口 比例/%	平均受教 育年限/年	文盲 率/%	每万人在 校大学生 人数/人	从业者中大 专及以上人 口比例/%	科技活动人 员占从业者 比重/%	每十万人 口专利授 权量/项
镇江	73.83	7.63	76.35	7.85	7.69	295	5.93	0.75	32.75
泰州	73.03	11.03	71.64	7.12	13.40	69	5.28	0.47	14.61
宿迁	72.32	7.95	68.35	6.57	17.54	29	2.47	0.05	2.19
江苏省	74.13	8.97	73.66	7.69	10.37	214	7.70	0.59	26.30

说明：①平均受教育年限=（小学人口数×6+初中人口数×9+高中人口数×12+大专人口数×15+本科人口数×16+研究生人口数×19）/地区总人口。②表中平均预期寿命数据来自 2000 年江苏省第四次人口普查资料汇编《江苏省人口生命表汇编（2000）》；劳动年龄人口比例、平均受教育年限、文盲率以及从业者中大专及以上人口比例四项指标由《2005 年江苏省 1% 人口抽样调查资料》整理所得；科技活动人员占从业者比重和每十万人口专利授权量来源于《江苏科技年鉴（2007）》；粗死亡率与每万人在校大学生人数通过查阅《江苏统计年鉴（2008）》计算得来。

从表中的九个指标数据无法直接评价江苏省各省辖市的人口素质状况，而由表 4-4 的相关系数矩阵可以看到，许多变量之间的相关性很高，甚至存在信息上的重叠。例如，平均受教育年限与文盲率及劳动技能素质各指标之间具有较强的相关性，与科技活动人员占从业者比重的相关系数最高，达到了 0.966；每万人在校大学生人数、科技活动人员占从业者比重和从业者中大专及以上人口比例三个指标之间也具有较高的相关性，相关系数均在 0.9 左右（这充分说明了使用主成分分析的必要性）。

表 4-4　相关系数矩阵

	平均预期 寿命	粗死 亡率	劳动年龄 人口比例	平均受教 育年限	文盲率	每万人在 校大学生 人数	从业者中 大专及以 上人口 比例	科技活动 人员占从 业者比重	每十万人 口专利授 权量
平均预期寿命	1.000	-0.477	0.609	0.807	-0.862	0.489	0.602	0.721	0.882
粗死亡率	-0.477	1.000	-0.528	-0.588	0.544	-0.479	-0.478	-0.596	-0.599
劳动年龄人口比例	0.609	-0.528	1.000	0.727	-0.786	0.548	0.516	0.692	0.821
平均受教育年限	0.807	-0.588	0.727	1.000	-0.927	0.848	0.888	0.966	0.793
文盲率	-0.862	0.544	-0.786	-0.927	1.000	-0.640	-0.666	-0.841	-0.882
每万人在校大学生 人数	0.489	-0.479	0.548	0.848	-0.640	1.000	0.956	0.898	0.488
从业者中大专及以 上人口比例	0.602	-0.478	0.516	0.888	-0.666	0.956	1.000	0.925	0.546
科技活动人员占从 业者比重	0.721	-0.596	0.692	0.966	-0.841	0.898	0.925	1.000	0.750
每十万人口专利授 权量	0.882	-0.599	0.821	0.793	-0.882	0.488	0.546	0.750	1.000

表 4-5 给出的是各主成分的方差贡献率和累计贡献率，主成分的选取标准有两个：第一，特征根大于 1，因为如果特征根小于 1，说明该主成分的解释力度太弱，还比不上直接引入一个原始变量的平均解释力度大；第二，累计方差贡献率大于 85%。

如果这两个标准不能同时符合要求，则往往是因为选择的指标不合理或者样本容量太小，应继续调整。表 4-5 还显示，只有前两个特征根大于 1，因此 SPSS 只提取了前两个主成分，而这两个主成分的方差贡献率达到了 86.092%，因此选取前两个主成分已经能够很好地描述人口素质发展的水平。

表 4-5　方差贡献率及累计贡献率

主成分	初始特征值			提取的平方载荷		
	特征根	方差贡献率/%	累计贡献率/%	特征根	方差贡献率/%	累计贡献率/%
1	6.705	74.496	74.496	6.705	74.496	74.496
2	1.044	11.596	86.092	1.044	11.596	86.092
3	0.611	6.792	92.884			
4	0.399	4.438	97.322			
5	0.124	1.378	98.700			
6	0.061	0.683	99.383			
7	0.036	0.398	99.781			
8	0.017	0.187	99.968			
9	0.003	0.032	100.000			

　　表 4-6 为输出的主成分系数矩阵，可以说明各主成分在各变量上的载荷，由表可以看出，标准化后的第一主成分（简称 F_1）对所有变量都有载荷，且载荷绝对值几乎都在 0.8 以上，因此可以说第一主成分是对人口综合素质的度量，代表了一个地区人口总的素质状况，可以称为"综合因子"。在"综合因子"中，平均受教育年限、文盲率、科技活动人员占从业者比重即科学文化素质水平和劳动技能素质水平各指标起到较强的作用，劳动技能素质水平的其他指标所起的作用次之，身体素质水平的指标和每万人在校大学生人数也起一定作用。第二主成分（简称 F_2）对身体素质水平的两项指标平均预期寿命、劳动年龄人口比例以及每十万人口专利授权量具有负载荷，对其他变量具有正载荷，并且除每万人在校大学生人数之外载荷绝对值均小于 0.5，有的甚至接近 0.1。因此，第二主成分只是汇集了第一主成分遗漏的部分信息，称为"辅助因子"。

表 4-6　主成分系数矩阵

评价指标	主成分	
	F_1	F_2
平均预期寿命	0.838	−0.320
粗死亡率	−0.667	0.128
劳动年龄人口比例	0.803	−0.303
平均受教育年限	0.980	0.106
文盲率	−0.929	0.221
每万人在校大学生人数	0.824	0.538
从业者中大专及以上人口比例	0.855	0.491
科技活动人员占从业者比重	0.959	0.226
每十万人口专利授权量	0.873	−0.437

　　由表 4-5 各主成分的特征值和表 4-6 的主成分系数矩阵可以得到特征向量矩阵，如表 4-7 所示。计算公式为 $l_{ij}=R_{ij}/K_i$，其中 l_{ij} 是第 i 主成分在第 j 个变量上的特征向量；R_{ij}

是第 i 主成分在第 j 个变量上的载荷；K_i 为第 i 主成分相应的特征值。

表 4-7 特征向量矩阵

评价指标	主成分	
	F_1	F_2
平均预期寿命	0.324	−0.313
粗死亡率	−0.258	0.125
劳动年龄人口比例	0.310	−0.297
平均受教育年限	0.378	0.104
文盲率	−0.359	0.216
每万人在校大学生人数	0.318	0.527
从业者中大专及以上人口比例	0.330	0.481
科技活动人员占从业者比重	0.370	0.221
每十万人口专利授权量	0.337	−0.428

根据表 4-7 可以得到各主成分的表达式，表达式中各变量不是原始变量，而是标准化变量。主成分表达式如下：

$$F_1 = 0.324 \times ZX_1 - 0.258 \times ZX_2 + 0.310 \times ZX_3 + 0.378 \times ZX_4 - 0.359 \times ZX_5 + 0.318 \times ZX_6$$
$$+ 0.330 \times ZX_7 + 0.370 \times ZX_8 + 0.337 \times ZX_9$$

$$F_2 = -0.313 \times ZX_1 + 0.125 \times ZX_2 - 0.297 \times ZX_3 + 0.104 \times ZX_4 + 0.216 \times ZX_5 + 0.527 \times ZX_6$$
$$+ 0.481 \times ZX_7 + 0.221 \times ZX_8 - 0.428 \times ZX_9$$

其中，ZX_i 表示 X_i 变量标准化后的变量。把标准化变量分别代入以上表达式，可以得出 F_1 和 F_2 两个主成分的得分，但单独一个主成分不能很好地评价江苏省各省辖市人口素质发展状况，因此需要以各主成分对应的方差贡献率为权数计算综合统计量 F，计算结果见表 4-8。

表 4-8 江苏省各省辖市主成分得分

主成分	南京	无锡	苏州	常州	镇江	江苏省	南通	扬州	盐城	徐州	泰州	淮安	连云港	宿迁
F_1	5.819	2.832	2.783	1.883	0.982	0.157	−0.307	−0.735	−1.544	−1.566	−1.712	−2.568	−2.704	−3.320
F_2	2.479	−1.181	−1.995	0.010	−0.557	−0.126	−0.702	−0.013	−0.021	0.081	0.195	0.824	0.649	0.376
F	5.369	2.291	2.140	1.631	0.772	0.119	−0.360	−0.637	−1.339	−1.344	−1.455	−2.111	−2.253	−2.822
排序	1	2	3	4	5	6	7	8	9	10	11	12	13	14

（二）计算结果分析

1. 评价结果描述

由表 4-8 显示的结果可见，各省辖市的人口素质得分在分布上较为分散，如果按各省辖市人口素质发展状况进行归类，除南京外，无锡、苏州和常州属于一类，其人口素质发展状况均高于全省平均水平，最大值为无锡 2.291，最小值为常州 1.631，其内部差值为 0.660；镇江单独构成第二类，其值为 0.772，比全省平均水平高出 0.653；南通和扬州为第三类，其值分别为−0.360、−0.637；盐城、徐州和泰州三个省辖市为第四类，其值均在-1.5 ~ -1.3；淮安、连云港和宿迁属于第五类，其中淮安为-2.111，宿迁最低为-2.822。

从提取的主成分来看，第一主成分 F_1 与综合统计量 F 的得分排序完全一致，这与 F_1 即"综合因子"74.496%的方差贡献率是相符的。而第二主成分 F_2 除南京排序与综合统计量 F 一致以外，其他各省辖市的排名均变动较大。其主要原因是 F_2 作为"辅助因子"，其变量信息的提取均是在"综合因子"之后进行的，汇集的信息残缺不全，甚至有些变量对应的特征向量为负值，而这些变量恰恰为越大越优型指标。例如，苏南各省辖市在平均预期寿命、劳动年龄人口比例和每十万人口专利授权量三个指标上的排名位于前列，但由于它们在"辅助因子"中对应的特征向量为负值，就拉低了该地区各省辖市在全省的排位。虽然南京依然为全省之首，但是其优势却不是太明显。

2. 区域分布状况

从统计意义划分的区域来看，只有苏南地区的人口素质状况优于全省一般发展水平，而苏中、苏北各省辖市均低于这一水平。对于苏南地区，南京的人口素质发展水平位居首位，且优势明显。接下来是无锡、苏州和常州，三者的人口素质得分比较接近，而镇江与这三者差距较大。镇江的排名与其地理区位有一定的关系，首先，它距离海岸线比无锡、苏州、常州三个省辖市要远，距我国第一大经济中心上海市也较远；其次，南京作为江苏省会，以其行政区位的优势吸纳和汇集了大量的技术、人才等资源，这在一定程度上导致了距其较近的镇江的各类资源流失较多，延缓了自身的发展速度。

苏中地区的南通、扬州和泰州的人口素质得分排名分别为第7、第8和第11位，其中南通比全省一般水平低了0.479，泰州更是低了1.574。从各单项指标来看，泰州在绝大部分指标上与苏中其他两个省辖市相差无几，但是在每万人在校大学生人数和每十万人口专利授权量这两项指标上比第8名扬州分别低97人、12.05项，这就拉大了泰州与二者的差距。

再来看苏北地区，各省辖市的人口素质得分相对集中，其中最高值为盐城-1.339，徐州紧随其后，得分为-1.344。宿迁在江苏省的人口素质排名最差。经过分析发现，徐州在文化素质和劳动技能素质方面，除了科技活动人员占从业者比重这一指标，其余指标都高于盐城，其粗死亡率远高于后者，劳动年龄人口比例略低于后者，导致其人口素质得分略低于后者。另外，根据经验可以判断的一点是，江苏省为了平衡南北经济实力，近些年来，在苏北以徐州为中心，大力建设工业园区，引进先进技术、设备等生产要素，促使徐州经济迅猛发展，但却忽视了教育的发展，而使其人口素质得分低于盐城。

四、结语

综上所述，江苏省各省辖市之间的人口素质发展状况存在较大的差异，这就需要省级政府以及各职能部门在制定人口素质相关政策时要区别对待，不能一刀切或模式化。随着区域经济的逐渐一体化，经济分割的局面将不复存在，加强各地区之间人才和资本、技术等生产要素的密切交流才是长久之计，这就要求各省辖市之间横向的协调和省级相关部门宏观上的调控。

案例二　聚类分析法在我国西部人口素质评价中的应用

一、我国西部地区的现状

本案例所指的西部地区，共含五个自治区（内蒙古、广西、西藏、宁夏、新疆）、一个直辖市（重庆）和六个省（四川、贵州、云南、陕西、甘肃、青海），总计 12 个省（自治区、直辖市）。

西部地区土地面积共 686.7 万 km^2，占全国土地面积的 71.5%。人口总数小，2009 年总人口 36 729.7 万人，占全国总人口的 27.9%。西部聚集有 50 个少数民族，约占全国少数民族人口的 80%。

西部地区经济总量少。2009 年，地区生产总值 66 973.5 亿元，占全国的 18.3%；外向型经济落后，进出口总额仅占全国的 4.2%。

西部地区社会事业发展缓慢。2009 年，共有普通高等学校 554 所，占全国普通高等院校的 24%；在校学生 474 万人，占全国在校学生的 22.1%。共有卫生机构 280 053 所，占全国卫生机构的 30.6%；拥有卫生技术人员 138.5 万人，占全国卫生技术人员的 25%。

西部地区居民收入逐年增加。2009 年，城镇居民可支配收入 14 213 元，与 2001 年的 6169.9 元相比，增加 8043.1 元，年均增长 1005.4 元；农村居民人均纯收入 3816 元，与 2001 年的 1755.1 元相比，增加 2060.9 元，年均增长 257.6 元。

总之，与东部、中部地区相比，西部地区经济社会各项事业较为落后，在一些领域与东部和中部差距较大。

二、指标的建立和数据来源

聚类因素的设置就是根据研究目标选择相应的聚类分析变量。基于西部人口素质特点，选取以下三个评价因子的 20 个指标，作为聚类分析的变量（表 4-9）。

表 4-9　西部人口素质评价指标体系

评价因子	指标
身体健康素质评价因子	人均 GDP、城镇居民可支配收入、农民人均纯收入、人口死亡率、平均预期寿命、婴儿死亡率、残疾人所占人口比重、每千人拥有医院数、每千人拥有卫生院床位数
科学文化素质评价因子	平均受教育年限、15 岁及以上人口文盲率、农村居民家庭劳动力大专及以上受教育人口所占比重、受过高等教育人口所占比重、未上过学人口所占比重、大专及以上人口占 6 岁及以上人口比重
思想道德素质评价因子	人口出生率、出生政策符合率、生存贫困发生率、15 岁及以上女性文盲率、孕产妇死亡率

根据西部地区 12 个省（自治区、直辖市）人口素质评价因子的各变量，根据《人

口和计划生育常用数据手册》（1999～2010 年），可以得到西部 12 个省（自治区、直辖市）的 20 项聚类分析变量的数据，即中国西部地区人口素质评价的原始数据。

由于数据的计量单位并不统一，因此聚类分析之前需要对原始数据进行无量纲化处理。采用极值法对数据进行标准化处理，然后将处理结果进行聚类分析。

三、分区特征描述及其发展对策

通过 SPSS 17.0 软件进行两步聚类。按照聚类分析结果，可将西部地区 12 个省（自治区、直辖市）分为以下三类。

（一）第一类为重庆、四川、广西三省（自治区、直辖市）

重庆、四川和广西三省（自治区、直辖市）占西部省级单位数量的 25%，西南部这三省（自治区、直辖市）的经济发展水平最高，教育、科技、卫生、文化、体育等社会各项事业发展很快，因此，位于分区之首。但该区需进一步提高经济社会发展水平，推动科技、教育、文化等领域的持续发展，加强国民思想道德体系建设，重视公民道德教育、品行修养、遵法守纪意识等的提高，不断缩小与中东部地区的差距。此外，还应注重区位、资源等优势，发挥对西南部其他省（自治区）及西北部的辐射带动作用。

（二）第二类为陕西、宁夏、新疆、内蒙古四省（自治区）

陕西、宁夏、新疆、内蒙古四省（自治区）占西部省级单位数量的 33%，西北部这些省（自治区）的经济发展速度较快，教育、卫生、科技、文化、体育等社会各项事业发展程度高。但是，与中东部地区相比仍差距明显，因而这四省（自治区）仍需更加重视科技、教育、文化等事业的发展和公民道德教育，采取各种措施提高人口素质，缩小与西南诸省（自治区、直辖市）的差距。

（三）第三类为云南、贵州、西藏、甘肃、青海五省（自治区）

云南、贵州、西藏、甘肃和青海五省（自治区）占西部省级单位数量的 42%，这些省（自治区）的经济发展速度相对缓慢，教育、卫生、科技、文化、体育等社会各项事业发展水平较低。由于西藏、甘肃、贵州人口身体素质水平、科学文化素质水平总体较低，因此，需转变思想观念，加快经济结构调整，完善科技、教育、文化等基础设施建设。与云南、青海一道借鉴中东部和西部其他地区的成功经验，多管齐下，不断推动经济和科技、教育、卫生等社会诸项事业的健康稳定发展。

第五章 人口分布模拟模型与案例

第一节 人口分布模拟方法与模型

用于描述人口分布的方法很多，由于传统的人口制图已无法满足人们的需求，许多新的研究成果应运而生，随着现代遥感卫星技术的发展，地理信息系统技术成了分析人口分布情况的主流，人口信息经过空间分布化以后，就能够和其他社会经济信息融会贯通（肖荣波和丁琛，2011）。本书主要介绍基于地理信息系统技术的城市人口分布模拟方法。

一、城市人口密度模型

城市人口密度模型可以追溯到20世纪50年代初期Clark提出的负指数函数（negative exponential function）：

$$P(r) = P_0 e^{-br} \tag{5-1}$$

式中，r 为到城市中心的距离；$P(r)$ 为距城市中心 r 处的人口密度；P_0 为理论上城市中心处的人口密度；b 为距离衰减效益的速率。

城市人口密度模型认为随着从城市中心向外围距离的增加，城市人口密度趋向于指数式衰减，即人口密度与距离之间是负指数关系。Clark 模型可以从两个角度论证，一是从微观的角度，假定一个住房服务价格弹性的单位值，然后借助效用最大化（utility-maximizing）方法推导城市人口密度的负指数形式；二是从宏观的角度，从威尔逊（Wilson）著名的空间相互作用最大熵（entropy-maximizing）模型出发，将空间作用流落实到某一个区位，同时考虑交通分布模型，从而将空间作用模型导向负指数形式并类比为 Clark 模型。

城市人口密度模型是在人口密度平均值的基础上建立的统计模型，可以用简单的函数形式反映影响城市人口密度分布的主要因素，可以从宏观层面反映人口的空间分布趋势。城市人口密度模型反映出的人口分布是连续的、光滑的，但实质上人口分布是间断变量，微观层面上受到诸多因素的影响。城市人口密度模型难以准确地模拟城市人口空间分布细节。

二、内插法空间分布模型

内插法在实际运用过程中，主要差异在于内插方法和格网大小的选择上，内插法空间分布模型具体思路和步骤如下。

（1）将研究的区域划分为一定分辨率的格网。

（2）将区域内的人口数换算成人口密度。

（3）每个区域放置一个中心点，并把人口密度连到中心点上。

（4）使用一种内插方法把中心点上的人口密度内插成格网表面。

内插法可以分为点的插值和面的插值，点的插值包括最近距离法插值如泰森多边形法、B样条插值、克里金（Kriging）插值，在经验知识基础上的手工目视插值、趋势面分析法、傅里叶变换及移动距离权重平均法等；面的插值根据在插值过程中是否采用辅助数据可分为无辅助数据的面插值法和有辅助数据的面插值法。Tober（1979）提出Pycnophylactic 插值法将人口数据从不规则面状分布转变成表面分布。而格网大小的选择可以根据实际情况而定，总体上格网越小，其人口密度精度越高，城市地区格网一般小于农村地区。

内插法的最大优点在于实现了将人口统计值从不规则的统计单元分布到规则的格网中，使得人口分布信息与其他栅格数据如环境数据进行综合空间叠加分析成为可能。其局限在于基于格网的人口分布假设人口在一定分辨率的格网内是均匀分布的。虽然格网的分辨率可以调整，但由于没有考虑到影响人口分布的自然条件、经济状况，其形成的连续人口密度表面与实际人口分布还是有较大差距的。

三、光谱估算法

光谱估算法始于 1982 年，Iisaka 和 Hegedus（1982）在东京郊区小区域尺度，使用基于多光谱扫描仪（multispectral scanner，MSS）的回归模型对人口进行估计；Lo（1995）利用地球观测系统（systeme probatoire d'observation de la terre，SPOT）影像对香港九龙44 个小规划统计区（tertiary planning units，TPU）居住单元户数进行了估算。Harvey（2002）利用专题制图仪（thematic mapper，TM）影像在像元水平上对澳大利亚巴拉瑞特（Ballarat）城市人口进行估计，该研究选择了如 Normalized band 1、Ratio；band 1 to band 4 等 14个光谱值为预测变量，通过六个模型对比，结果表明训练集与检验集相关指数分别达到0.92、0.86，模型在低人口密度区域对人口密度有高估，而在一些高人口密度区域对人口密度有低估。

光谱估算法是将光谱值或者不同光谱之间运算值作为自变量，预测人口密度空间分布，它可以迅速建立光谱值与人口密度的关系，但由于遥感光谱值与人口密度相关关系的稳定性较差，随着区域不同，该关系变化较大；即使在同一个区域，不同时期获取的影像与人口密度的相关性也都差异较大，难以推广使用。

四、土地利用密度法

土地利用密度法是通过建立土地利用及相关地理因素和人口统计数据的回归模型，实现对研究区人口密度的模拟。其技术流程一般遵循：①基于遥感技术土地利用分类；②建立地面地理因子同人口密度的回归模型；③模型求解与误差分析；④模型校正。

具体建模过程：假设某区同类土地利用的人口密度相同，通过抽样调查人口，求得 j 统计单元中 i 用地类型对应的人口密度 D_{ij}，利用遥感图像求出表示 j 统计单元中 i 用地类型对应的面积 S_{ij}，则 j 统计单元人口数 p_j 为

$$p_j = \sum_{i=1}^{n} D_{ij} \times S_{ij} \tag{5-2}$$

式中，n 为区域中对应的土地利用类型数。

整个区域的总人口估计数 p_e 为

$$p_e = \sum_{j=1}^{m} p_j \tag{5-3}$$

式中，m 为研究区中统计单元总数。

该方法当前应用最为广泛，但是水域、农田、林地等显然不宜人类居住，但在土地利用密度法中却分配了人口密度系数，导致该方法模拟精度不高。Yuan 等（1997）则通过重建模的方式利用各个统计单元实际人口数对模拟结果进行校正，实现了不同统计单元之间同一种用地类型人口密度不一定相同的设想，从而提高模拟结果的精度。

五、居住单元估算法

城市人口密度是由人均居住建筑面积与住宅建筑容积率决定的，利用人口与居住面积线性相关的原理建立城市人口居住单元估算法，其计算公式为

$$p = \sum_{i=1}^{n} P_i F_i \tag{5-4}$$

式中，p 为总人口数；P_i 为每户的平均人数；F_i 为户数；n 为不同的住宅类型。

这种方法最为关键的是获取居住用地数据，一般是利用大比例尺航空遥感图像，根据建筑物的布局及结构特征，人工将不同住宅的类型分开，然后对不同类型的住宅分别进行住宅数统计，每户的平均人数主要通过实地抽样调查获得。虽然该方法精度较高，但是在住宅用地遥感分类上需要大量的目视人工解译，花费时间、精力较多，难以在大型城市推广应用。

六、夜间灯光强度估算法

夜间灯光强度估算法与土地利用密度法相似，通过建立地面灯光信息同人口密度的关系，模拟夜间人口分布状况。由于灯光数据本身就涵盖了交通道路、居民地等与人口分布密切相关的信息，因此在用灯光数据模拟人口密度时无须再考虑这些因素。相对于

用其他数据模拟人口密度而言，该方法所需数据量较少，易于实现。尤其是灯光强度产品，其不仅具备空间形态信息，还具有强度信息，所以在人口密度模拟方面更具潜力。

卓莉和陈晋（2005）选用专门针对亚洲地区开发的国防气象卫星计划/机载线性扫描系统（Defense Meteorological Satellite Program/Operational Linescan System，DMSP/OLS）非辐射定标夜间灯光平均强度遥感数据模拟了中国的人口密度，利用灯光强度信息模拟了灯光区内部的人口密度，利用人口与距离衰减规律和电场叠加理论模拟了灯光区外部的人口密度。该研究不仅模拟了灯光斑块内部的人口空间密度，还模拟了更为广阔的灯光区外部的人口密度，是对基于灯光数据人口密度模拟研究的进一步拓展和深入。但 OLS 传感器分辨率较小，更适合于大尺度人口密度的快速估算，针对单个城市内部常常受到分辨率的限制。

七、硬化地表估算法

硬化地表（impervious surface fractions，ISF）是指防渗水表面，常见于城区地面及居民区等构筑物，它反映了人工对地面性质的改造，通过它能获得人口空间分布的相关信息。

Wu 和 Murray（2005）利用硬化地表对 TM 影像进行土地覆盖类型分类，六种土地覆盖类型中可大致分为居住区域和非居住区域，并在分类中对错分的像元进行检验，以提高分类精确性。然后用协同克里金插值法，根据居住区硬化地表比例同人口数据的相关关系建立模型，测试精确度并校正。该研究将硬化地表和协同克里金插值法相结合，使估计相对误差降为 0.3%，对比使用传统土地利用分类法的 1.0% 要低，采用硬化地表估算法较传统土地利用分类法更优越。

以上七种方法各有优劣，具体见表 5-1，在实际的应用中，可以根据所能获取的数据精度，以及应用范围选择不同的空间模拟方法。

表 5-1　七种城市人口分布空间模拟方法比较

方法	优点	缺点	改进
城市人口密度模型	揭示影响人口分布最为重要的因素；宏观层面上反映人口的空间分布趋势	难以准确地模拟城市人口实际空间分布	与地理因子相结合
内插法空间分布模型	将人口统计值从不规则的统计单元分布到规则的格网中，使得人口分布信息与其他栅格数据进行综合空间叠加分析成为可能	未考虑到影响人口分布的自然条件、经济状况，其形成的连续人口密度表面与实际人口分布有较大差距	与地理因子相结合
光谱估算法	可以迅速建立光谱值与人口密度的关系，能建立像元水平的相关性	移植性差，不易推广	建议形成明确的地物分类
土地利用密度法	数据源易于实现；回归模型简单可靠	土地利用空间数据分辨率直接影响预测精度；统计模型本身导致人口估计精度不高	对模型修正，增加参数；采用改进的土地覆盖分类法
居住单元估算法	精度高	需目视人工解译，花费大量时间精力	提高计算机自动解译精度
夜间灯光强度估算法	可在较少数据源的情况下快速对大区域人口密度提取；在大尺度人口估计适用；绝对人口密度时间分布有一定反映	夜间灯光强度遥感数据来源较少，分辨率低；对栅格内人口直接平均化分布，未考虑其内部人口密度分异	改进栅格内人口估计方法；提高数据源的空间分辨率
硬化地表估算法	连续变量，便于与连续变化的人口密度建立函数关系	硬化地表提取程序较为复杂	建立快速提取硬化地表的分类模型

第二节　案　例　分　析

案例　基于地理信息系统的关中地区人口分布
时空演变特征研究

一、研究背景

人口分布主要受社会生产方式和经济发展水平的制约，是反映一个地区自然条件差异和经济发展水平的重要指标。研究人口分布在时间和空间维度上的演变特征，可以解释区域人口空间分布的规律性，有利于人们掌握人口布局，为相关规划优化政策的制定提供帮助（赵沙等，2011）。

关中地区位于陕西省中部，为连接我国东西部和南北方地区的交通要道，也是西北地区的重要经济带，拥有良好的自然环境、交通便捷且经济发展快速，因此是西北地区重要的人口聚集地。关中地区平原、沟壑、山地三种地貌并存，使得各区县自然、社会经济条件存在明显差异，因此其人口的空间分布以及增长趋势也有较大不同。

二、研究方法

选择 1990~2008 年作为研究时段，以来源于《陕西统计年鉴》的人口数据等资料为基础，运用人口分布的结构指数和空间自相关分析方法，借助 ArcGIS 9.2 和 GeoDa095i 软件将关中地区人口密度和空间关联分布可视化，再通过不均衡指数分析、人口中心迁移分析和人口偏移增长分析来刻画关中地区人口分布的时空演变特征。

三、研究内容

关中地区内各区县人口密度差异很大，运用 ArcGIS 9.2 将 2008 年区域内人口密度分布可视化，结果如表 5-2 所示。可见，关中地区人口密度分布总体特征是中间高、南北低，东部地区人口密度较均匀。其中，人口密度高于 750 人/km^2 的高值带是连接杨凌农业高新技术产业示范区（以下简称杨凌示范区）至临渭区、经过西安市城六区的一条狭长东西向条带；而北部与西南部地区的区域人口密度多低于 230 人/km^2，形成了相对的人口密度低值区。这主要是因为本区域地形以山地丘陵为主，经济条件差，人口稀少。关中东部部分区县由于远离市中心区域和经济发达城市，经济发展相对落后，人口密度也较低。

表 5-2 2008 年关中地区人口密度分布

人口密度/（人/km^2）	地名
<230	凤县，陇县，千阳，麟游，永寿，淳化，耀州，旬邑，宜君，太白，周至
230～500	陈仓，凤翔，眉县，长武，彬县，礼泉，户县，蓝田，华县，华阴，潼关，大荔，蒲城，合阳，韩城，澄城，白水
500～750	长安，岐山，乾县，泾阳，三原，铜川，富平
750～1000	宝鸡，临渭，临潼，高陵
>1000	西安市，武功，兴平，咸阳

最常用的全局空间自相关指标 Moran I 指数可以很好地反映空间邻接或空间邻近的区域单元属性值的相似程度。经计算，2008 年关中地区人口密度的 Moran I 指数为 0.203，Z 值为 2.72，大于检测值 1.96，说明关中各区县的人口密度空间分布存在显著的正的空间自相关。即关中地区人口密度较高的区县在空间上呈现集聚状态，而人口密度较低的区县也在空间上呈现集聚状态。

再进行局部空间自相关分析，能够进一步具体区分区域单元和其邻居之间的空间联系形式。运用 2008 年关中地区各区县人口密度数据，对各区县单元的局部空间自相关进行计算并分析，结果表明关中地区人口密度主要存在高高集聚和低低集聚。表 5-3 显示了关中地区人口密度的空间集聚类型及其分布特征。

表 5-3 关中地区人口密度空间关联

类型	地名
高高集聚	乾县，兴平，武功，咸阳，泾阳，高陵，西安市，长安，临潼，富平，三原
低高集聚	周至，户县，蓝田，礼泉
低低集聚	陇县，千阳，陈仓，凤县，太白，眉县，凤翔，岐山，麟游，长武，彬县，永寿，淳化，旬邑，耀州，铜川，宜君，白水，蒲城，澄城，合阳，韩城，大荔，华阴，华县，潼关
高低集聚	宝鸡，临渭

从表 5-3 中容易发现：西安市城六区周围一定范围的区县存在高高集聚；关中北部、西部及东部大部分区县人口密度存在低低集聚；宝鸡市市辖区和渭南市的临渭区人口密度明显高于周边各地区，与周边地区形成高低集聚；位于高高集聚和低低集聚中间过渡地带的地区呈现出低高集聚，这是由于区域的发展一般遵从梯度推移理论，即发达地区首先加快发展，以带动整个经济的发展，在空间上表现出从大城市向周边地区一波一波地扩展，而使一些地区暂时处于过渡地带，从而形成低高集聚的特征。

在前面分析的基础上，用不均衡指数法来考察人口在某地域上的分布是否均衡和集中，计算公式为

$$I = \frac{n\sum_{i=1}^{n}\sum_{j=1}^{n}W_{ij}\left(x_i-\overline{x}\right)\left(x_j-\overline{x}\right)}{\sum_{i=1}^{n}\sum_{j=1}^{n}W_{ij}\sum_{i=1}^{n}\left(x_i-\overline{x}\right)^2} \tag{5-5}$$

式中，I 为不均衡指数；n 为研究单元个数；x 为某地区人口占总人口比重。I 值越小，人口分布越均衡；反之，越不均衡。经计算可知，关中地区 1990~2008 年人口分布的不均衡状态越来越明显，这在很大程度上与关中各地区经济发展水平的差异有关。尤其是自 1999 年以来，随着西部大开发战略中"西部各省区市要将省会城市、大城市城区列为优化开发地区"政策的实施，使关中地区各县市的经济、人口分布的不平衡趋势进一步加剧。

人口重心是假设某一个区域由几个小区单元构成，其中第 i 个小区单元的区域中心坐标为 (X_i, Y_i)，M_i 为第 i 个小区单元的人口数量，则区域的人口重心坐标为

$$\bar{x} = \frac{\sum_{i=1}^{n} M_i X_i}{\sum_{i=1}^{n} M_i}, \bar{y} = \frac{\sum_{i=1}^{n} M_i Y_i}{\sum_{i=1}^{n} M_i} \tag{5-6}$$

将各区县单元的区域中心坐标和人口数量代入式（5-6）得到研究年份的区域人口中心坐标，见表 5-4。将求出的人口重心经纬度值与相关的地图对照可见，关中地区人口重心一直位于东南部泾阳县境内，这主要是受陕西省省会城市——西安市的影响。其次是位于关中东部的渭南市，人口数仅次于西安市，这一南一东两大"拉力"使关中地区的人口重心整体偏向东南部。其中，2000~2008 年人口重心转移的幅度较大。从东西和南北方向上迁移的距离来看，分别达到 0.36km 和 0.88km。从不同阶段迁移幅度上看，2000 年以来迁移幅度较之前十年增加了近三倍，说明 20 世纪 90 年代以来关中地区人口分布不均衡趋势更加明显，人口逐渐向东南部集中，这样的迁移趋势受社会经济等因素的影响较大。

表 5-4   1990~2008 年关中地区人口重心坐标

坐标	1990 年	2000 年	2008 年
经度	108.750°E	108.755°E	108.758°E
纬度	34.542°N	34.540°N	34.532°N

使用"偏移–分享"法能够对区域人口偏移增长进行分析。按此方法，某一时期内某地区的人口增长可分解为"分享"和"偏移"两部分。分享增长是指当某一地区以整个区域人口增长率作为其增长率时获得的增长量。偏移增长是指某一地区人口增长与分享增长的偏差值，若值为正，说明该地区人口增长速度较其他地区快，人口向该地区集聚；若值为负，说明该地区人口增长慢，人口呈扩散现象。关中地区五市一区人口偏移增长计算结果见表 5-5。

表 5-5 关中地区人口偏移增长情况

地区	1990~2000 年		2000~2008 年	
	人口偏移增长量/万人	占起始年人口总量的比重/%	人口偏移增长量/万人	占起始年人口总量的比重/%
西安市	10.00	1.64	32.61	4.74
宝鸡市	−4.39	−1.33	−12.72	−3.50
咸阳市	2.37	0.56	0.30	0.06
铜川市	−2.48	−3.22	−4.40	−5.29
渭南市	−6.94	−1.44	−16.88	−3.19
杨凌示范区	1.43	13.46	1.09	8.24
五市一区之间的偏移增长量	13.81		34.00	

从地区整体看，人口总偏移增长量处于上升趋势，说明随着市场经济的深入，人口流动量有所增大。其中，人口偏移增长量始终为正的地区包括西安市、咸阳市和杨凌示范区。西安市的偏移增长量非常显著，2000 年以来人口偏移增长量达到 32.61 万人，占起始年人口总量的比重为 4.74%，反映出有大量的人口正在涌入西安市，而咸阳市对人口的吸引力有所减小。杨凌示范区增长比重较大，尤其是 1990~2000 年的比重达 13.46%，超过了西安市，吸引了越来越多的人口。宝鸡市、铜川市和渭南市的人口偏移增长量始终是负值，并且负偏移增长量都有增大的趋势。以上结果表明，20 世纪 90 年代以来关中西部地区对人口的吸引力逐渐减小，而相比之下关中东南部地区对人口的吸引力有所增大，进一步证明了人口重心逐年往东南方向偏移的结论。

四、结论

本案例基于地理信息系统方法对 20 世纪 90 年代以来陕西关中地区的人口分布空间格局及其时空演变特征进行了深入的探讨与分析，得出关中地区人口分布有如下特征：人口密度空间分布显示出"中间高、南北低"的态势，且遵循地理学第一定律；存在一定的空间关联，以高高集聚和低低集聚为主。关中东南部地区的经济发展水平高，对外来人口吸引大；而北部和西南部地区由于自然条件的限制，经济发展相对滞后，对人口吸引力较小，使整个关中地区人口出现严重不均衡状态，且逐渐加剧，关中地区人口重心逐年向东南地区偏移。

从人口分布状况和趋势演变来看，一些县市人口密度大、增长快，地区资源和环境承受较大压力；而另一些县市人口密度过低、增长相对缓慢，难以满足产业发展对劳动力的需求，这种人口分布的不平衡将影响整个关中地区的可持续发展。政府各相关部门应通过城市规划、产业布局、政策引导或产业引导等各种方式来促进区域人口的合理布局。

第六章　人口迁移模型与案例

第一节　人口迁移问题

拉文斯坦的"人口迁移法则"被公认为是最早的人口迁移理论。此后，西方学者从人口地理学、政治经济学、发展经济学等诸多学科出发，提出了一系列相应的理论，但是相比之下，我国人口迁移理论研究较为缺乏，大多停留在国外理论框架之中（朱杰，2008）。

一、"推力-拉力"理论

"推力-拉力"理论最早可以追溯到拉文斯坦的"人口迁移法则"。拉文斯坦认为人们进行迁移的主要目的是改善自己的经济状况，并对人口迁移机制、迁移结构、空间特征分别进行了总结，提出著名的人口迁移七大定律（表6-1）。

表 6-1　拉文斯坦的人口迁移七大定律

研究领域	具体定律	定律内涵
迁移机制	经济律	为了提高和改善生活质量而进行迁移
	城乡律	乡村居民比城镇居民迁移可能性要大
迁移结构	性别律	女性迁移以短距离为主，且相对于男性迁移倾向更强
	年龄律	各年龄段，人口迁移的倾向是不同的，青年人是人口迁移的主体
空间特征	距离律	移民的数量分布随着距迁入中心距离的增加而减少
	递进律	中心城市吸纳乡镇人口所造成的空缺，将由乡镇周边更远地区的居民所填补，直到中心城市的吸引力波及最偏远的角落
	双向律	迁移的流向并非单向，每一股主流都伴随相应逆流存在

Herberle（1938）第一次系统总结了"推拉"理论概念，他认为人口迁移是由一系列"力"引起的，一部分为推力，另一部分为拉力，人口迁移是由迁出地的推力或排斥力和迁入地的拉力或吸引力共同作用的结果；Lee（1966）在其"迁移理论"一文中系统总结了"推力-拉力"理论，他将影响迁移行为的因素概况为四个方面：①与迁入地有关

的因素；②与迁出地有关的因素；③各种中间障碍；④个人因素。

"推力－拉力"理论还有许多量化模型，美国社会学家Zipf（1946）把"万有引力定律"引入"推拉"模型，并应用于人口迁移研究。他认为，两地之间迁移人口与两地人口规模成正比，与两地之间距离成反比，并基于此提出了引力模型（gravity model）：

$$M_{ij} = k \frac{p_i p_j}{d} \qquad (6\text{-}1)$$

式中，M_{ij}为i地与j地之间的人口迁移量；p_i、p_j分别为两地的人口规模；d为两地之间的距离；k为常数。

引力模型还存在多种形式的修正，该模型的提出使人口迁移的定量分析成为可能。但是，传统的引力模型也存在一定的局限，如模型只包括迁入（出）地的规模变量，不能反映人口迁移随地区间社会、经济差异要素的变动。因此，国外许多学者对引力模型做出了改进，引入了收入、失业率、教育水平、年龄结构等社会经济因子。在模型的具体应用方面，Fan（2005）利用中国历次人口普查数据，在模型中加入了人均GDP和移民传统因子，衡量地区经济差异和社会网络关系对移民规模的影响。

二、新古典经济学理论

新古典经济学家将经济学中供给与需求关系引入人口迁移的研究中，认为劳动力供给与需求的区域差异引起了不同区域之间劳动力的调整，人口迁移是这一调整过程的体现。

根据舒尔茨的人力资本理论，对于个人来说，迁移被视为是一种在个人人力资本上的投资，这种个人投资可以增强自身的经济效益从而提高自身的整体生活水平。多数研究表明，人口迁移主要是在市场调节下移民对经济机会的选择。Courchene（1970）通过对加拿大各省区的调查，发现迁移率与人均收入呈正相关关系。Cebula和Vedder（1973）发现在美国39个都市统计区中，人口净迁入量与人均收入呈弱正相关关系。

新古典经济学假定个人是迁移过程的最小单位，而在实际研究中，许多学者发现个人决策往往与家庭有着很大的关系，从而在新古典经济学理论的基础上产生了新家庭迁移理论。该理论认为个体的迁移决策是由家庭成员共同做出的决定，迁移（特别是短期迁移）的因素归结为一种最大化经济利益和最小化风险的家庭策略，而周期性往返迁移则是为了充分利用城市和农村（家庭）资源。人的迁移行为不仅受个人预期收入的影响，还受家庭因素的影响。该理论对家庭观点较重的中国和东南亚国家，具有更广泛的普适性。

三、发展经济学说中的人口迁移理论

发展经济学理论视角以刘易斯（Lewis）和托达罗（Todaro）模型为代表。Lewis（1954）将一国经济分为农业部门和工业部门，认为劳动边际收益率的高低引发了农村劳动力源源不断地流向城市工业部门，同时城市工业部门因为高劳动生产率和低劳动力成本获得巨额的超额利润，不断地扩大工业部门以吸收农业部门的剩余劳动力，直到两部门的劳动生产率相等。这时农村剩余劳动力吸收完毕，一国的工业化过程也宣告完成。

刘易斯模型是以城市"充分就业"为前提假设的。但是，20 世纪六七十年代的实际情况表明，在许多发展中国家，城市失业问题已经相当严重，仍有大量的农村人口源源不断地流入城市，显然，刘易斯模型难以对此现象做出解释。鉴于这一情况，美国发展经济学家托达罗于 1969 年提出的以农村人力资源进城所获"期望收益"大小来解释这一问题，这就是托达罗模型。

托达罗模型认为城乡预期收入差异的扩大是发展中国家农村人口迁移规模继续增大的主要原因，并且城市失业率也影响着农村居民的迁移决策。托达罗模型针对城市已经存在较为严重失业情况下农村劳动力还继续流往城市的问题，给出了较为满意的答案。但是，该模型只考虑了迁移成本，未考虑生活成本；另外认为"扩大中、高等教育投资会冲击城市就业"的论断也与发展中国家实际不符，因此，在运用托达罗模型时应具体分析。

四、年龄–迁移率理论模型

劳动迁移理论和人力资本理论认为，年龄较小、教育水平较高的人群往往更倾向于迁移。为了把握年龄与迁移率的一般关系，美国人口学家 Rogers（1978）利用瑞典等国的人口普查资料，提出了年龄–迁移率理论模型。

根据 Rogers 理论，从年龄考察迁移概率，一般在幼儿阶段较高，到初等义务教育阶段下降较快，但该阶段结束又迅速上升，到 20～30 岁达到顶峰，之后缓慢下降。在 50～60 岁退休年龄阶段又形成一个小的迁移高峰。典型的 Rogers 曲线由前劳动力成分（0～14 岁）、劳动力成分（15～64 岁）、后劳动力成分（>64 岁）和不受年龄影响的常数成分四个相对独立的部分组成。Rogers 理论为深入从年龄结构考察人口迁移特征提供了理论依据和方法支撑，对发达地区人口老龄化和迁移人口年龄结构研究具有重要借鉴意义。

第二节　人口迁移影响方法与模型

一、多元线性回归模型

（一）多元线性回归分析的概念

多元线性回归简称多元回归，是将直线回归分析方法加以推广，用回归方程定量地刻画一个因变量 Y 与多个自变量 X 间的线性依存关系。

基本形式：

$$\hat{Y} = b_0 + b_1 X_1 + b_2 X_2 + \cdots + b_k X_k \tag{6-2}$$

式中，$\hat{Y}$ 为各自变量取某定值条件下因变量均数的估计值；$X_1, X_2, \cdots, X_k$ 为自变量；k

为自变量个数；b_0 为回归方程常数项，也称为截距，其意义同直线回归；$b_1, b_2, \cdots, b_k$ 称为偏回归系数，b_j 为在除 X_j 以外的自变量固定条件下，X_j 每改变一个单位后 Y 的平均改变量。

（二）多元线性回归分析的步骤

$\hat{Y}$ 是与一组自变量 $X_1, X_2, \cdots, X_k$ 相对应的变量均数的估计值。多元回归方程中的回归系数 $b_1, b_2, \cdots, b_k$ 可用最小二乘法求得，也就是求出能使估计值 $\hat{Y}$ 和实际观察值 Y 的残差平方和 $\sum e_1^2 = \sum \left(Y - \hat{Y} \right)^2$ 为最小值的一组回归系数 $b_1, b_2, \cdots, b_k$ 值。

根据以上要求，用数学方法可以得出求回归系数 $b_1, b_2, \cdots, b_k$ 的下列正规方程组：

$$\begin{cases} b_1 l_{11} + b_2 l_{12} + \cdots + b_k l_{1k} = l_{1y} \\ b_1 l_{21} + b_2 l_{22} + \cdots + b_k l_{2k} = l_{2y} \\ \qquad\qquad\vdots \\ b_1 l_{k1} + b_2 l_{k2} + \cdots + b_k l_{kk} = l_{ky} \end{cases} \qquad (6\text{-}3)$$

$$l_{ij} = l_{ji} = \sum \left(X_i - \bar{X}_i \right)\left(X_j - \bar{X}_j \right) = \sum X_i X_j - \frac{\left(\sum X_i \right)\left(\sum X_j \right)}{n} \qquad (6\text{-}4)$$

$$l_{iy} = \sum \left(X_i - \bar{X}_i \right)\left(Y - \bar{Y} \right) = \sum X_i Y - \frac{\left(\sum X_i \right)\left(\sum Y \right)}{n} \qquad (6\text{-}5)$$

常数项 b_0 可用式（6-6）求出：

$$b_0 = \bar{Y} - b_1 \bar{X}_1 - b_2 \bar{X}_2 - \cdots - b_k \bar{X}_k \qquad (6\text{-}6)$$

（三）多元线性回归分析中的假设检验

在算得各回归系数并建立回归方程后，还应对此多元回归方程作假设检验，判断自变量 $X_1, X_2, \cdots, X_k$ 是否与 Y 存在线性依存关系，也就是检验无效假设 $H_0 \left(\beta_1 = \beta_2 = \beta_3 = \cdots = \beta_k = 0 \right)$，备选假设 H_1 为各 β_j 值不全等于 0 或全不等于 0。

检验时常用统计量 F：

$$F = \frac{\mathrm{MS}_{回归}}{\mathrm{MS}_{误差}} = \frac{l_{回归} / k}{l_{误差} / \left(n - k - 1 \right)} \qquad (6\text{-}7)$$

式中，$\mathrm{MS}_{回归}$ 为回归均方；$\mathrm{MS}_{误差}$ 为误差均方；$l_{回归}$ 为回归平方和；$l_{误差}$ 为误差平方和；n 为个体数；k 为自变量的个数。

$$l_{回归} = b_1 l_{1y} + b_2 l_{2y} + \cdots + b_k l_{ky} \qquad (6\text{-}8)$$

$$l_{误差} = l_{总} - l_{回归} \qquad (6\text{-}9)$$

二、Logistic 回归模型

Logistic 回归模型描述的是概率 p 与协变量 $x_1, x_2, \cdots, x_k$ 之间的关系，显然作为概率值，一定有 $0 \leq p \leq 1$，因此很难用线性模型描述概率 p 与自变量的关系，另外如果 p 接近两个极端值，此时一般方法难以较好地反映 p 的微小变化。为此在构建 p 与自变量关系的模型时，变换一下思路，不直接研究 p，而是研究 p 的一个严格单调函数 $G(p)$，并要求 $G(p)$ 在 p 接近两端值时对其微小变化很敏感。于是 Logit 变换被提出来：

$$\text{Logit}(p) = \ln \frac{p}{1-p} \qquad （6\text{-}10）$$

当 p 从 $0 \to 1$ 时，$\text{Logit}(p)$ 从 $-\infty \to +\infty$，这个变化范围在模型数据处理上带来很大的方便，解决了上述面临的难题。另外从函数的变形可得如下等价的公式：

$$\text{Logit}(p) = \ln \frac{p}{1-p} = B^{\mathrm{T}}X，\quad p = \frac{\mathrm{e}^{B^{\mathrm{T}}X}}{1+\mathrm{e}^{B^{\mathrm{T}}X}} \qquad （6\text{-}11）$$

式（6-10）的基本要求是，因变量是个二元变量，仅取 0 或 1 两个值，而因变量取 1 的概率 $p(y=1|X)$ 就是模型要研究的对象。而 $X = (1, x_1, x_2, \cdots, x_k)^{\mathrm{T}}$，$x_i$ 为影响 y 的第 i 个因素，它可以是定性变量也可以是定量变量，$\beta = (\beta_0, \beta_1, \cdots, \beta_k)^{\mathrm{T}}$。式（6-10）可以表述成

$$\ln \frac{p}{1-p} = \beta_0 + \beta_1 x_1 + \cdots + \beta_k x_k，p = \frac{\mathrm{e}^{\beta_0 + \beta_1 x_1 + \cdots + \beta_k x_k}}{1+\mathrm{e}^{\beta_0 + \beta_1 x_1 + \cdots + \beta_k x_k}} \qquad （6\text{-}12）$$

显然 $E(y) = p$，故上述模型表明 $\ln \frac{E(y)}{1-E(y)}$ 是 $x_1, x_2, \cdots, x_k$ 的线性函数，此时称满足上面条件的回归方程为 Logistic 线性回归。

Logistic 线性模型的主要问题是不能用普通的回归方式来分析，一是离散变量的误差形式服从伯努利分布而非正态分布，即没有正态性假设前提；二是二值变量方差不是常数，有异方差性。不同于多元线性回归的最小二乘估计法则（残差平方和最小），Logistic 模型的非线性特征采用极大似然估计的迭代方法寻求最佳的回归系数。因此评价模型的拟合度的标准变为似然值而非离差平方和。

第三节 案 例 分 析

案例 农民工家庭人口迁移影响因素分析

一、研究背景

农民工家庭式迁移的比重增大，夫妻携子女迁移的情形增多，人口迁移间距缩短，迁移居住方式更加城市化。农民工家庭人口迁移的上述特征表明，中国农民工流动已呈现第三次浪潮——"举家迁移"，农民工迁移的第三次浪潮在流动半径和就业领域上都超越了第一次浪潮，在人口迁移模式和迁移规模方面突破了第二次浪潮，它预示了农民工

市民化势不可当。对于这种昭示着人类社会进步和文明的趋势，学界应找出对其具有促进或拉动作用的因素，避免不利因素，为政府制定促进农民工家庭人口迁移的决策提供科学依据（朱明芬，2009）。

二、变量与模型

（一）变量设置

与个体迁移相比，农民工家庭人口迁移涉及两个以上的个体。家庭人口迁移发端于追随先行迁移者的第二个家庭人口的迁移行为。在一个家庭中，是否存在追随先行迁移者的第二个家庭人口，以及先行迁移与后继迁移之间时间间隔的长短，无疑是考察家庭人口迁移倾向的重要指标。

本案例采用离散时间事件史方法，将一个家庭中追随先行迁移者的后继迁移事件作为家庭人口迁移的指示变量，考察农民工家庭人口迁移行为。在统计模型中，该后继迁移事件为虚拟变量，表示后继迁移事件在先行迁移事件之后某年的发生状况。如果之后某年没有发生后继迁移事件，那么，该变量赋值为"0"；如果发生了后继迁移事件，则该变量赋值为"1"。可设定自变量为两组。

（1）先行迁移者的个人特征变量。与家庭人口迁移有关的先行迁移者个人特征包括：性别、年龄、户口性质、受教育年限、婚姻状况、配偶身份、非农就业年限、接受培训经历、先行迁移者上年平均月收入。其中，年龄、受教育年限、非农就业年限、先行迁移者上年平均月收入为实变量，性别、婚姻状况、户口性质、接受培训经历为虚变量，配偶身份为离散变量。

（2）家庭特征变量。与农民工家庭人口迁移行为有关的家庭因素有：家庭人口、家庭劳动力数量、家庭人均承包耕地面积、原籍家庭收入等级、先行迁移者16岁时父亲的职业身份。其中，家庭人口、家庭劳动力数量、家庭人均承包耕地面积为实变量，先行迁移者16岁时父亲的职业身份为虚变量。原籍家庭收入等级为离散变量。具体控制变量的设置与解释详见表6-2。

表 6-2 所使用控制变量及其解释

变量类型	变量名称	变量解释
个人特征变量	性别	男=1；女=0
	年龄	周岁
	受教育年限	接受正规教育年限（年）
	非农就业年限	从事非农就业的年限（年）
	户口性质	农业户口=1；非农业户口=0
	婚姻状况	已婚=1；未婚=0
	配偶身份	本县农民=1；县城镇居民=2；外省城郊农民=3；外省城镇居民=4
	先行迁移者上年平均月收入	先行迁移者2007年月均收入
	接受培训经历	接受过培训=1；未接受过培训=0

续表

变量类型	变量名称	变量解释
家庭特征 变量	家庭人口	家庭成员数（人）
	家庭劳动力数量	家庭中男性年龄在 16~65 岁的人数与女性年龄在 16~60 岁的人数之和（人）
	家庭人均承包耕地面积	家庭人均承包地面积（亩）
	原籍家庭收入等级	本人在 16 岁时，家庭收入在村里属于：上等=1；中上等=2；中等=3；中下等=4；末等=5
	先行迁移者 16 岁时父亲的职业身份	本人 16 岁时父亲的职业：农民=0；非农民=1（非农民包括工人、单位办事员、老师、技术人员、军人和其他）

注：1 亩≈666.7m²。

（二）控制变量特征

影响农民工家庭人口迁移变量的描述性统计分析详见表 6-3。

表 6-3　影响农民工家庭人口迁移变量的特征值

变量	最小值	最大值	平均值	标准误
性别	1	2	1.236	0.425
年龄	17	72	33.208	9.089
受教育年限	0	16	9.718	2.916
非农就业年限	0.5	31	10.609	7.314
户口性质	0	1	0.133	0.339
婚姻状况	0	1	0.703	0.457
配偶身份	1	4	1.171	0.545
家庭人口	1	10	4.245	1.201
家庭劳动力数量	1	8	2.878	1.078
家庭人均承包耕地面积	0	6.25	0.992	0.728
先行迁移者上年平均月收入	580	25 000	2 077.8	2 094.078
先行迁移者 16 岁时父亲的职业身份	0	1	0.151	0.358
原籍家庭收入等级	1	5	3.044	1 081
接受培训经历	0	1	0.686	0.464

（三）模型选择

农民工家庭人口迁移与否是一个二向性问题，即当农民工家庭先行迁移者迁移事件发生后其家庭人口迁移的情形可以明显地划分为"是"与"否"，也就是农民工家庭人口迁移可以设置为"1"或"0"的虚拟变量。经济计量方法 Logit 模型正是经常用于分析该类问题的基本工具。该模型的理论基础为二元选择理论，即模型因变量为非此即彼的二元变量，模型函数为逻辑概率分布函数。其具体公式如下：

$$P_i = F\left(\alpha + \sum \beta_i x_i\right) = \frac{1}{1+e^{-\left(\alpha+\sum \beta_i x_i\right)}} \tag{6-13}$$

在回归分析时，通常要进行 Logit 变换，得到概率函数与自变量之间的线性回归模型：

$$\ln\left(\frac{P_i}{1-P_i}\right) = y_i = \left(\alpha + \sum \beta_i x_i\right) = \alpha + \beta_1 x_1 + \beta_2 x_2 + \cdots + \beta_n x_n + \varepsilon \qquad (6\text{-}14)$$

式中，ε 为误差项。

三、模拟结果与解释

（一）模拟结果

采用二元 Logit 回归模型对影响农民工家庭人口迁移的因素进行回归模拟，经 SPSS 13.0 运算，该模型的 Helmer-Lemeshow 卡方统计量[①]是 76.93，对应的 p 值为 0.000，Nagelkerke R^2[②]为 0.616，表明模型整体较显著，其主要控制变量的解释及参数估计结果如表 6-4 所示。

表 6-4　农民工家庭人口迁移影响因素的 Logit 模型估计结果

变量	变量估计系数	标准误	显著性水平	发生比
性别	1.284	0.796	0.107	3.611
年龄	0.143	0.079	0.071	1.154
受教育年限	0.574***	0.177	0.001	1.776
非农就业年限	0.179**	0.091	0.048	1.196
户口性质	2.710**	1.104	0.014	0.067
婚姻状况	−0.938	1.622	0.563	0.391
配偶身份	0.547	1.414	0.699	1.727
家庭人口	0.054	0.444	0.903	1.056
家庭劳动力数量	1.184**	0.678	0.041	3.267
家庭人均承包耕地面积	−1.029	0.707	0.146	0.356
原籍家庭收入等级	−0.742**	0.337	0.027	0.476
先行迁移者 16 岁时父亲的职业身份	0.256	0.637	0.688	1.292
先行迁移者上年平均月收入	0.000	0.000	0.663	1.000
接受培训经历	−0.077	0.271	0.773	0.926
常数项	−8.049	5.815	0.166	0.000
样本数/个	543			
预测准确率/%	82.1			

***、**分别表示在 1%和 5%的水平上显著。

（二）结果分析

1. 先行迁移者个人特征对家庭人口迁移的影响

统计结果显示，先行迁移者个人特征中对家庭人口迁移有显著影响的因素主要有先行迁移者受教育年限、非农就业年限和户口性质。

先行迁移者受教育年限对家庭人口迁移有显著的正向影响。从受教育程度看，先行迁移者在正规学校的受教育年限越长，带动家庭人口迁移的可能性就越大。而且受教育

---

① Helmer-Lemeshow 卡方统计量为二元逻辑回归分析中的一个检验统计量，用于检验整个回归模型的拟合优度。
② Nagelkerke R^2 为二元逻辑回归分析中的一个检验统计量，用于检验自变量对因变量的解释能力。

年限平均每增加 1 年，家庭人口迁移发生比将增加 77.6%。实际上，受教育程度越高，越能在城市找到职位相对高、收入相对好和稳定性相对强的工作。因此，受教育程度较高的先行迁移者更有能力发挥对人口迁移的带动效应。

先行迁移者非农就业年限对家庭人口迁移有正向影响。统计结果显示，先行迁移者的非农就业时间越长，带动家庭人口迁移的可能性越大。先行迁移者非农就业时间平均每增加 1 年，家庭人口迁移发生比将增加 19.6%。实际上，先行迁移者非农就业时间越长，表明他可能积累的资金越多，越有利于家庭人口随迁和共同生活；先行迁移者非农就业时间越长，则他积累的社会资源（包括新的亲友资源、各种就业信息资源等）越多，越有利于家庭人口随迁和寻找工作；先行迁移者非农就业时间越长，意味着他个人融入城市的能力越强，越有利于家庭人口随迁和融入城市社会。

先行迁移者户口属性对家庭人口迁移有负向影响。统计结果显示，先行迁移者是农业户口的，更能带动家庭人口迁移；先行迁移者是非农业户口的，则较少带动家庭人口迁移。这一结论较好地解释了新迁移理论中的"相对剥夺"论，因为比较那些早年能购买非农业户口的农民而言，纯农业户口的农民更不富裕，他们在当地的"相对剥夺"感更强，所以更愿意迁移出来。

2. 家庭因素对家庭人口迁移的影响

统计结果显示，先行迁移者家庭特征中对家庭人口迁移有较显著影响的因素主要是家庭劳动力数量与原籍家庭收入等级。

先行迁移者家庭劳动力数量对家庭人口迁移有正向影响。这个变量的回归系数为正（1.184），表明家庭劳动力越多，发生后继迁移的可能性越大。该项统计结果较好地验证了新迁移理论中的"经济约束"论，即人口迁移是为了实现家庭利益最大化。在农村人均资源有限、科技进步滞缓、投入产出率较低的约束下，农民家庭劳动力越多，劳动力的边际收益就越低。为了实现家庭利益最大化，尽量多地转移家庭劳动力是农户最理性的自主选择。

原籍家庭收入等级对家庭人口迁移有负向影响。该变量的回归系数（-0.742）显示，原籍家庭收入等级对家庭人口后继迁移存在负向影响，即原籍家庭收入等级越高，家庭人口随迁的可能性越小；相反，原籍家庭收入等级越低，家庭人口随迁的可能性越大。该项统计结果也较好地验证了新迁移理论中的"相对剥夺"论。在家庭已有一位先行迁移者的情况下，原籍家庭收入等级较高，家庭人口将没有或较少感觉被"剥夺"，而相对优越感可能使他们消除再迁移的念头。相反，即使家庭已有一位先行迁移者，但原籍家庭收入等级仍然较低，家庭人口倍感被"剥夺"，远离家乡去城市谋求财富的愿望促进他们追随先行迁移者迁移。

四、结论与启示

根据以上分析，可以得出以下两个方面的结论与启示。

第一，在影响家庭成员迁移的先行迁移者个人特征因素方面，受教育程度较高者比受教育程度较低者、非农就业时间长者比非农就业时间短者、户口为农业户口者比非农业户口者更可能带动家庭人口随迁。在影响家庭人口迁移的家庭因素方面，家庭劳动力人数越多，家庭成员随迁的可能性越大；原籍家庭收入等级越低，随迁可能性越大。

上述统计结果表明，要促进农民工异地就业与迁移，关键在于提升农民工自身的执业素质，尤其要加强基础教育和职业教育。家庭人口异地迁移不一定是农民的最佳择业选择，当原籍家庭收入等级较高时，农民"相对剥夺"感较弱，他们就会理性地选择在原籍发展。所以，加强农村基础设施建设和发展各项社会事业，建设社会主义新农村，促进农民就地、就近转移，也是一条重要的农村劳动力转移途径。

第二，关于影响农民工家庭人口迁移因素的定量分析结果从不同侧面验证了新迁移理论，这说明，用理性行动者模型来考察农民工的家庭人口迁移行为，具有一定的合理性。但是，也有一些新迁移理论涉及的因素在本模型中并不显著，如性别、婚姻状况、接受培训经历、家庭人均承包耕地面积等，这说明研究变量的设置可能还不够完善。

由于中国城乡二元结构长期存在，市场经济也尚不完善，农民工在迁移过程中经常受到二元劳动力市场、二元户籍制度、二元福利制度等的羁绊，其家庭人口迁移行为很难实现完全理性,这也在一定程度上影响了基于自由理性行动者的理论模型的解释能力。为此，在农民工家庭人口迁移问题的研究领域，应注重西方人口迁移理论与中国国情的有机结合，在借鉴其分析方法的同时，应更加关注中国社会政治领域的改革。逐步破除城乡二元结构，有利于农民工家庭人口永久性迁移。

第三篇

资源经济学模型与案例分析

第七章　自然资源价值与价格核算模型及案例

第一节　自然资源价值问题

一、自然资源价值理论

自然资源是指存在于自然界中、在一定的经济技术条件下，可以用来改善生产和生活状态的物质与能量，它是经济社会发展的物质基础，而资源价值是资源经济的核心问题。国内外学者对资源价值进行理论研究，形成了不同形式的资源价值理论和观点，归结起来主要分为无价值论和有价值论两类。

（一）自然资源无价值论

研究资源并得出资源无价值结论的学者主要是从两种主流经济学价值论的角度出发，一是劳动价值理论，二是利润理论。

（1）从马克思主义政治经济学出发分析资源价值问题。劳动价值理论是马克思主义政治经济学的基础，其"价值"指的是"凝结在商品中的一般的、无差别的人类劳动"。马克思认为，生产过程中所投入的劳动是价值的唯一决定因素。处于自然状态下的自然资源，是自然界赋予的天然产物，不是人类创造的劳动产品，没有凝结人类的劳动，因而它没有价值。

（2）从西方经济学出发分析资源价值问题。利润理论是整个西方经济学的基础，根据该理论，凡是可以带来经济收益（利润）的东西都有价值，反之则没有价值。由于自然资源中除了直接参与经济活动并能带来经济收益的那一小部分，其余的均不会给人们带来直接的经济收益，因此大部分自然资源是没有价值的。

（二）自然资源有价值论

随着社会经济的发展，资源日益稀缺，人们分析和研究资源价值问题时，提出了多种形式的资源有价值的理论。

（1）效用价值论：价值反映的是物质对人的功能或功效，自然资源对人们生产、生活和人类社会的发展都具有重要作用，也就是说自然资源对人类的发展具有重大的效用，因而是有价值的。

（2）财富论：自然资源是社会经济发展的物质基础，是自然财富；财富有价值，因而资源具有价值。

（3）地租论：运用地租论来分析资源价值的形成与决定，认为资源的价值就是土地租金的表现形式，并运用绝对地租和相对地租概念，说明土地所属资源的丰度及质量差异等因素，造成了资源价值量的差异。

（4）稀缺价值论：资源具有有限性和稀缺性，资源的自然丰度、地理分布位置的差异，即资源禀赋差异以及资源的供求关系共同决定着资源的价值。资源稀缺性越强，则资源价值量就越大。

（5）价格决定论：在市场化条件下，有价格的东西必定有价值，自然资源的价值实际上就是资源所有者所能获得的经济利益，并可以根据其收益的多少来确定资源价值量的大小，因此，资源价格决定资源价值。

（6）边际效用价值论：商品的价值是人对物品效用的感觉和评价；效用随着人们消费的某种商品的不断增加而递减；边际效用就是某物品一系列递减的效用中最后一个单位所具有的效用，即最小效用，它是衡量商品价值量的尺度。

边际效用价值论者认为效用是价值的源泉，是形成价值的一个必要而非充分条件，价值的形成还要以物品的稀缺性为前提，物品只有在对满足人的欲望来说是稀少的时候，才可能成为人们福利所不可缺少的条件，从而引起人的评价，表现为价值，而衡量价值量的尺度就是"边际效用"。他们认为，人对物品的欲望会随其不断被满足而递减，如果供给无限则欲望可能减至零甚至产生负效用。于是，物品的边际效用递减，从而它的价值会随供给增加而减少甚至消失。

（7）马歇尔的均衡价值论：均衡价值论是马歇尔经济理论的核心和基础，是通过商品的均衡价格来衡量商品的价值，因此均衡价值论亦称马歇尔价值论。一种商品的价值，在其他条件不变的情况下，是由该商品的供给状况和需求状况共同决定的。

马歇尔主要通过均衡价格来衡量商品的价值。马歇尔的均衡价值论融合了供求论、边际效用论、生产成本论。用价格的概念替换了价值，以市场价格来决定价值，以对市场价格的分析来取代价值决定和价值实体等问题，将影响价格水平的供求力量看作价值的决定力量，这样提出的只是一个无价值实体的价值论（方大春，2009）。

关于自然资源有价值的理论，除以上提到的几种外，还有双重价值论、劳动价值泛化论、二元价值论、替代价值论等多种价值理论，它们从不同的方面阐述了自然资源的价值，但没有形成统一的共识，有待进一步修正、完善和突破。

二、自然资源价值研究的哲学基础

对自然资源价值的认识，首先应从价值哲学的高度把握价值的本质，联系可持续发展的理论与实践，分析自然资源的价值内涵及基础。

（一）自然资源的价值内涵

根据哲学中"价值"概念的界定，自然资源的价值是指：人类与自然相互影响的关系中，对于人类和自然资源这个统一整体的共生、共存、共发展具有的积极意义、作用和效果。其内涵是：首先，人与自然应该是属于同一整体，在作用上是整合一致的；其次，人和自然资源之间是相互作用和影响的，而不是单一的征服与被征服或利用与被利用的关系；最后，价值主要的本质是功能、效用和能力的恢复、替代以及再生的可持续性（李霞和崔彬，2006）。

（二）自然资源的价值体现

1. 自然资源具有天然价值

自然资源的天然价值是自然资源本身所具有的、未经人类劳动参与的价值，其之所以未经劳动而有价值，原因在于它具有使用价值而且稀缺。作为主要的生产要素之一的自然资源，其使用价值是不言而喻的，如未经人类勘测、开发、改造、利用、整治、保护的自然资源，或已经被人类勘测、开发、改造、利用、整治、保护的自然资源的原始部分，虽然都未曾凝结人类的活劳动或者物化劳动，但它也是具有价值的。这种价值主要取决于自然资源的富饶度、质量及其自然地理分布。

2. 自然资源具有附加的人工价值

如今在人们生活中能够被称为自然资源的要素或多或少都有人类劳动的烙印，由于人类所知并不是历史的完全写照，我们今天无法判断哪些资源是原始的，哪些蕴含着人类劳动；还有如今我们勘测到的矿产资源，从表征上看，似乎没有什么人类劳动，可是人类为了发现它，不知道花费了多少直接或间接的物力、财力和人力；原始森林对于人类来说是一种非常宝贵的资源，在科学研究、环境保护、生态平衡、自然界物质能量流动循环等方面都有十分重要的意义，从其表面看，好像没有附加什么人类劳动，然而经过仔细分析，人类为了保护原始森林，他们的世世代代都付出了大量的劳动。自然资源所附加的上述劳动，就是自然资源的劳动价值，即马克思经济学中的价值，附加的人类劳动越多，价值就越大。

3. 自然资源具有稀缺价值

物以稀为贵，资源越稀缺，其价值就越高。正是自然资源的稀缺性，构成了与自然资源的天然价值和劳动价值相联系但又相对独立的另一类价值，即稀缺价值。其联系主要表现在自然资源的稀缺性是以其必须有使用价值为前提的，而稀缺性又构成了自然资源具有价值的必要要素；稀缺价值的独立性主要表现为在市场流通过程中，它往往脱离了使用价值和劳动价值并由当时的供求关系来决定。

三、认识自然资源价值的意义

自然资源价值论在学术界获得认同，是现代资源问题不断出现、人类生存面临资源危机的结果。进一步深入研究和探讨自然资源的价值问题，具有重要的意义。

（1）自然资源价值理论的研究，对完善价值的概念，促进哲学、经济学、生态学和伦理学等多学科从各个层次和领域研究自然资源有重要的意义。

（2）认识并研究自然资源价值是改变人们旧的自然观、树立新的自然观的基础。

（3）自然资源价值论对自然资源服务功能进行了深入的研究，并赋予这种功能以价值，这将大大增强人们对资源和环境保护的意识。

（4）自然资源价值理论的研究，可以促进对经济学价值问题的深入理解，进一步支持和完善马克思的劳动价值论，使福利、价值、效用等不同价值论的问题核心可以有机结合在一起，实现互补（丁勇等，2005）。

第二节　自然资源价值与价格核算方法及模型

自然资源价值评估是可持续发展的核心内容之一，也是当前世界各国学者共同关心的问题。自然资源价值的评估方法多种多样，总体来看，可归为以下几大类，即直接参与市场交易的自然资源估价、未进入市场交易的自然资源估价、可持续发展的自然资源价值核算等。

一、直接参与市场交易的自然资源估价

具有直接使用价值的自然资源，由于其直接用于生产和消费，可以直接参与市场交易，一般采用直接市场法进行估价。直接市场法又包括市场估价法、成本核算法和净价法。

（一）市场估价法

自然资源价值评估的市场价值法相当于一般商品的价值确定，是一种当一些自然资源（如土地资源）本身为商品、已经形成交易市场、具有较大的交易量和明确的市场交易价格的情况下，根据资源市场的交易价格及其规律，评估确定自然资源价值的方法。

虽然市场估价法是经济学中最为成熟的价值评估方法，但其应用于自然资源价值的评估时，也有一些弊端。

（1）由于资源的地域差异和资源质量的非完全均等性以及市场价格的形成时间与评价时间的不同性等，在根据市场交易价格评估资源价值时，通常要对资源的市场价格进行一系列的修正，如地域修正、质量修正、交易情况修正、时间修正等。

（2）由于自然资源的长期或短期稀缺性以及资源所有权的垄断性、自然资源开发利用影响的巨大性等，自然资源的开发利用在各国均受到各种各样的约束和限制，完全自由的资源市场是不存在的，因而资源市场上的价格往往与其价值之间存在较大偏差，

马克思所描述的那种价格围绕价值上下波动的前提在资源市场中是打了较大的折扣的。

因此，运用市场估价法评估自然资源的价值难以保证评价结果的准确性，这也是市场估价法运用于自然资源价值评估的最大缺陷。

（二）成本核算法

成本核算法源于会计中的成本核算，也称为成本效益法。自然资源价值评估的成本核算法是对于可开发为市场销售的资源产品的自然资源而言的，根据资源产品开发和自然资源保护过程中的资本、劳动和土地成本推算自然资源产品价值、自然资源资产价值和自然资源价值的一种方法。

自然资源的价值量（Q_1）包括两个部分：资本化的地租以及使自然资源保持一定的质与量所投入的必要人类劳动和物质资料的价值，可表示为

$$Q_1 = \frac{R_0 + R_1}{i} + \frac{C_0(1+p)}{i} = \frac{R_0 + R_1 + C_0(1+p)}{i} \tag{7-1}$$

式中，R_0 为资源的长期及短期稀缺性决定的垄断租金，即垄断地租；R_1 为由自然资源的质量差别决定的级差地租 I；C_0 为使自然资源保持一定的质与量所投入的必要人类劳动和物质资料的价值；p 为资本的平均利润率；i 为还原率，一般以存款或贷款利息率代替。

自然资源资产的价值（Q_2）除包括以上的自然资源价值外，还需计入由经营者追加投入使自然资源升值而产生的级差地租 II（R_2），则自然资源资产的价值可表示为

$$Q_2 = \frac{R_0 + R_1 + (C_0 + R_2)(1+p)}{i} \tag{7-2}$$

自然资源产品的价值（Q_3）则在自然资源资产价值的基础上进一步计入自然资源产品的直接生产成本（C_1），包括自然资源的勘探、开采、加工等投入的人类劳动及物质资料价值，则自然资源产品的价值可表示为（苏广实，2007）

$$Q_3 = \frac{R_0 + R_1 + (C_0 + C_1 + R_2)(1+p)}{i} \tag{7-3}$$

（三）净价法

净价法是采用自然资源产品市场价格减去自然资源开发成本，以求得自然资源的价格的方法。例如，矿产资源价格可采用式（7-4）计算：

$$P = P_f - C_r(1 + P_r) - P_t \tag{7-4}$$

式中，P 为该资源价格；P_f 为该产品市场价格；C_r 为矿山采选总成本；P_r 为采矿部门平均利润率；P_t 为运输费用。

直接市场法是建立在信息充分和因果关系比较明确的基础上的，比较客观，争议较少。其局限性在于采用直接市场法需要足够的实物量数据和市场价格数据，而相当一部分自然资源根本没有相应的市场，也就没有市场价格，或者其现有的市场也只能反映部分自然资源数量和质量变动的结果。

二、未进入市场交易的自然资源估价

对于具有间接使用价值、选择价值、遗传价值和存在价值，不能直接参与市场交易的自然资源，一般常用替代市场法和假设市场法进行评估。

（一）替代市场法

当自然资源本身没有市场价格来直接衡量时，可以寻找替代物的市场价格来衡量，称为替代市场法，具有间接使用价值和选择价值的自然资源估价一般采用这种方法。替代市场法又包括旅行费用法、资产价值法和收益还原法。

（1）旅行费用法：采用旅行费用作为替代物来衡量旅游景点或娱乐物品价值的方法，如估算自然风光、娱乐场所的价值。

（2）资产价值法：利用物品的潜在价值来估算资源环境对资产价值影响的方法，如房地产价格受到该房地产周围资源环境影响时，可以从其价格中分离出资源环境的价格。

（3）收益还原法：依据替代与预测原理，把未来的预期收益以适当的还原利率折为现值。还原利率一般采用一年期银行存款利率，加上风险调整值并扣除通货膨胀因素，基本公式为

$$P_{\mathrm{R}} = a/r\left[1 - 1/\left(1+r\right)^{n}\right] \qquad （7\text{-}5）$$

式中，P_{R} 为自然资源价值；r 为还原利率；a 为自然资源的平均年收益；n 为使用年期。

替代市场法力图寻找那些能间接反映人们对自然资源质量评价的商品或劳务，并用这些商品或劳务的价格来衡量自然资源的价值。替代市场法能够利用直接市场法所无法得到的信息，这些信息本身是可靠的，衡量时所涉及的因果关系也是客观存在的。但它反映的是多种因素的综合结果，自然环境因素只是其中之一，因而排除其他因素的影响，是替代市场法不得不解决的一个难题。与直接市场法相比，用替代市场法得出结果的可信度偏低。

（二）假设市场法

假设市场法也称假想市场法，是在对某些既无市场产品也无产品市场的资源价值进行评估时，评估者构建一个虚拟的产品市场，既有自然资源的产品供应，也有产品的需求人群，所有的假想产品需求者对这种假想的自然产品进行报价，从而形成产品的假想市场价格，根据这一假想的市场价格来估算自然资源价值的方法。由于假设市场法以假想产品需求者的意愿价格调查为基础，因此也称为意愿调查法。

假设市场法于 20 世纪 80 年代开始在国外盛行，专门用于评价资源的环境价值。假设市场法基于福利经济学中福利变化理论，衡量福利变化的基本指标是消费者剩余，消费者剩余是消费者在购买中得到的剩余的满足，等于所愿意支付的价格和实际价格之差。以消费者剩余衡量的福利变化有四种情形：补偿变化、等价变化、补偿剩余和等价剩余，其中补偿变化和等价变化经常用来计量支付意愿和接受补偿意愿。

在自然环境价值评价中，价格的上升或降低可以理解为环境的变坏或变好。意愿调查法就是询问调查对象的支付意愿或补偿意愿。当环境质量不变时，受益人的支付意愿或者受害人的补偿意愿等于等价变化值；当环境变坏时，受益人的支付意愿或者受害人的补偿意愿等于补偿变化值。意愿调查法需要被调查者对自然资源的价值有较深入一致的理解，否则会导致调查数据的离散性过大而无法使用，而自然资源的价值问题在学术界尚未形成统一的认识，在这种情况下要被调查者对自然资源的价值有深入统一的认识几乎是不可能的，这一点极大地制约了假设市场法的广泛运用，也使得运用假设市场法获得的结果受到人们的怀疑（苏广实，2007）。

三、可持续发展的自然资源价值核算

鉴于以上方法的局限性，依据自然资源价值核算的理论基础，建立一种新的自然资源价值核算模型，该模型包括现实社会价值和潜在社会价值。现实社会价值对于可耗竭资源来说，主要是投入某处自然资源的物化劳动和活劳动的货币表现；对于可再生资源而言，则是人类投入原始再生资源和人工再造资源的物化劳动和活劳动的货币表现。潜在社会价值则表现为自然资源带来未来收益的货币表现。其计量模型可表示为

$$V = \sum_{i=1}^{m} V_i (1+r)^i + \sum_{j=1}^{n} \frac{V_j}{(1+r)^j} \qquad (7\text{-}6)$$

式中，V 为某处自然资源的总价值；V_i 为每年投入该处自然资源的物化劳动和活劳动的货币值；m 为从开始投资到确定自然资源价值的时间间隔，一般以年为单位；V_j 为该处自然资源每年取得的总收益（级差收益和绝对收益）；n 为该处自然资源从确定价值时开始的预计可使用年限，要根据可耗竭资源的最优耗竭速度、可再生资源开发的最优时间来确定；r 为贴现率。例如，要核算某处矿产资源的价值，则需要知道每年投入该处矿产资源物化劳动和活劳动的货币资金，核算为 10 万元，从开始找矿投资到确定自然资源价值的时间间隔为 5 年，该处矿产资源每年取得的总收益为 1 亿元，预计可使用的年限为 10 年，贴现率为 10%，运用式（7-6）即可求出该处矿产资源总价值为61 亿元。

可持续发展的自然资源价值核算法既核算了自然资源的现实社会价值，包括人类从认识、勘探、开发到利用、保护自然资源所投入的物化劳动和活劳动的货币值，又从长远角度考虑了其潜在的社会价值，即自然资源在预计可使用年限内所取得的总收益，体现了自然资源的可持续性，符合人类对自然资源持续利用的要求。同时，对已经进入市场和还未进入市场的自然资源的价值都可以进行核算，但该法比较抽象，还有待进一步具体和深化（葛京凤和郭爱请，2004）。

第三节　案例分析

案例　资源枯竭型煤炭城市——萍乡市的煤炭资源价值核算

一、价值核算模型

从资源所有者（国家）角度来看，矿产资源价值实质上是矿床所包括的总投入和总收益之和。为简化起见，假设这里的总投入主要是地质勘查费，而总收益包括级差收益和绝对收益（不包括生态环境价值）。所以首先分别计算出矿产资源的价值构成中各构成部分的个别价值，然后再进行综合相加后可得出矿产资源的价值总额。因此，其计量模型为

$$V_{\text{Total}} = V_{\text{G}} + \sum_{i=1}^{n} \frac{V_{\text{R}}}{(1+r)^i} \qquad (7\text{-}7)$$

式中，V_{Total} 为已探明的矿产资源可采储量的总价值（即矿产资源表内总储量的整体价值）；V_{G} 为已投入该处矿产资源的地质勘查费的价值总额；n 为总的开采年数，$n = Q_{\text{T}}/Q_{\text{i}}$，$Q_{\text{T}}$ 为该处矿产资源矿产品表内地质储量，Q_{i} 为该处矿产资源每年预计矿产品采出量；V_{R} 为该处矿产资源预期每年总收益（包括级差收益 V_{d} 和绝对收益 V_{a}，$V_{\text{R}} = V_{\text{a}} + V_{\text{d}}$）的货币表现；$r$ 为折现率。可以看出，它是简化了的可持续发展的自然资源价值核算模型。

利用上述矿产资源价值计量模型，确定资源枯竭型煤炭城市的煤炭资源价值计量模型。由资源枯竭型煤炭城市的开采现状分析得知，此类城市开采的煤炭煤质差、开采条件复杂、矿井老化，所以设定资源枯竭型煤炭城市的煤炭资源没有级差收益。

假设资源枯竭型煤炭城市的煤炭资源矿山每年预计的采出量相等，且为 Q_{i}；该处煤炭资源可采储量为 Q_{T}，则模型变为

$$V_{\text{Total}} = \alpha Q_{\text{T}} + \sum_{i=1}^{n} \frac{\beta \cdot P Q_{\text{i}}}{(1+r)^i} \qquad (7\text{-}8)$$

式中，$n = Q_{\text{T}}/Q_{\text{i}}$；$\alpha$ 为每吨煤炭资源负担的地质勘查费；β 为使煤炭矿产企业享有工业企业平均利润而应计入煤炭资源价值中的价值与销售收入的比例数；P 为原煤的平均销售价格（为合理起见，取国际市场的平均价格）。

二、萍乡市煤炭资源价值核算

萍乡市作为典型的资源枯竭型煤炭城市，其煤炭资源价值核算可以运用上述模型。根据式（7-8），要核算萍乡市的煤炭资源价值就应先分析得出萍乡市 α、β 的值。由于市级数据获取困难，本案例采用全国历年每吨煤炭资源负担的地质勘查费的均值作为萍

乡市每吨煤炭资源负担的地质勘查费（表 7-1），所以 α=0.366 693 元/t。

表 7-1 全国历年每吨煤炭资源负担的地质勘查费

年份	每吨煤炭资源负担的地质勘查费/（元/t）	年份	每吨煤炭资源负担的地质勘查费/（元/t）	年份	每吨煤炭资源负担的地质勘查费/（元/t）	年份	每吨煤炭资源负担的地质勘查费/（元/t）
1950	0.023 078 34	1966～1970"三五"期间	0.492 365 23	1981～1985"六五"期间	0.542 875 39	1996～2000"九五"期间	0.083 052 52
1951							
1952							
1953～1957"一五"期间	0.764 597 24	1971～1975"四五"期间	0.465 461 08	1986～1990"七五"期间	0.473 549 52	2001～2005"十五"期间	0.083 051 97
1958～1962"二五"期间	0.566 551 65	1976～1980"五五"期间	0.510 121 54	1991～1995"八五"期间	0.376 771 78	2006	0.083 050 99
1963	0.586 126 85					2007	0.083 052 26
1964						平均值	0.366 693
1965							

下面计算 β 值（表 7-2）。

煤炭行业的产品销售利润与产品销售收入的比值为

$$9738.07 \div 29\,278.51=33.26\%$$

全国工业企业产品销售利润与产品销售收入的比值为

$$312\,666.06 \div 1\,293\,187.79=24.18\%$$

所以，β 值应小于 9.08%（33.26% 与 24.18% 之差）。

表 7-2 全国工业企业和煤炭行业产品销售收入、产品销售利润及利润总额 （单位：亿元）

年份	煤炭行业			全国工业企业		
	产品销售收入	产品销售利润	利润总额	产品销售收入	产品销售利润	利润总额
2007	9 579.90	2 810.29	1 022.18	399 817.12	60 346.34	27 155.18
2006	7 465.33	2 100.00	690.54	313 215.40	45 149.50	19 504.44
2005	5 900.50	1 771.55	561.00	248 868.97	35 684.14	14 802.54
2004	3 858.08	2 332.41	306.92	187 814.77	148 702.23	11 341.64
2003	2 474.70	723.82	140.07	143 471.53	22 783.85	8 337.24
合计	29 278.51	9 738.07	2 720.71	1 293 187.79	312 666.06	81 141.04

当取 β=0.030 14 计算煤炭行业 2003～2007 年的平均销售利润率为（表 7-3）

$$(544.14-21.64 \times 0.010\,879-5855.70 \times 0.030\,14) \div 5855.70=0.062\,744\,64$$

全国工业企业 2003～2007 年平均销售利润率为

$$16\,228.21 \div 258\,637.56=0.062\,744\,99$$

可以看出，β 取 0.030 14 时煤炭行业的平均销售利润率约等于全国工业企业平均销售利润率，此时可以看成煤炭企业取得工业企业平均利润率。故确定煤炭行业的 β 值为0.030 14。

表7-3　全国工业企业和煤炭行业产品销售收入、利润总额及原煤产量

年份	煤炭行业			全国工业企业	
	原煤产量/亿 t*	产品销售收入/亿元	利润总额/亿元	产品销售收入/亿元	利润总额/亿元
2007	25.26	9 579.90	1 022.18	399 817.12	27 155.18
2006	23.73	7 465.33	690.54	313 215.40	19 504.44
2005	22.05	5 900.50	561.00	248 868.97	14 802.54
2004	19.92	3 858.08	306.92	187 814.77	11 341.64
2003	17.22	2 474.70	140.07	143 471.53	8 337.24
合计	108.18	29 278.52	2 720.71	1 293 187.80	81 141.04
平均值	21.64	5 855.70	544.14	258 637.56	16 228.21

*把原煤产量近似看成全部原煤的销售量。

资料来源：《中国统计年鉴（2004）》《中国统计年鉴（2005）》《中国统计年鉴（2006）》《中国统计年鉴（2007）》《中国统计年鉴（2008）》。

所以，萍乡市的煤炭资源价值计量模型为

$$\begin{cases} V_{\text{Total}} = 0.366\,693 Q_{\text{T}} + 0.030\,14 \sum_{i=1}^{n} \frac{PQ_i}{(1+r)^i} \\ n = Q_{\text{T}} / Q_i \end{cases} \quad (7\text{-}9)$$

萍乡市 2007 年的可开采储量 Q_{T}=1.21 亿 t，以 Q_i=10 000 万 t，P=100 美元/t，r=10%（以上数据均为现有数据趋势发展的估测值）计算，代入式（7-9）中可求得萍乡市已探明煤炭可开采储量的总价值 V_{Total}=20 554.64 万美元（按 2007 年前汇率换算 1 美元=8.27人民币）。

第八章 自然资源利用影响评价模型与案例

第一节 自然资源利用问题

一、我国自然资源的总体特征

我国是一个"地大物博,人口众多;人均资源少,地区差异大"的国家。我国的自然资源具有两重性,有优势也有劣势。从资源总量和种类来看,我国是一个资源大国;从人均资源来看,我国是一个资源小国。客观地看待我国自然资源的状况,要从资源总量、资源类型、资源人均值、资源质量四个方面来分析(姜晓璐和刘耀彬,2009)。

(一)资源总量大

我国地域辽阔,自然资源总量大,从宏观来看,截至 2018 年,我国各类自然资源的绝对数量居于世界前列,主要表现在以下几个方面。

(1)我国陆地面积 960 万 km²,占世界陆地总面积的 6.7%,仅次于俄罗斯和加拿大,居世界第三位。

(2)耕地实际面积约 20 亿亩,仅次于俄罗斯、美国、印度,居世界第四位。

(3)森林面积 18.7 亿亩,仅次于俄罗斯、巴西、加拿大、美国,居世界第五位。

(4)草原资源约 60 亿亩,仅次于澳大利亚、俄罗斯、美国、巴西、阿根廷,居世界第六位。

(5)地表水资源 2.6 万亿 m³,居世界第六位。

(6)至 2018 年,我国已发现的 173 种矿物中,已探明储量的有 162 种,其中 24 种在世界上占有明显的优势。

(7)按 45 种主要矿产的潜在价值计算,我国占世界的 14.46%,居世界第三位;我国主要矿产居世界首位的有钒、钛、锌、钨、铋、锑、锂、稀土、菱镁矿、萤石、硫铁矿、重晶石、砷、滑石、石膏、叶蜡石;居第二位的有锡、汞、钽、磷、石棉、石墨、煤；居第三位的有铌、矽灰石；居第五位的有铁、锰、铜、铅、镍。各类可更新资源量的总体排序，我国在第四位。

（二）资源类型齐全

我国地处中低纬度地区，地域辽阔，地形多样，气候复杂，形成多种多样的可更新自然资源，我国生物多样性居世界前列，具体表现如下。

（1）我国是世界上植物种类较为丰富的国家之一，所有种数仅次于马来西亚和巴西。

（2）我国南水（田）北旱（地），山地平川农林互补，江湖海洋散布环集，形成各种类型的农业自然资源，在总体上呈现以农为主，林牧渔各业并举的格局。

（3）在工业资源方面，除了农业为轻纺工业提供各种原料以外，能源、冶金、化工、建材都有广泛的资源基础。

（4）重要的矿产资源，如煤炭、石油、天然气等能源矿产资源，铁、镍等黑色金属矿产资源，铜、铅、锌、铝等有色金属矿产资源，以及稀土、稀有金属矿产资源、化工资源、建材资源等样样俱全，是世界上少数几个矿种配套较为齐全的国家之一，而且我国和俄罗斯、美国、加拿大、巴西都是资源组合状况较好的国家。

（三）资源人均值小

我国虽是个资源大国，不少资源在世界上占有相当重要的地位，但是我国是个具有庞大人口基数的国家，我国人均资源在世界上并不具有优势，各单项资源的人均值皆居世界后列，均低于世界平均水平。

据 2018 年底的统计，我国有耕地 14 329 万 hm^2，居世界第三位，但人均只有 0.093 hm^2，不到世界人均水平的 40%。我国森林覆盖率及人均占有量均居世界后列，属于当今世界的"森林贫穷大国"。据第八次全国森林普查资料，我国森林覆盖率为 21.63%，人均森林面积为 0.15 hm^2，只有世界人均水平的 25%，居世界第 139 位；人均林地面积为 0.17hm^2，人均林木蓄积量为 11.25m^3，只有世界人均水平的 14.29%；我国人均草地面积 0.35 hm^2，只有世界人均水平的 46.05%。

我国地表水资源总量为 28 124 亿 m^3，但就人均占有水量来说，我国人均水资源量为 2700 m^3，只有世界人均水量的 1/4，美国人均水量的 1/5，在所有国家中排第 88 位。2001 年 1 月 14 日中国科学院发表第八号国情报告《两种资源、两个市场——构建中国资源安全保障体系研究》称：到 2030 年中国人口将达到 16 亿人的高峰，人均占有水资源量将下降到 1760m^3 左右。

我国主要矿产储量居世界第三位，但人均值却居世界第十位。人均石油占有量仅为世界人均占有量的 13%，人均天然气占有量仅为世界人均占有量的 10%。

（四）资源质量不高

资源质量不高也是目前我国自然资源的一个重要问题。例如，在地表资源方面，我国耕地质量不算好，有水源保证和灌溉设施的耕地只占 40%，中低产田占我国耕地总面积的 79%，其中大部分属风沙干旱、盐碱、涝洼、红壤等地，在全部耕地中，单位面积产量可以相差几倍到几十倍，复种指数的差距可以达到三倍以上；草地资源质量较差，多分布在半干旱、干旱地区与山区，高、中、低产面积基本上各占 1/3，草地资源有 27% 属气候干旱、植被稀疏型；森林中有 15 亿 m^3 木材病腐、风倒、枯损，或是分布于江河上游，或是处于深山峡谷地带；水能富积区多交通不便，远离经济中心区。

在地下矿产资源方面，除煤以外，中国矿产大都属贫矿，而且共生、伴生资源多，全国铁矿有 95% 以上为贫矿，铜矿品位低于 1% 的约占 2/3，磷矿中贫矿占 19%。而且，矿产资源有不少分布在地理地质条件极其恶劣的环境中，很难保证生产、生活的基本条件，其中近期不能利用的煤炭资源占 40% 以上，长期不能利用的铁矿占 35%，长期不能利用的铜矿占 40%。铂矿 93.5% 分布在甘肃以及云南、四川的边远地区，铬铁矿资源少，探明储量又主要分布在西藏等交通不便之地。在能源中，优质石油、天然气只占探明能源储量的 28%；海洋资源中"争执"面积较大，渔业和石油勘探难以进行，实际上成了呆滞资源。

二、我国开发利用自然资源的现状及存在的问题

中华人民共和国成立以来，我国经济社会持续快速健康发展，但是应该看到，我国经济的高速发展是以大量耗竭自然资源为基础的，资源的消耗速度远远快于国民经济的增长速度，自然资源开发利用的状况堪忧，这其中既有自然资源结构差、质量低等客观原因，又受到管理水平、技术水平的限制，还有人为破坏的因素。

（一）资源分布的空间差异大，利用配置不甚合理

由于生物、气候、地理、地质分异作用的复合影响，我国资源的空间分布存在着巨大的差异。我国自然资源东西部差别极其显著，我国耕地资源、森林资源、水资源的 90% 以上集中分布在大兴安岭至青藏高原东缘一线以东，而以能源、矿产为主的地下资源和天然草地相对集中于西部，矿产资源的基本分布由西部高原到东部的山地丘陵地带逐步减少；而我国重工业却大部分在沿海地区，特别是中部、北部沿海地带。沿海地区这一大经济带除了农业资源比较丰富外，其他资源尤其是能源、原材料严重不足。

我国资源组合南北差异也比较大，长江以北耕地多、水资源少，耕地资源占全国耕地面积的 63.9%，水资源则仅占全国水资源量的 17.2%，其中，粮食增长潜力最大的黄淮海流域的耕地面积占全国的 42%，而水资源却不到 6%。长江以南则相反，耕地面积少但水资源充沛，耕地占全国耕地的 36.1%，而水资源占全国水资源的 82.8%。长江以北煤炭占全国的 75.2%，石油占全国的 84.2%，而长江以南能源短缺问题严重。

（二）资源利用效率低，浪费严重

长期以来，我国国土资源开发利用粗放，存在着资源利用率低、浪费严重这一问题。据统计，我国共生、伴生矿产资源综合利用率仅为 20%，矿产资源总回收率只有 30%，较世界平均水平分别低 30% 和 20%。据测算，如果我国金属矿山回收率提高 10%，就会

节约几千万 t 的矿石量，相当于新建十几座大型矿山。

我国在用地规模迅速扩大的同时，造成了大量土地的闲置，浪费了宝贵的耕地资源；我国水资源十分紧张，但是工业用水单耗高、循环用水率低，我国工业用水每年约 500 亿 m^3，国民经济中的一些主要工业产品的耗水量长期以来超出国外同类产品耗水量的几倍、十几倍甚至几十倍，加上我国水资源污染严重，又有大量水资源被浪费掉。我国多数工业技术装备是世界 20 世纪五六十年代的水平，甚至一些三四十年代的设备还在运行，管理水平又低，造成了资源浪费。

（三）开发投入不够，后备资源不足

我国不仅人均资源少，而且后备资源不足。据调查，我国后备宜农荒地毛面积 5 亿多亩，其中可作为种植粮、棉、油的耕作业用地仅约 2 亿多亩。矿产资源除煤、稀土、非金属建材外，石油、铁矿石、钾盐等重要资源不仅后备资源不足，而且勘探程度较低，石油、铜、金等矿产探明储量只及资源量的 1/5 ~ 1/4，就是蕴藏量丰富的煤炭资源的探明储量也只及资源量的 2%。

资金投入不足是造成后备资源不足的一个重要原因，以矿产资源开发为例，在找矿难度加大、每万元投资的探明储量大幅度下降的条件下，资金投入减少致使主要矿产的后备储量增长十分缓慢，矿产资源储采比一直呈下降趋势。

技术投入不足是造成我国后备资源不足的另一个重要原因。长期以来，我国在自然资源开发和利用的关系问题上是重利用轻开发，在技术水平落后的情况下粗放型、掠夺式地利用资源，特别是在废物利用、变废为宝、循环利用方面的技术投入不够，造成了有限资源的浪费。另外，我国在新材料、新能源方面的技术投入也不够，开发力度不大。

第二节　自然资源利用影响评价方法与模型

良好的生态环境是人类生存和发展的基本条件，是经济、社会发展的基础，但是，随着我国经济的飞速发展，人们在享受丰富的精神生活和物质生活的同时牺牲了脆弱的生态环境并消耗了大量的资源，给生态环境带来了巨大的伤害（高晶和沈万斌，2007）。因此，如何评估自然资源的利用对生态环境的影响将成为政府制定决策的关键一环，它关系到政策能否有效实施，环境保护能否落实的问题，也关系到我国的国计民生和可持续发展的问题，因此具有重大的实践意义。目前自然资源利用对生态环境影响的评价方法主要有生态足迹法、能值分析理论、生态系统服务价值理论等。

一、生态足迹法

（一）生态足迹的含义

生态足迹一词首先是由 Rees（1992）提出来的。1999 年 Rees 的学生 Wackernagel 博士沿着生态足迹研究的规范定量化方向，从具体的生物物理量角度出发，研究了人类对自然资本的消费与自然对人类需求的生态供给相互作用问题，进一步定义生态足迹为能够持续地提供资源或消纳废物的、具有生物生产力的地域空间。

生态足迹包括人类消费的生态足迹需求（占用）与自然的生态足迹供给（区域生态承载力）两个方面：一方面，人类生存与发展必须消费各种产品、资源与服务，而人类的每一项最终消费量都可以追溯到提供生产该消费所需的原始物质与能量的生态性土地面积，如果采用某个通用的折算系数，人类各种类型总的消费量可以计算为一定的生态性土地面积，这便是生态足迹需求（占用）；另一方面，自然环境存在差异及资源赋存不同，一定的土地（包括水域）面积所能供养的人口有限，通过规范的折算系数可以将其转化为一定数量的、为人类所利用的生态生产性土地面积，这便是生态足迹供给，也就是一定区域生态承载力。

生态足迹需求（占用）和生态足迹供给（区域生态承载力）的计算就是依据上面的原理，采用生物物理计量方法，通过生产能力评价和折算系数处理，将人类的各种消费和区域的各种土地面积计算为一定的、可以全球通用对比的生态性土地面积。

（二）生态足迹需求（占用）的计算模型

生态足迹需求（占用）的计算主要基于以下两个基本事实。

（1）人类能够估计自身消费的大多数资源、能源及其所产生的废弃物数量。

（2）这些资源和废弃物流能折算成生产与消纳这些资源和废弃物流的生态生产性面积。

因此，任何特定人口（从单一个人到一个城市甚至一个国家的人口）的生态足迹，就是其占用的用于生产所消费的资源与服务以及利用现有技术同化其所产生的废弃物的生物生产性土地面积（包括陆地与水域）。其计算公式可以规范如下：

$$EF = N \cdot ef = N \cdot r_j \cdot \sum (aa_i) = N \cdot r_j \cdot \sum (c_i/p_i) \qquad (8\text{-}1)$$

式中，EF 为总的生态足迹；N 为人口数；ef 为人均生态足迹（hm^2）；c_i 为 i 种商品的人均消费量；p_i 为 i 种消费商品的平均生产能力；aa_i 为人均 i 种交易商品折算的生物生产性土地面积，i 为消费商品和投入的类型；r_j 为均衡因子（equivalence factor）。

因为单位面积耕地、化石燃料土地、牧草地、林地等的生物生产能力差异很大，为了使计算结果转换为一个可以比较的标准，在生态占用的计算中，将各类型的生态系统面积乘以一个均衡因子，调整为具有全球生态系统平均生产力的、可以直接相加的生态系统面积。均衡因子在全球是一致的，目前采用的均衡因子如下：林地和化石能源用地为 1.1，耕地和建筑用地为 2.8，草地为 0.5，水域为 0.2。

（三）生态足迹供给（生态承载力）的计算模型

由于不同国家或地区的资源禀赋不同、环境差异甚大，从而有可能导致单位面积不同类型的土地生物生产能力存在明显差异。因此，不同国家或地区同类生物生产性土地的实际面积是不能直接对比的，需要对其进行调整。不同国家或地区的某类生物生产性土地面积所代表的局地产量与世界平均产量的差异可以用产量因子（yield factor）来表示。

产量因子是某个国家或地区某种类型土地的平均生产力与世界同类型土地的平均生产力的比率，如耕地面积的产量因子是 2，表明该地区的耕地生物产出率是世界耕地平均产出水平的 2 倍。将现有的耕地、草地、建筑用地、水域等物理空间的面积乘以相应的均衡因子和产量因子，就可以得出带有世界平均产量的世界平均生态空间面积——区域生态承载力，这样就可以与世界各地区进行比较。区域生态承载力计算公式为

$$ECC = N \cdot ec = N \cdot \sum r_j \cdot (aa_j) \cdot y_j = N \cdot \sum r_j \cdot (aa_j) \cdot (y_{lj}/y_{wj}) \tag{8-2}$$

式中，ECC 为区域总的生态承载力；N 为人口数；ec 为人均生态承载力（hm^2）；aa_j 为人均 j 种土地的生物生产性土地面积，j 为不同土地的类型；r_j 为均衡因子；y_j 为产量因子；y_{lj} 为某国家或地区的 j 种土地的平均生产力；y_{wj} 为世界平均生产力。

Wackernagel 等（1997）计算了世界 52 个国家和地区的生态足迹，通过比较得出中国生态足迹的产出因子大约为 2 的结论。所以可以大致将中国不同生产能力地区的产出因子作以下划分（刘耀彬和宋学锋，2005）。

（1）东部水源条件好、交通方便和经济发达的地区的产出因子定为 3。

（2）中部水源充分、土地条件好和经济较发达的地区的产出因子定为 2。

（3）西部水源能满足基本生活与生产、交通条件便利和具有一定经济基础的地区的产出因子定为 1。

（4）其他地区可以以此类推。

二、能值分析理论

（一）能值分析理论的概念

一个系统的投入种类很多，因此具有各种各样的形态和单位，这就需要把所有的投入（物质、能量，甚至信息、劳务等）转换成为一种统一的衡量形式进行处理。地球上的能源大多来源于太阳的辐射，因此美国著名生态学家 Odum（1996）提出，通过对物质和能量生成过程的分析，可以计算出它们所含太阳能的多少，并将其定义为能值（emergy），通俗地说，能值就是获得单位产品或者服务所消耗的太阳能的多少（刘自强等，2005）。

能值分析理论是 20 世纪 70 年代由 Odum 创立的全新的科学概念和度量标准。能值分析是以能值为基准，把被研究系统中不同种类、不可比较的能量以及非能量形式的物质流、资金流等所有流股换算成同一标准的能值来进行数据处理和系统分析。

（二）能值分析指标及其概念

作为能值分析结果的反映，评价指标体现了系统分析对环境的重视和对系统可持续性的评估，下面重点介绍几种常用的能值分析指标。

1. 太阳能转换率（solar transformity）

能值转换率（emergy transformity）即形成每单位物质或能量所含有的另一种能量之量，它是衡量能量能值等级的指标。太阳能转换率指的是生产1J产品或服务所需要投入的太阳能值，单位为 sej[1]/J 或 sej/g。例如，形成IJ木材的能量需要 34 900 太阳能焦耳转化而来，那么木材的能值转换率就是 34 900sej/J。

太阳能值与太阳能值转换率之间的关系如下：

$$M = T \times B \tag{8-3}$$

式中，M 为太阳能值；T 为太阳能值转换率；B 为可用能。

通过太阳能值转换率可以计算得出某种物质、能量或劳务的太阳能值。Odum（1996）从地球系统和生态经济角度换算出自然界和人类社会几种主要能量类型的太阳能值转换率（表8-1），可用于大系统如国家、区域、城市系统的能值分析。根据各种资源（物质、能量）相应的太阳能值转换率，可将不同类别能量（J）或物质（g）转换为统一度量的能值单位（sej）。

表 8-1 几种主要能量类型的太阳能值转换率

能量类型	太阳能值转换率/（sej/J）
太阳能	1
风动能	623
有机物质	4 420
雨水势能	8 888
雨水化学能	15 423
河流势能	23 564
河流化学能	41 000
波浪、海潮机械能	17 000 ~ 29 000
燃料	18 000 ~ 58 000
食物、果菜、粮食、土产品	24 000 ~ 200 000
高蛋白食物	1 000 000 ~ 4000 000
人类劳务	80 000 ~ 5 000 000 000
资料信息	10 000 ~ 10 000 000 000 000

资料来源：Odum，1996；Odum，1988。

2. 净能值产出率（net emergy yield ratio，NEYR）

净能值产出率等于产出的能值（Y）除以经济系统反馈的能值（F），如果生产过程中产出的能值大于经济系统反馈的能值，则此能源的净产量为正值或其净能值产出率大于1，具有经济效益。

---

① sej 为太阳能焦耳。

净能值产出率是评价基本能源利用的指标，它也可以用来说明经济生产利用能源的效率，表示经济活动的竞争力。当前发达国家经济活动过程中净能值产出率为 6∶1 或更高（Odum，1996；Howard and Odum，1988），这说明发达国家经济系统通过反馈 1 份能值到生产过程，可产生 6 份左右的产品能值。净能值产出率越高，说明经济效益越好。

3. 能值投入率（emergy investment ratio，EIR）

能值投入率用于决定经济活动在一定条件下的竞争力，并用作测知环境资源条件对经济活动的负荷量的指标，被定义为生态经济系统反馈的能值与输入经济生产过程的自然环境可更新能值的比率。

$$能值投入率=反馈能值/可更新资源能值使用量 \tag{8-4}$$

一个经济系统要有竞争力，必须具有低能值的可更新资源与高能值的能量适当搭配，也就是能值投资比值恰当。世界范围的能值投入率为 2∶1，发达国家较高，如美国为 7∶1（Odum，1988），这些国家需购买的各种能值较多。此外，较高的投入率，亦可以被视为自然环境要承受大量的经济活动，因此，此值亦可作为测定自然环境对经济活动负荷量的衡量指标。

4. 能值货币比率（emergy dollar ratio，EDR）

能值与货币的数量关系可以用能值货币比率表示。其定义为：一个国家或区域的能值与货币的比率，等于该国或该区域经济系统全年使用的所有太阳能能值除以当年的国民生产总值（gross national product，GNP），单位是 sej/美元。

在许多不发达的国家和地区，其能值货币比率都很高，因为它的很多能源都取自于自然环境而无须付费；而发达国家则恰恰相反，虽然驱动经济花费了大量的能源，但由于这些国家的货币循环迅速，其能值比率通常都较低。

5. 能值密度（emergy density，ED）

$$能值密度（ED）=总能值使用量（U）/总面积（area）\tag{8-5}$$

从能值密度可得知该国家或地区的能值使用的集约情形。若属于适度开发的国家或地区，其经济活动频繁，能值密度必然非常高。

6. 人均能值使用量（emergy used per person，EUPP）

$$人均能值使用量=总能值使用量/该国（地区）总人口 \tag{8-6}$$

人均能值使用量可以判断居民生活水平的高低。人均能值使用量越高，表示该国（区域）的生活水平越高。

7. 人口承载力（population carrying capacity，PCC）

$$人口承载力=可利用能值量/人均能值使用量 \tag{8-7}$$

在不同生活水平下人口承载力不同，故其是个相对指标。由于人类生活需要能量，所以能值使用量的高低，以及可利用能值量，将直接影响人口承载量的多少。

8. 电力能值使用量比例（fraction of emergy used from electricity，FEE）

$$电力能值使用量比例=电力的能值量/总能值使用量 \tag{8-8}$$

电能是高品质的能量，电能的使用可以反映一个国家或地区的工业化、电气化水平以及开发程度。

9. 环境负荷率（environmental loading ratio，ELR）

环境负荷率是采购能值和自产的不可更新资源的能值（付费能值）与无须付费的环境能值的比率。较高的能值负荷率说明科技发展水平较高，同时环境所承受的压力也较大。系统若长期处于高环境负载下，系统平衡很容易遭到破坏，因而该指标对生态经济系统的运行具有预警作用。

10. 可持续发展指数（emergy-based sustainability index，ESI）

可持续发展指数定义为系统净能值产出率与环境负荷率之比（即 NEYR/ELR）。可持续发展指数是评价生态经济系统可持续性，其大小在 1 和 10 之间表明经济系统富有活力和发展潜力，大于 10 则是经济不发达，小于 1 时为消费型经济系统。

（三）常用能值计算的方法

$$太阳光能值=土地面积 \times 太阳光平均辐射量 \times 太阳能值转换率 \qquad （8-9）$$

式中，太阳能值转换率为 1sej/J。

$$雨水化学能=土地面积 \times 降雨量 \times 吉布斯自由能（G） \times 10^6 \times 雨水化学能值转换率$$
$$（8-10）$$

式中，吉布斯自由能为植物或海洋所接收的雨水相对于咸水的吉布斯自由能，G=4.94J/g；雨水化学能值转换率为 1.54×10^4sej/J。

$$煤炭类能值=煤炭质量 \times 能量单位质量 \times 能值转换率 \qquad （8-11）$$

式中，能量单位质量为 3.18×10^{10}J/t；能值转换率为 4.0×10^4sej/J。

$$原油能值=桶数 \times 能量/桶 \times 能值转换率 \qquad （8-12）$$

式中，能量/桶为 6.28×10^9 J/桶；能值转换率为 5.4×10^4sej/J。

$$天然气能值=天然气体积 \times 能量/体积 \times 能值转换率 \qquad （8-13）$$

式中，能量/体积为 3.89×10^7 J/m³；能值转换率为 4.8×10^4sej/J。

$$电能值=用电量 \times 单位电量能量 \times 能值转换率 \qquad （8-14）$$

式中，单位电量能量为 3.60×10^6 J/ kW·h；能值转换率为 5.4×10^4sej/J。

$$土地流失能值=建设占用农用地面积 \times 耕作层厚度 \times 土壤密度 \times 单位能值 （8-15）$$

式中，耕作层厚度为 0.25m；土壤密度为 1.3×10^6kg/m³；单位能值为 1.7×10^9sej/g。这里所指的土壤流失是指农用地转变为建设用地而流失的土壤能量。

$$氮肥能值=氮肥使用量 \times 氮肥单位能值 \qquad （8-16）$$

式中，氮肥单位能值为 3.8×10^9 sej/g。

$$磷肥能值=磷肥使用量 \times 磷肥单位能值 \qquad （8-17）$$

式中，磷肥单位能值为 3.9×10^9 sej/g。

$$钾肥能值=钾肥使用量 \times 钾肥单位能值 \qquad （8-18）$$

式中，钾肥单位能值为 1.1×10^9 sej/g。

$$复合肥能值=复合肥使用量 \times 复合肥单位能值 \qquad （8-19）$$

式中，复合肥单位能值为 2.8×10^9 sej/g。

$$农药能值=农药使用量 \times 农药单位能值 \qquad （8-20）$$

式中，农药单位能值为 1.6×10^9 sej/g。

$$劳动力能值=劳动力人口 \times 劳动力单位能值 \quad (8\text{-}21)$$

式中，劳动力单位能值为 1020 sej/万人。

三、生态系统服务价值理论

（一）生态系统服务理论

生态系统本身具有自我调节和维持平衡状态的能力，但随着社会、经济过程对生态系统服务功能需求的日益增加，人类活动导致生态系统功能提供服务的能力持续降低。许多学者开始认识到自然资源消耗、生态环境破坏应当与一个国家或地区经济与社会的增长和发展相联系。于是，生态系统服务价值的货币化评价在联系人类活动与自然生态系统之间起到重要作用。

生态系统服务是指自然生态系统及其物种所提供的能够满足和维持人类生活需要的条件和过程，是生态系统对人类生存和生活质量有贡献的产品和服务，也可称为生态系统与生态过程中所形成的、能够维持人类生存的自然环境条件及其效用。

Costanza 等（1997）在 *Nature* 杂志上发表题为 "The value of the world's ecosystem services and natural capital" 的文章，将全球生态系统服务划分为 17 类，并首次对全球主要的生态系统服务功能价值进行了定量评估。至此，生态系统服务价值研究已成为生态学、经济学、环境经济学和生态经济学等众多学科的研究热点和前沿（姚成胜和刘耀彬，2010）。

1. 生态系统服务的功能

生态系统服务具有以下三方面的功能。

（1）为生活或生产提供物质、产品，如森林生态系统提供的工业原材料、药材；农田生态系统提供的粮食、草地；生态系统提供的畜产品等。

（2）为支持生命系统提供的服务，如维持生物物种与遗传的多样性、涵养水源和水土保持等。

（3）提供精神生活的享受，如森林、水体提供的休闲娱乐、文化功能等。

2. 生态系统服务价值的分类

根据生态系统服务功能可以将生态系统服务价值分为直接利用价值、间接利用价值、选择价值和存在价值四类。有学者在对河流生态系统的休闲娱乐功能进行价值评估时，认为存在价值等同于内在价值。从生态系统服务功能和利用状况的角度出发，根据环境经济学对环境资源价值的划分方法，还可以把生态系统服务价值（也称为总经济价值，total economic value，TEV）划分为：①使用价值（use value，UV）或有用性价值（instrumental value）；②非使用价值（non use value，NUV）或内在价值（intrinsic value）。而使用价值又可以进一步分解为直接使用价值（direct use value，DUV）、间接使用价值（indirect use value，IUV）和选择价值（option value，OV）。直接使用价值是指生态系统产生的产品直接满足人们生产和消费需要的价值；间接使用价值包括生态系统所提供的用来支持目前的生产和消费活动的各种功能中间接获得的效益；选择价值与人们愿意为保护某一生态系统以备未来之用的支付愿望的数值有关，包括未来的直接和间接使用价值（生物多样性、被保护的栖息地、生物基因等）。选择价值是人类为了避免将来失去某种资源带来的风险而愿意支付的保险金，是一种支付意愿。非使用价值或内在价值，是人类为确保生态系统服务功能继续存在的支付意愿。因此，选择价值或内在价值是人们对生态系统价值的一种道德上的评估。从这个意义上讲，生态系统的服务价值可以通过式（8-22）进行评价（黄湘和李卫红，2006）：

$$TEV=UV+NUV=（DUV+IUV+OV）+NUV \tag{8-22}$$

（二）生态系统服务价值的评估方法

生态系统服务功能的经济价值评估方法可分为三类：实际市场评价法、替代市场评价法和模拟市场评价法。

1. 实际市场评价法

实际市场评价法是指生态系统产品产生的收益可以通过直接或间接的市场交易获得评价，如市场价格法、费用支出法。

（1）市场价格法。市场价格法直观、简便易行，并且可以反映在国家收益的账目上，但受到市场政策中工农业产品价格剪刀差的影响，其在很大程度上依赖于对市场化服务的需求，这就意味着市场变化对生态系统服务的货币价值存在相当大的影响。

（2）费用支出法。费用支出法是以人们对某种生态服务功能的支出费用来表示其生态价值。费用支出法应用广泛、便于计算，但在其使用中也存在一系列问题。由于评价结果受不同分析的影响，因此其代表性难以把握。

2. 替代市场评价法

生态系统的某些服务虽然没有直接的市场交易和市场价格，但具有这些服务的替代品的市场和价格，通过估算替代品的花费来代替某些生态服务的经济价值，即以使用技术手段获得与某种生态系统服务相同的结果所需的生产费用为依据，间接估算生态系统服务的价值。

替代市场评价法以影子价格和消费者剩余来估算生态系统服务的经济价值。评估方法较多，包括替代成本法、生产成本法或机会成本法、恢复和防护费用法、影子工程法、旅行费用法、资产价值法或享乐价格法、疾病成本法、人力资本法、预防性支出法、有效成本法等。

3. 模拟市场评价法

对没有市场交易和实际市场价格的生态系统产品和服务（纯公共物品），只有人为地构造假想市场来衡量生态系统服务的价值，其具有代表性的方法是条件价值法或意愿调查法（contingent valuation method，CVM）。

条件价值法是一种直接调查方法，是在假想市场情况下直接询问人们对某种生态系统服务的支付意愿，以人们的支付意愿来估计生态系统服务的经济价值。与实际市场评价法和替代市场评价法不同，条件价值法不是基于可观察到的或预设的市场行为，而是基于被调查对象的回答。他们的回答告诉我们在假设的情况下他们将采取什么行动。

直接询问调查对象的支付意愿既是条件价值法的特点，也是条件价值法的缺点。

条件价值法可用于评估生态资源的利用价值和非利用价值，并被认为是唯一可用于非使用价值评估的方法，它是十余年来国外生态与环境经济学中最重要且应用最广泛的关于公共物品价值评估的方法。由于条件价值法仅仅依靠询问而没有观察人们的实际行为，它的最大问题是调查是否准确模拟了现实世界，被调查者的回答是否反映了他们的真实想法和真实行为，即所得数据受被调查者对生态系统服务的重要性的认识、回答问题的态度、假设条件是否接近实际等问题的影响，难免使结果偏离实际价值量；另外，它需要较大样本的数据调查和处理，调查和分析工作费时费力（刘耀彬等，2010）。

第三节　案例分析

案例一　徐州市生态足迹计算与分析

一、生态足迹占用与生态承载力分析

徐州市地处苏、鲁、豫、皖四省交界，位于江苏省的西北部，为东部沿海与中部地带、上海经济区与环渤海经济圈的接合部。近年来徐州市经济得到了持续快速增长，2002年徐州市 GDP 达到了 791 亿元，人均 GDP 为 8746 元。作为一个老的能源与资源城市，徐州市在注重经济快速增长的同时，大力进行产业结构调整，加大了对无公害、洁净化生产的投入，实施生态城市建设战略。本节对徐州市的生态足迹的估算是以 2002 年该市904.44 万人、11 523km² 的土地面积为基准展开的（表 8-2），同时参考了 1995 ~ 2003 年的《徐州统计年鉴》和《江苏统计年鉴》。

表 8-2　徐州市域土地利用现状（2002 年）

土地类型	土地面积/hm²	占全市总面积/%	人均面积/hm²
耕地	680 580	59.06	0.019 2
草地	7 790	0.68	0.075 2
林地	38 820	3.37	0.000 9
建设用地	173 700	15.07	0.004 3
水域	227 890	19.78	0.025 2
未利用土地	23 490	2.04	0.002 6
总计	1 152 270	100.00	

（一）生态足迹占用

根据生态足迹的理论和方法，结合徐州市 2002 年城市居民和农村居民的各类消费和能源消费资料，对该市生态足迹占用进行计算和分析。生态足迹占用主要计算生物资源消费和能源消费。生物资源可以分为农产品、动物产品、水果和木材等几类。生物资源生产性面积折算在具体计算中采用联合国粮食及农业组织 1993 年计算的有关生物资

源的世界平均产量资料；能源消费部分根据资料计算煤、焦炭、汽油、柴油、热力和电力等几种能源的足迹，计算时将能源消费转化为化石燃料的土地面积。以实际单位化石燃料土地面积的平均发热量为标准，将当地能源消费所消耗的热量折算成一定的化石燃料土地面积。生物资源与能源消费量确定之后，依据式（8-1）计算出该市现有的生物资源和能源消费所能转化的为提供这类消费所需要的生物生产性土地面积（表8-3和表8-4）。

通过计算汇总并乘以均衡因子，得到能与世界对比的2002年徐州市生态足迹占用结果（表8-5）。结合表8-3、表8-4和表8-5可以看出：

（1）2002年徐州市总生态足迹占用最终结果为1.281 79hm²，几乎以耕地生态占用和化石燃料生态占用为主，二者分别占该市整个生态占用的45%和42%，这与世界生态足迹占用测算的构成是一致的，表明人类需求存在着明显的生态次序。

（2）徐州市生物资源的生态组成中，人均水产品、牛羊肉和猪肉消费的生态占用最大，其次为粮食，家禽、鲜蛋等肉类食物的生产需要较多的土地面积，这是生态系统食物链能量转化规律的反映，而粮食是人类生存的最基本需求。

（3）徐州市能源消费生态占用构成中，原煤消耗的生态占用最多，其次为焦炭和电力，其中原煤消耗占整个能源生态占用的92%，这反映了徐州市生产生活主要以煤炭消耗为主。徐州市富藏煤炭资源，2002年该市煤炭资源探明储量高达25.47亿t，煤炭消费前景较好，但煤炭消费的污染大，由此造成的徐州市生态环境的负面效应也不容忽视。

表8-3　徐州市生物资源生态足迹占用（2002年）

生物资源类型	世界平均产量	城市居民人均消费量/kg	农村居民人均消费量/kg	总消费量/kg	总生态足迹/hm²	人均生态足迹/hm²	生产性土地类型
粮食	2 744 kg/hm²	78.64	264.62	1 927 821 188	702 558.74	0.077 68	耕地
植物油	431 kg/hm²	6.97	8.31	71 804 944	166 600.80	0.018 42	耕地
鲜菜	18 000 kg/hm²	97.28	60.69	640 489 406	35 582.74	0.003 93	耕地
猪肉	74 kg/hm²	13.27	4.13	60 230 792	813 929.62	0.089 99	耕地
牛羊肉	33 kg/hm²	3.14	5.25	4 2201 770	1 278 841.52	0.141 40	草地
家禽	400 kg/hm²	11.03	3.23	48 736 812	121 842.03	0.013 47	草地
鲜蛋	764 kg/hm²	17.7	8.38	99 120 032	129 738.26	0.014 34	耕地
水产品	29 kg/hm²	12.99	3.43	5 4950 972	1 894 861.10	0.209 51	水域
食糖	4 997 kg/hm²	1.83	1.38	13 607 622	2 723.16	0.000 30	耕地
白酒	7 164 kg/hm²	2.24	8.42	60 685 308	8 470.87	0.000 94	耕地
茶叶	1 178 kg/hm²	0.14	0.04	350 420	297.47	0.000 03	耕地
鲜瓜果	18 000 kg/hm²	84.59	29.13	211 728 770	11 762.71	0.001 30	耕地
鲜奶	502 kg/hm²	23.82	8.2	59 621 460	118 767.85	0.013 13	草地
木材	1.99 m³/hm²	—	—	48 579	24 411.56	0.002 70	林地

注：木材消费量是根据木材加工业产值推算的；"—"表示该数据未公布。

表 8-4　徐州市能源消费生态足迹占用（2002 年）

能源类型	全球平均能源足迹/（GJ/hm²）	折算系数/（GJ/t）	消费量/t	人均消费量/GJ	徐州市人均生态足迹/hm²	生产性土地类型
原煤	55	20.934	15 432 381	25.514 4	0.463 90	化石燃料土地
焦炭	55	28.470	420 791	1.286 7	0.023 39	化石燃料土地
汽油	93	43.124	9 356	0.065 6	0.000 71	化石燃料土地
柴油	93	42.705	21 669	0.149 1	0.001 60	化石燃料土地
热力	1 000	29.340	89 972	0.291 9	0.000 29	建设用地
电力	1 000	11.840	9 303 899	12.179 7	0.012 18	建设用地

注：消费量是根据各种能源与标准煤的折算系数进行折算得到的。

表 8-5　徐州市生态足迹占用与生态承载力对比（2002 年）

土地类型	生态足迹占用			土地类型	生态承载力		
	人均面积/hm²	均衡因子	人均均衡面积/hm²		人均面积/hm²	产量因子	人均均衡面积/hm²
化石燃料土地	0.489 6	1.1	0.538 56	用于吸收 CO_2 的土地	0	0	0
建设用地	0.012 5	2.8	0.035 00	建设用地	0.019 2	2	0.053 77
耕地	0.206 9	2.8	0.579 32	耕地	0.075 2	2	0.421 39
草地	0.168 0	0.5	0.084 00	草地	0.000 9	1.5	0.000 65
林地	0.002 7	1.1	0.002 97	林地	0.004 3	1.2	0.005 67
水域	0.209 5	0.2	0.041 90	水域	0.025 2	1	0.005 04
人均生态足迹占用			1.281 79	总供给面积			0.486 52
				生物多样性保护（12%）			0.058 38
				人均生态承载力			0.428 14

注：化石燃料土地指人类应该留出用于吸收 CO_2 的土地，现实中并未留出。

（二）生态承载力

根据式（8-2），对人均拥有的各类生物生产性面积乘以均衡因子和产量因子，就可以计算出具有能与世界对比的徐州市 2002 年人均生态承载力。由于徐州市地处中部与东部的接合位置，并且其经济发展水平也处于全国平均水平之上（2002 年全国人均 GDP 为 8184 元），所以计算的产量因子大多取全国的平均产量水平及以上，同时出于谨慎考虑，在计算徐州市生态承载力时扣除了 12% 的生物多样性保护面积（表 8-5）。

从表 8-5 可以看出：

（1）徐州市 2002 年人均生态承载力为 0.428 14 hm²，低于全国的人均平均水平（全国平均 0.6 hm²）。

（2）在徐州市 2002 年人均生态承载力构成中，耕地所提供的生态承载力最高，它的比重高达 87%，这和徐州市的土地构成及其土地的生产能力密切相关。2002 年徐州市耕地面积占到了整个市域面积的 59%，并且由于该市处于湿润季风区，黄河和淮河的冲积使其土地的生产能力普遍高于全国。据统计，2002 年徐州市单位耕地的谷物产量达到 8648 kg/hm² （全国是 4885 kg/hm²），这种生态构成暗示着徐州市可以在注重科技农业生产的前提下，提高该区的生态承载力。

（3）在人均生态承载力构成中居第二位的是建设用地，其提供的生态承载力也占到了徐州市整个生态承载力的 11%。2002 年徐州市的城镇、工矿与交通共占用地 17.37 万 hm²，而这些主要是城市化进程中的用地需求，可见城市化也对区域生态承载力造成了压力。

有关学者从人均生态承载力的角度研究了城市化水平对地区生态承载力的关系，其得出的结论认为，城市化水平高的地区一般比城市化水平低的地区承载力要小，如城市化水平较低的新西兰和冰岛的人均生态承载力分别达到 26.8hm² 和 20.4hm²，居全球最高。而城市化水平最高的中国香港地区和新加坡则拥有最低的人均生态承载力，不足 0.01hm²。2002 年徐州市城市化率达到了 27.7%，居全国平均水平以下（全国为 39.1%），与此对应的人均生态承载力也在全国平均水平以上。

（三）生态赤字

将计算的国家或地区的生态足迹与生态承载力进行对比就可以得出表征区域生态压力大小的生态赤字（ecological deficit），由此可以分析该地区人类生产活动对自然资源的生态占用与自然所能提供的生态服务极限之间的耦合关系。结合表 8-5，从表 8-6 可以看出，2002 年徐州市人均生态承载力为 0.43hm²，而当地的人均生态足迹占用为 1.28 hm²，其人均生态足迹占用是生态承载力的 2.98 倍，出现人均生态赤字 0.85 hm²（全国人均生态赤字为 0.9 hm²），超载率高达到 197.67%（全国为 150%）。由于人口基数大，人口密度高（2002 年该市人口密度 803 人/km²，全国为 134 人/km²），徐州市不但生态承载力不及全国平均水平，而且相对于该区的生态消费，它的生态亏空也远远大于全国平均水平，如果将其与世界主要国家及地区相比，其差距就更大。但从世界的研究结论看：一般来说，几乎所有的城市都占用比其自身行政面积大得多的生态足迹，因为城市系统本身就是一个开放的巨系统，它的生存与发展必须从城市外界不断地获取物质、能源和信息，这就需要从城市外面的农村、郊区持续地输入生态足迹，所以城市系统的生态承载力往往超出其规划区所能提供的生态服务；同时一个地区的生态承载力还与当地的经济发展水平、人们的生产与生活消费模式有关，因为较高水平的生产方式和节约型的消费模式能够节约资源与能源，减少土地、森林、能源和矿产资源的浪费，从而有利于当地的生态足迹占用不至于急剧扩大，这样从另一个方面保护了生产性土地面积，提高了产量因子，加强了区域生态环境的承受力。由此可见，徐州市要想降低生态赤字，建设生态型城市，必须首先抓好两件事：第一，做好城市市域的规划工作。依据生态原理调整好市域内的生产区、生活区以及城市道路建设区的比例关系；第二，倡导资源节约型的社会生产与生活方式，依靠科技进步，高效地利用现有资源，建立可持续性发展城市。

表 8-6 世界一些主要国家和地区的生态承载力与生态赤字比较

国家/地区	人均生态迹占用/hm²	人均生态承载力/hm²	人均生态盈余（赤字）/hm²	超载率/%	城市化水平/%	人均GDP/美元
加拿大	7.40	12.60	5.20	41.27	78.9	21 930
德国	4.80	1.90	−2.90	−152.63	87.7	23 560
香港	6.30	0	−6.30	—	100.0	25 330
日本	4.70	0.80	−3.90	−487.50	78.9	35 610
新西兰	8.20	26.80	18.60	69.40	85.9	13 250
英国	4.90	1.80	−3.10	−172.22	89.5	25 120
美国	10.90	6.70	−4.20	−62.69	77.4	34 280
全球	2.40	2.00	−0.40	−20.00	47.7	5 120
中国	1.50	0.60	−0.90	−150.00	37.1	890
徐州市	1.28	0.43	−0.85	−197.67	26.7	930

注：城市化水平与人均GDP资料参考《国际统计年鉴（2003）》；生态足迹占用与生态承载力取 Wackernagel 等（1997）的计算结果。

二、生态足迹的动态变化分析

采用本节第一部分中的计算方法，分别计算 1995～2002 年徐州市生态足迹占用与万元 GDP 生态足迹，以此来分析该市的生态足迹变化趋势（图 8-1 和图 8-2）。

从图 8-1 可以看出：

（1）徐州市的总的生态足迹占用升中有降，但总体上呈现出缓慢的上升趋势，八年间仅增加了 4.86%，而生态承载力却持续下降，共下降了 16.5%，表明尽管该市居民总的生态消费量变动不大，但生产性土地的生态供养能力却不断降低，这主要是由于徐州市人口基数过大，新增加的人口消耗掉了大量的生态面积。

（2）该市历年总的生态足迹占用均出现赤字，而且生态赤字呈现连年增长的趋势，八年间上升了 20.3%，既远远高于生态足迹占用上升的速度，也高于生态承载力下降的速度，年平均达到 652.268 3 万 hm²，超载率高达 152.1%，可见徐州市近年来的发展生态供给一直不足，已经在很大程度上占用了周边地区的生态服务，这意味着该市的生态环境建设任务十分艰巨，同时这也提示徐州市未来的发展必须走区域一体化道路，在尽量减少自身生态足迹面积的同时，构筑大城市与大区域的发展框架。

从图 8-2 可以看出：1995～2002 年徐州市人均生态足迹占用略呈缓慢上升趋势，而万元 GDP 生态足迹则呈现较明显的下降态势。张志强等（2001）的研究认为，万元 GDP 生态足迹可以在一定程度上反映出地区生产性面积的利用效率，一般来说，某地区的万元 GDP 生态足迹越大，表明该地区生物生产性面积的产出率就越低。而徐州市的万元 GDP 生态足迹不断下降，2002 年已经下降到了 3.265 434 hm²/万元，可见徐州市总体上经济发展的资源利用方式正在逐步由粗放型、消耗型向集约型、节约型转化。

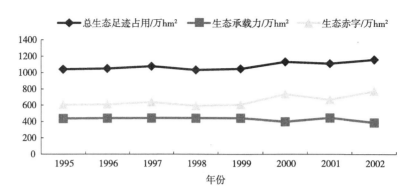

图 8-1 徐州市总生态足迹占用、生态承载力与生态赤字变化（1995～2002年）

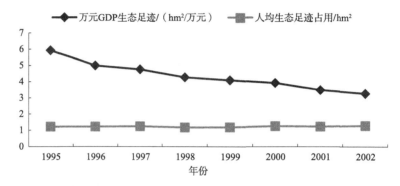

图 8-2 徐州市人均生态足迹占用与万元 GDP 生态足迹变化（1995～2002年）

三、结论

通过以上对徐州市生态足迹的分析，可以得出如下结论。

（1）从徐州市生态足迹占用和生态承载力构成看，人均水产品、牛羊肉、猪肉和原煤消费占人均生态足迹占用的比重最大，而耕地和建设用地在人均承载力中提供的生态足迹最多，可见在保护耕地的基础上求发展是符合生态平衡原则的。

（2）通过与中国及世界对比分析，徐州市的人均生态承载力相对于人均生态足迹占用存在着明显的人均生态赤字，为 0.85 hm^2，超载率高达 197.67%，生态严重超载，可见该市的生态亏空缺口很大，这体现出该市的生态环境建设任务的艰巨性。

（3）从时间序列变动看，徐州市 1995～2002 年的生态足迹占用曲线升中有降，但总体趋势是趋于上升。生态承载力不断下降，而生态赤字却持续上升，并且其上升的速度都快于生态占用的上升速度与生态承载力的下降速度，这表明了该市的发展自身生态供给严重不足，一直依靠其他区域的生态供给才得以维持；八年间徐州市人均生态足迹占用略呈缓慢上升，而万元 GDP 生态足迹则呈现较明显的下降，表明该市总体上经济发展的资源利用方式正在逐步由粗放型、消耗型向集约型、节约型转化。

（4）从制约的因素看，诱导徐州市生态承载力出现赤字及赤字不断上升的主要因素有人口增长、人们的生活消费习惯和城市化进程。由此可见，协调好生态环境保护与人口增长、城市化速度的关系是徐州市建立可持续发展城市的关键。当前做好市域内的城市和区域规划，以及倡导资源节约型的社会生产与生活方式，依靠科技进步，高效地利用现有资源，是徐州市提高生态承载力的有效途径（刘耀彬和宋学锋，2005）。

案例二 福建省生态经济系统的能值分析及可持续发展性评估

一、研究区概况及研究方法

（一）研究区概况

福建省位于我国东南部，东海之滨，位于东经 115°50′~120°43′，北纬 23°32′~28°19′，土地面积 12.14 万 km^2，总人口 3511 万（2004 年底）。全省地貌总体特征是山地多、平原少，山地丘陵面积占土地总面积的 85% 以上，是我国典型的山地丘陵省份。福建省为热带季风气候，四季分明，年平均气温从北向南为 17~21℃，最热月 7 月平均气温为 27~29℃，最冷月 1 月平均气温为 5~13℃。年降水量为 1000~2200mm，降水季节分布不均，有明显的干季和湿季，其中 80% 的降水量集中在 3~9 月，降水量从西北内陆向东南沿海递增。

（二）研究方法

按能值理论的分析步骤和方法，收集 1982~2005 年的《福建统计年鉴》《福建经济年鉴》和其他相关资料，将各种物质和能量折算成能值量（本书采用 9.44×10^{24} sej/a 的全球能值功率基准），编制能值分析表进行分析。

二、结果及分析

由福建省生态经济系统能值分析表（由于篇幅有限，所涉数据计算量较大，本部分未列出具体计算过程）归并、简化得到福建省生态经济系统能值分析汇总表（表 8-7），并以 2004 年福建省的能值分析指标与其他国家和地区进行对比，得到表 8-8。分析 1981~2004 年福建省经济发展的主要能值指标的变化趋势，分析结果见图 8-3~图 8-11。

表 8-7 1981~2004 年福建省生态经济系统能值分析汇总表

项目	说明（单位）	1981年	1984年	1987年	1990年	1993年	1996年	1999年	2002年	2004年
1.可更新资源流量	R（10^{22}sej/a）	1.56	1.58	1.60	2.01	1.41	1.40	1.63	1.80	1.42
2.不可更新资源流量	N（10^{22}sej/a）	2.01	2.51	3.33	4.24	5.82	8.14	9.86	11.87	15.59
其中：农村粗放使用的资源	N_0（10^{22}sej/a）	0.47	0.47	0.47	0.47	0.47	0.45	0.45	0.43	0.43
集约使用的资源	N_1（10^{22}sej/a）	1.52	2.02	2.82	3.71	5.26	7.60	9.30	11.29	15.00
未加工出口的货物及原料	N_2（10^{22}sej/a）	0.02	0.02	0.04	0.06	0.09	0.09	0.11	0.15	0.16
3.进口能值流量	IMP（10^{22}sej/a）	0.21	0.15	0.37	0.56	1.61	1.55	1.71	2.42	3.33
4.出口能值流量	EXP（10^{22}sej/a）	0.11	0.18	0.32	0.61	1.04	1.10	1.47	2.57	3.93
5.总能值使用量	$U=R+N_0+N_1+$IMP	3.76	4.22	5.26	6.75	8.75	11.00	13.09	15.94	20.18

续表

项目	说明（单位）	1981年	1984年	1987年	1990年	1993年	1996年	1999年	2002年	2004年
6.福建自给能值占总能值使用量比率	$(R+N_0+N_1)/U$	0.94	0.96	0.93	0.92	0.82	0.86	0.87	0.85	0.83
7.能值密度	U/面积（10^{11}sej/m²）	3.10	3.48	4.33	5.56	7.21	9.06	10.78	13.13	16.62
8.人均能值使用量	U/人口（10^{15}sej）	1.47	1.55	1.83	2.22	2.78	3.37	3.95	4.60	5.75
9.可更新资源所承载的人口容量	(R/U)×人口（10^7人）	1.06	1.02	0.87	0.90	0.51	0.42	0.41	0.39	0.25
10.考虑可更新资源和进口资源的人口容量	8(R/U)×人口（10^7人）	8.51	8.15	7.00	7.23	4.06	3.32	3.30	3.13	1.98
11.电力能值	E（10^{22}sej/a）	0.31	0.39	0.56	0.78	1.12	1.63	2.04	3.05	3.78
12.电力占总能值使用量的比例	E/U	0.08	0.09	0.11	0.12	0.13	0.15	0.16	0.19	0.19
13.能值货币比率	U/GDP（10^{12}sej/美元）	6.34	7.50	7.01	6.75	4.49	3.57	3.05	2.82	2.76
14.能值投入率	IMP/$(R+N)$	0.06	0.04	0.08	0.09	0.22	0.16	0.15	0.18	0.20
15.净能值产出率（NEYR）	$(R+N+\text{IMP})$/IMP	18.00	28.27	14.32	12.16	5.49	7.16	7.72	6.65	6.11
16.环境负荷率（ELR）	$(U-R)/R$	1.41	1.67	2.29	2.36	5.21	6.86	7.03	7.86	13.21
17.能值交换率（EER）	IMP/EXP	1.91	0.83	1.16	0.92	1.55	1.41	1.16	0.94	0.85
18.能值可持续发展指数（ESI）	NEYR/ELR	12.77	10.55	6.25	5.15	1.63	1.05	1.10	0.85	0.46

表8-8　2004年福建省能值分析指标与其他国家和地区比较

国家/区域	环境负荷率	能值货币比率/（10^{12}sej/美元）	能值自给率/%	能值密度/（10^{11}sej/m²）	电力能值使用量比例/%	人均能值使用量/10^{15}sej
福建省	13.21	2.76	83.00	16.62	19.00	5.75
江苏省	23.16	3.02	76.10	30.60	20.80	4.28
浙江省	11.25	2.82	84.50	20.20	21.80	4.50
新疆维吾尔自治区	0.18	14.70	91.10	1.25	5.87	11.70
甘肃省	3.73	11.88	99.27	3.11	11.36	5.62
西藏自治区	0.03	628.21	99.00	1.99	0.08	113.43
美国	7.06	2.55	77.00	7.00	20.00	29.25
澳大利亚	0.86	6.37	92.00	1.42	6.80	59.00
新西兰	0.81	3.04	60.00	1.94	15.00	25.32
荷兰	15.90	2.23	23.00	100.00	10.00	26.44
意大利	9.47	1.46	38.00	42.03	14.00	22.00
西班牙	7.20	1.46	24.00	3.12	22.00	1.56
瑞士	7.44	0.72	19.00	17.70	32.00	11.51
印度	1.02	6.37	88.00	2.05	10.00	1.07
泰国	1.04	3.50	70.00	2.15	10.80	3.18
巴西	0.75	8.33	91.00	2.08	8.00	14.73

注：福建省的数据来源于本书。其中江苏省、浙江省、新疆维吾尔自治区、甘肃省、西藏自治区的数据分别是相应省份2000年、2000年、1999年、2000年、1989年的研究结果，其他国家和地区是Odum（1996）对有关国家1987~1995年的研究结果。

（一）净能值产出率

从图 8-3 来看，福建省的净能值产出率先由 1981 年的 18.00，呈近似指数曲线形式下降到 2004 年的 6.11（表 8-7）。24 年来，福建省净能值产出率大幅度下降，是由福建经济快速发展，进口资源和劳务能值大幅度增加所致，即 IMP 从 1981 年的 0.21×10^{22}sej/a，增加到 2004 年的 3.33×10^{22}sej/a（表 8-7），上升了 14.86 倍。按能值理论，这表明福建经济系统得到巨大发展，其科技发展水平、产业的区际竞争力水平已有很大提高，已由资源输出型生态经济区向资源输入型生态经济区转变；同时也表明福建省生态经济系统净效益下降，即投入相同经济能值条件下，所得到的产出能值较以前大为下降。

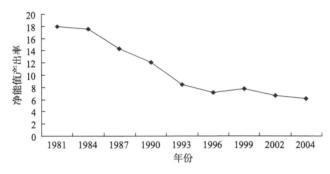

图 8-3　福建省净能值产出率变化图

（二）能值投入率

能值投入率的值越大表明系统的经济发展程度越高，对资源条件的压力也越大，反之亦然。过大的能值投入率表明系统输入了大量购买能值，因而将使其产品竞争力降低。相反，如果某一生产系统具有较低的能值投入率，则表明其经济投资低，需要购买的能值少，其生产的产品能以较低的价格出售，因而具有较强的市场竞争力。一个经济系统要有竞争力，必须具有低能值的可更新资源和高能值的能量适当搭配，即必须遵循能值投入搭配原则。1981～2004 年福建省的能值投入率近乎线性变化（图 8-4）：其值由 1981 年的 0.06 上升到 2004 年的 0.20，已远高于新疆（0.09）的水平，但仍显著低于世界平均值（2.0）和印度（2.4）等发展中国家。福建省能值投入率快速增加，表明福建省的经济系统得到了快速的发展，但其增长仍主要依靠本土资源的大量开发。

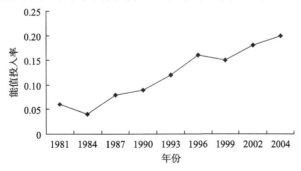

图 8-4　福建省能值投入率变化图

（三）人均能值使用量

人均能值使用量是从宏观生态经济学能量角度反映人民生活水平的高低。这一指标比传统的人均收入更能反映一个国家或地区的生活水平高低。因为个人拥有的财富除了由货币体现的经济能值之外，还包括没有被市场货币量化的自然环境无偿提供的能值、与他人物物交换而未参与货币流的能值等。人均能值使用量是反映人民生活水平的一个指标，其值越大，表明该区域人均享受的能值越高。

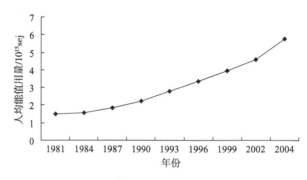

图 8-5　福建省人均能值使用量变化图

福建省人均能值使用量由 1981 年的 1.47×10^{15}sej 近乎直线上升到 2004 年的 5.75×10^{15}sej（图 8-5），表明 24 年来福建省人民生活水平得到了极大提高，其水平目前已超过世界平均水平（3.86×10^{15}sej）和印度（1.07×10^{15}sej）、泰国（3.18×10^{15}sej）等发展中国家，但仍显著低于美国（29.25×10^{15}sej）、澳大利亚（59.00×10^{15}sej）、新西兰（25.32×10^{15}sej）等发达国家和国内的新疆（11.70×10^{15}sej），其原因是受总能值使用量（U）和人口数量的制约，发达国家由于总能值使用量大，人口又少，因而人均能值使用量都很高，而一些不发达国家和地区由于地广人稀，所以人均能值使用量也比较大。福建省人均能值使用量虽有大幅度增长，但人均能值使用量仍不高，其主要原因就是人口数量众多，类似于浙江省（4.50×10^{15}sej）和江苏省（4.28×10^{15}sej）等发达地区（表 8-8）。

（四）能值货币比率

较高的能值货币比率说明每单位的货币所能购买的能值财富较多，经济开发程度低。发展中国家由于直接大量使用本国免费的自然资源，较少购买其他国家的资源产品，同时 GDP 较低，经济领域流通的货币量少，因而发展中国家一般都有较高的能值货币比率。而发达国家或地区由于大量购买外部资源，GDP 也较高，货币周转快，因而其能值货币比率均较低。

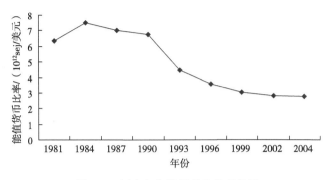

图 8-6　福建省能值货币比率变化图

福建省能值货币比率由 1981 年 6.34×10^{12}sej/美元上升到 1984 年 7.50×10^{12}sej/美元，然后一直下降到 2004 年 2.76×10^{12}sej/美元（表 8-7 和图 8-6），这主要是福建省的 GDP 快速增长造成的。2004 年福建省的能值货币比率已明显低于国内的甘肃（11.88×10^{12}sej/ 美元）、新疆（14.70×10^{12}sej/美元）等西部省（自治区）和印度（6.37×10^{12}sej/美元）、巴西（8.33×10^{12}sej/美元）、泰国（3.50×10^{12}sej/美元）等发展中国家，与美国（2.55×10^{12}sej/美元）、荷兰（2.23×10^{12}sej/美元）等发达国家和国内的浙江省（2.82×10^{12}sej/美元）、江苏省（3.02×10^{12}sej/美元）相当（表 8-8），表明 24 年来福建省已由经济不发达地区转变为经济发达地区。

（五）能值密度

能值密度描述了单位面积的能值使用量，它反映了被评价对象的经济发展强度和经济发展等级。能值密度越大，说明经济越发达，经济等级也越高。

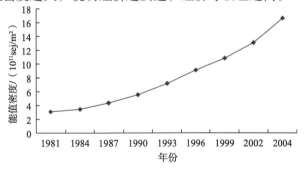

图 8-7　福建省能值密度变化图

从图 8-7 和表 8-8 可知，福建省能值密度从 1981 年的 3.10×10^{11}sej/m^{2}近乎直线上升至 2004 年的 16.62×10^{11}sej/m^2，已显著高于世界平均水平（1.36×10^{11}sej/m^2）和印度（2.05×10^{11}sej/m^2）、泰国（2.15×10^{11}sej/m^2）、巴西（2.08×10^{11}sej/m^2）等发展中国家，以及国内新疆（1.25×10^{11}sej/m^2）、甘肃（3.11×10^{11}sej/m^2）、西藏（1.99×10^{11}sej/m^2）等不发达地区，但仍低于周边的浙江（20.20×10^{11}sej/m^2）和江苏（30.60×10^{11}sej/m^2）两省。这表明 20 多年来，福建经济得到了快速增长，经济已比较发达，在国内的经济等级地位也明显提高，但仍低于浙江和江苏等省。

（六）电力能值使用量比例

福建省电力能值使用量比例由 1981 年的 8.00%呈线性增长到 2004 年的 19.00%（图 8-8），已远高于印度（10.00%）、泰国（10.80%）、巴西（8.00%）等发展中国家和国内的新疆（5.87%）、甘肃（11.36%）等西部省（自治区），与发达国家和浙江、江苏等省相当（表 8-8），这表明目前福建省的工业化、电气化水平和开发程度已较高。

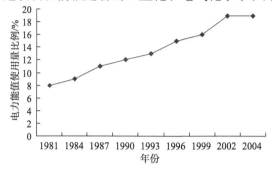

图 8-8 福建省电力能值使用量比例变化图

（七）环境负荷率

较大的环境负荷率表明经济系统的能值利用强度高，对环境的压力也较大。环境负荷率是经济系统的警示性指标，若系统长期处于较高的环境负荷率，系统功能将退化或散失。按能值理论观点，外界能值的大量输入和本地不可更新资源的过度开发是引起环境系统恶化的主要原因。

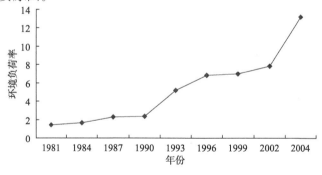

图 8-9 福建省环境负荷率变化图

从图 8-9 和表 8-7 可以看出，福建省环境负荷率由 1981 年的 1.41 上升到 2004 年的 13.21，其主要原因是福建省不可更新资源消耗和进口资源与劳务能值的不断增加。总的来看，福建省环境负荷率 1996 年就达 6.86，已接近 2004 年美国（7.06）、西班牙（7.20）、瑞士（7.44）等发达国家，到 2004 年则达 13.21，表明九年来福建省环境一直处于较高的压力状态下。

（八）能值可持续发展指数

如果一个国家和地区的净能值产出率高，而环境负荷率又低，则系统是可持续的，能值可持续发展指数越高意味着单位环境压力下的社会经济效益越高，系统可持续发展能力也越强。

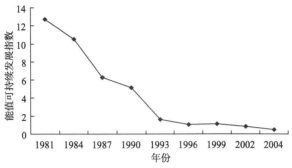

图 8-10　福建省能值可持续发展指数变化图

　　福建省的可持续发展能值指数曲线呈明显的指数下降（图 8-10），其值由 1981 年的 12.77 快速降至 2004 年的 0.46（表 8-7），其主要原因是净能值产出率的大幅度下降和环境负荷率的大幅度增加。能值可持续发展指数曲线大幅度下降的趋势表明，24 年来福建省对资源的开发利用急剧增加，经济的快速发展是由资源的大量消耗和环境负荷率不断增大所换来的。

（九）人口承载力

　　由图 8-11 和表 8-7 可知，1981～2004 年福建省可更新资源所承载的人口容量与考虑可更新资源和进口资源的人口容量变化均比较大，后者由 8.51×10^7 人下降到 1.98×10^7 人，前者则由 1.06×10^7 人下降到 0.25×10^7 人。福建省人口承载力的大幅度下降是总能值使用量和人均能值使用量急剧增加，即总能值使用量的提高，资源环境压力增大造成的。以 2004 年为例，福建省人口已达 3.511×10^7 人，为考虑可更新资源和进口资源的人口容量（1.98×10^7 人）的 1.77 倍。这表明福建省人口数量对经济发展已开始产生一定的阻碍作用。

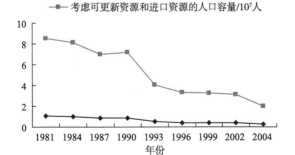

图 8-11　福建省人口承载力变化图

三、能值指标与时间的回归分析及其预测

　　从福建省各项能值指标变化趋势图（图 8-3～图 8-11）中可以看出，各项能值指标

随着时间推移均呈现类似线性或指数函数的变化，因此对各项能值指标与时间（年数，1981 年视为第 1 年，1984 为第 4 年，以此类推）进行了方程拟合，并对拟合的方程进行了显著性检验（表 8-9）。由表 8-9 可以看出，各项能值指标与时间之间都存在明显的相关关系，并且有很高的置信度，因此利用这些方程对福建省 2010 年（第 30 年）的各项能值指标进行预测，以期了解其生态经济系统未来的发展状况。

表 8-9　福建省能值指标与时间的回归分析

能值指标	R^2	F 值	显著性	回归方程	2004 年值	2010 年值
NEYR	0.941	110.90	<0.001	$y=19.481\,e^{-0.051x}$	6.12	4.22
EIR	0.943	114.89	<0.001	$y=0.033+0.007x$	0.20	0.24
EUPP	0.990	663.84	<0.001	$y=1.261\,e^{0.061x}$	5.75×10^{15} sej	7.86×10^{15} sej
EDR	0.877	49.71	<0.001	$y=8.549e^{-0.049x}$	2.76×10^{12} sej/美元	1.97×10^{12} sej/美元
ED	0.995	1442.9	<0.001	$y=2.699\,e^{0.074x}$	16.62×10^{11} sej/m^2	24.85×10^{11} sej/m^2
FEE	0.986	507.35	<0.001	$y=0.08\,e^{0.038x}$	19%	25%
ELR	0.951	135.45	<0.001	$y=1.194e^{0.096x}$	13.21	21.27
ESI	0.954	146.32	<0.001	$y=16.344e^{-0.147x}$	0.46	0.20

从预测结果来看，2010 年福建省净能值产出率（NEYR）低至 4.22，净能值产出率降低表明，福建省经济生产效率将下降，需要进口大量资源，是资源输入区；环境负荷率（ELR）则为 21.27，已远超过一般发达国家水平（表 8-8）。按能值理论，若福建省生态经济系统长期处于这种条件下，系统将发生不可逆的功能退化或散失；而能值可持续发展指数（ESI）将达到 0.20 的极低水平，表明如按以往的发展模式，福建省生态经济系统的发展将是不可持续的。到 2010 年，其他能值指标如能值货币比率（EDR）为 1.97×10^{12} sej/美元、能值密度（ED）为 24.85×10^{11} sej/m^2、电力能值使用量比例（FEE）为 25%，都将达到或超过一般发达国家水平，而能值投入率（EIR）为 0.24、人均能值使用量（EUPP）则为 7.86×10^{15} sej，其值仍不太大，其原因是福建的经济增长仍主要靠本地资源并且福建省人口基数大，故能值投入率和人均能值使用量提高得并不快。

四、结论

（1）福建省 1981～2004 年能值投入率、人均能值使用量、能值密度、电力能值使用量比例不断上升，能值货币比率则持续下降，表明改革开放以来福建省的经济得到了巨大发展，人民生活水平、工业化电气化水平、经济地位得到极大提高，已从一个不发达地区转变为经济发达地区。

（2）福建省 1981～2004 年净能值产出率、能值可持续发展指数不断下降，环境负荷率不断升高，表明福建省已是资源的极大输入区，对本地不可更新资源进行了过度开发。这也说明，24 年来福建省经济的巨大发展是以资源大量消耗和环境破坏为代价而取得的，是一种西方发达国家所走过的、不可持续的发展模式。

（3）按各项能值指标的变化趋势线对 2010 年福建省的各项能值指标预测表明，其净能值产出率为 4.22，能值投入率为 0.24，环境负荷率为 21.27，能值可持续发展指数为 0.20。表明福建省若按以往的发展模式，其产品竞争力将迅速下降，资源环境压力过大，生态经济系统的功能将退化或散失（姚成胜和朱鹤健，2007）。

案例三　基于条件价值法的南昌市河湖生态系统的服务功能价值评估

随着城市水环境问题研究的不断深入，国内外对城市河湖生态系统服务功能价值的研究已取得了一定的成果。但是，现有的其他物理和经济模型不能定量测量环境物品的非利用价值，而条件价值法是目前使用最广的非使用价值评估方法。本案例采用条件价值法对南昌市河湖生态系统的服务功能价值进行评估，并对影响支付意愿的因素进行统计分析。

一、资料与方法

（一）研究区域概况

南昌市位于江西省中偏北部，长江以南，位于东经 115°27′~116°35′，北纬 28°09′~29°11′，处于江西第一、二大河流赣江、抚河下游，濒临中国第一大淡水湖——鄱阳湖（位于鄱阳湖西南侧）。2008 年底南昌城区面积约 240km^2，城区人口约 230 万人。"湖在城里，城在湖中"是对南昌水系特征的真实写照。主要有"一江两河八湖"（赣江，抚河故道、玉带河，东湖、西湖、南湖、北湖、青山湖、艾溪湖、象湖、梅湖）。南昌市多年平均年降水量 1589.0mm，降水主要集中在 3~6 月，约占全年降水量的 55%。2008 年人均水资源量 1140m^3，只有全省人均水资源量（3082m^3）的 37%。城区 5 个主要供水水源地，均优于和达到Ⅲ类水。但部分湖泊污染、淤积严重。据悉，该市 32 个湖泊重度污染的比例为 16%，有的湖泊水质仍呈下降趋势。例如，由于受到幸福渠沿岸数十家企业将未经处理的污水直接排入的影响，艾溪湖污染问题十分严重。

（二）研究方法

条件价值法通常以家庭或个人为样本，通过调查问卷的形式向被调查者询问一系列假设的问题，得到被调查者对服务或物品的支付意愿。再通过计算被调查者的平均支付意愿，并把样本扩展到研究区域整体，用平均支付意愿乘以总人口（户数），得到计划项目所带来的总经济价值。获得支付意愿的关键在于条件价值法问卷核心估值问题的设计。条件价值法问卷核心估值问题的提出方式可概括为开放式（open-ended，OE）、支付卡式（payment card，PC）和二分式（dichotomous choice，DC）。开放式问卷要求被调查者表明为获得所描述物品愿意支付的最大金额；支付卡式问卷则为被调查者提供一定范围内一系列金额数目，被调查者可以从中选择自己的最大支付意愿；二分式问卷（包括单边界二分式和双边界二分式）则给出一个具体的金额数目，询问被调查者是否愿意支付该数目。

实地调查之前，在南昌大学经济与管理学院对开放式问卷调查形式进行了预调查。在预调查过程中发现被调查者对某些问题的回答比较含糊，在请教相关专家及相关参考文献的基础上，根据被调查者的具体回答习惯对选项进行了修改，于 2010 年 6 月对南昌城区河湖附近的居民进行了随机的问卷调查。本次研究采用了环境经济学更支持的典型单边界二分式条件价值评估模式。在投标数额的支付单位上，相应地采用了每户每年的形式。调查问卷由三部分组成：①南昌市河湖的基本情况及综合整治的必要性；②条件价值评估问卷的核心部分，通过一系列问题，最终引导出人们的最大支付意愿；③被调查者的社会经济情况，包括性别、年龄、受教育程度、家庭年收入水平等。

单边界二分式调查问卷的核心估值问题如下：

生态改造工程需要大量资金，除市政投入外，可能需要其他融资渠道，您是否愿意从您的家庭收入中拿出一定的资金支持河湖改造工程？

愿意（ ）不愿意（ ）

如果未来三年内需要您每年从您的家庭收入中拿出__元支持这一计划，您是否同意？

同意（ ）不同意（ ）

本次调查问卷的样本数量为 195 份，基于 Cooper（1993）的研究和预调查的调查结果，确定了 13 个初始投标值：2 元、5 元、10 元、15 元、20 元、35 元、50 元、75 元、100 元、150 元、200 元、250 元、300 元，总样本在各投标数上平均分配。

二、结果与分析

（一）调查问卷的回收结果分析

调查采用随机抽样的方法，共发放问卷 195 份，收回有效问卷 194 份，有效率达到 99.5%。虽然有些被调查者刚开始不愿意拿出资金支持河湖改造工程，但当他们看到投标值在自己的经济承受能力范围之内时，最终还是同意了从家庭收入中拿出一定资金支持河湖整治计划。另外，有些参与者虽然刚开始愿意拿出资金支持该计划，但看到投标值超出他们的能力范围时，他们最终就选择了不同意拿出这些资金，但他们表示如果投标值在他们的经济能力范围之内，他们就同意拿出一定资金支持该计划。所以这两种问卷也被认为是有效问卷。所有的有支付意愿的 194 个参与者的基本社会经济情况统计如表 8-10 所示。

表 8-10 DC 样本特征

个人特征	类别	人数
性别	男	96
	女	98
年龄/岁	18～22	7
	22～30	22
	30～40	37

续表

个人特征	类别	人数
年龄/岁	40～50	43
	50～60	47
	60 以上	38
受教育程度	小学及以下	30
	初中	49
	高中及三校	57
	大专或本科	47
	研究生及以上	11
家庭年收入水平/元	5000 以下	53
	5000～10000	50
	10000～20000	41
	20000 以上	50
对城市河湖现状的满意程度	非常不满意	59
	不太满意	105
	满意	30
河湖生态恢复对于生活改善的重要程度	一般	32
	重要	162
	不重要	0
对服务部门的信任程度	不信任	79
	部分信任	78
	信任	37

注：表中的三校指中专、职校、技校。

对调查所得到的数据，本次研究应用 SPSS 16.0 统计软件进行分析处理，在此基础上对调查结果进行解析。表 8-11 给出支付意愿（willingness to pay，WTP）在各投标数额上的响应状况。

表 8-11　各投标数额上投标情况的统计

投标数额/元	2	5	10	15	20	35	50	75	100	150	200	250	300
同意	12	13	11	12	11	12	10	10	10	9	8	4	2
不同意	3	2	4	3	3	3	5	5	5	6	7	11	13
同意率/%	80.0	86.7	73.3	80.0	78.6	80.0	66.7	66.7	66.7	60.0	53.3	26.7	13.3

（二）支付意愿的结果分析

Hanemann（1984）认为在条件价值法的研究中，受访者的支付意愿呈 Logistic 分布或 log-Logistic 分布。仅以投标数额 A 为解释变量，受访者接受 A 的概率为被解释变量，对 Logistic 回归模型结果在区间（0，+∞）积分得到 WTP 数学期望（平均值），公式为

$$E(\text{WTP}) = (-1/\beta)\ln(1+e^{\alpha}) = (1/0.009)\ln(1+e^{1.529}) = 191.69 \text{ 元/（a·户）}$$

式中，α 为回归常数项；β 为投标数额 A 的回归系数。

居民对南昌市河湖生态系统服务改善的平均支付意愿为 191.69 元/（a·户），把样本扩展到整体，可以认为南昌市 63.92% 的城市居民对改善城市河湖生态环境具有正支付意愿，则具有正支付意愿的居民为 147.02 万人，根据调查统计，南昌城区约为 2.66 人/户，则南昌市河湖提供的总的生态服务价值为 1.06 亿元/ a。

（三）支付意愿的影响因素分析

在受访者接受投标数额的条件下，以投标数额和受访者个人社会经济信息为解释变量，采用二分类 Logistic 回归模型检验受访者接受投标数额 A 的决定因素。综合杨凯和赵军（2005）、梁勇等（2005）的研究，分析可能影响条件价值法支付意愿的因素，建立 Logistic 回归模型如下：

$$\text{Logit}(P)=\beta_0+\beta_1(\text{Bid})+\beta_2(\text{Edu})+\beta_3(\text{Inc})+\beta_4(\text{Gen})+\beta_5(\text{Age})+\beta_6(\text{Nea})+\beta_7(\text{Num})+\beta_8(\text{Sat})+\beta_9(\text{Bel})+\beta_{10}(\text{Imp})$$

式中，β_0 为常数项；β_1、β_2、β_3、β_4、β_5、β_6、β_7、β_8、β_9、β_{10} 为回归系数；Bid 为给定的投标值；Edu 为受教育程度；Inc 为家庭年收入水平；Gen 为被调查者的性别；Age 为被调查者的年龄；Nea 为是否为附近居民；Num 为家庭人口数；Sat 为被调查者对城市河湖现状的满意程度；Bel 为被调查者对服务部门的信任程度；Imp 为居民对河湖生态恢复对于生活改善的重要程度认识。所有的变量都设为分类变量，并进行自变量的筛选及 Logistic 逐步回归。在 0.05 的显著性水平上，Bid 首先被引入回归模型，第二步 Edu 也被纳入回归模型，其中，Edu（1）=初中；Edu（2）=高中及三校；Edu（3）=大专或本科；Edu（4）=研究生及以上。表 8-12 列出了系数统计显著的变量，并给出了回归模型的计算结果。

表 8-12　Logistic 回归分析模型计算结果

		回归系数	标准误	显著水平	95%下限	95%上限
步骤 1[a]	Bid	−0.009	0.002	0.000	0.987	0.994
	常数项	1.518	0.243	0.000		
步骤 2[b]	Edu			0.030		
	Edu（1）	1.438	0.536	0.007	1.473	12.039
	Edu（2）	0.692	0.499	0.166	0.751	5.315
	Edu（3）	1.520	0.538	0.005	1.595	13.119
	Edu（4）	21.324	1.173	0.999	0.000	.
	Bid	−0.009	0.002	0.000	0.987	0.994
	常数项	0.465	0.427	0.276		

a 引入 Bid 变量；b 引入 Edu 变量。

根据模型计算结果及调查过程中的访谈，得出居民对改善城市河湖生态环境的支付意愿的影响因素主要有以下几点。

（1）投标值是影响居民支付意愿的最主要因素。投标值的系数统计检验在 0.01 水平上显著，而且系数为负值，说明在其他条件不变的情况下，被调查者面对的投标值越高，回答"不愿意"的可能性越大。

（2）受教育程度也是影响居民支付意愿的重要因素。从总体上讲，受教育程度的系数在 0.05 水平上显著。在实际调查过程中，受教育水平低的居民绝大部分为河湖附近的老户居民，一般年龄均在 50 岁以上，他们对河湖环境的变迁了解较清楚，对改善河湖生态环境的愿望较强烈；受教育水平较高的居民也具有较高的支付意愿；研究生以上的被调查者几乎都为南昌市的在校学生，他们的支付能力有限。

（3）在调查样本中有 63.92%的居民对给定的投标值有支付意愿。一些居民不愿意支付还有以下原因：一是他们认为已经缴纳了税收，就不应该再额外拿出治理河湖生态环境的费用；二是对相关部门治理河湖生态环境没有信心；三是有些被调查者认为河湖生态环境退化是由企业排污所致，应由责任者承担治理费用；四是有些被调查者认为河湖生态环境的治理属于公共服务，应由政府承担治理费用。

三、结论与讨论

本案例利用二分式条件价值评估模式研究的基本目的在于初步估算南昌市河湖生态系统服务改善的支付意愿及该城市河湖资源的总经济价值。研究表明，居民对南昌市河湖生态系统服务改善的平均支付意愿约为 191.69 元/（a·户），初步估算出南昌市河湖生态环境改善后的生态服务价值约为 1.06 亿元/a。回归分析结果表明，居民的支付意愿受到投标值和受教育程度等因素的显著影响。

尽管有文献的前导性研究作基础确定初始投标值，但是在实际问卷发放中由于是随机发放，经常碰到低收入者遇到高投标值，而高收入者遇到低投标值的现象。二分式问卷碰到这种现象的时候，揭示参与者的真实支付意愿就会存在偏差。而且受有限的样本容量与条件价值法研究结果本身具有的不确定性和改善河湖生态环境时间上的持续性等因素所限，要想做出一个精确的价值估计具有相当大的难度。但是条件价值法得到的分析结果为自然资源和环境保护的决策提供了一个定量框架，即使研究结果只是数量级的估算，也证明了投资改善城市河湖生态环境将产生巨大的经济效益（刘耀彬和蔡潇，2011）。

第九章 自然资源配置优化模型与案例

第一节 自然资源配置问题

一、基本概念

资源的稀缺性决定了实现资源的最佳利用的重要性。任何一个社会，都必须通过一定的方式把有限的资源合理地分配到社会的各个领域中去。

资源配置是指用最少的资源耗费，生产出最适用的商品和劳务并获取最佳的效益。资源配置合理，就能节约资源，带来巨大的社会经济效益；反之，则会造成社会性资源浪费。

二、资源合理配置的意义

1. 目前存在的问题

随着社会和经济的发展，人们对资源的需求也在增加。然而，大多数资源都是不能再生的。

目前我国资源主要存在三个问题：①到 21 世纪二三十年代，我国人口将接近或突破 15 亿大关，人均资源将大大减少，以耕地为中心的农业资源将接近其承载能力极限；②大庆等主力油田和多数有色金属统配矿山已步入晚期，如果地质勘探没有取得重大突破，未来的能源和原材料将更趋紧张；③我国的自然资源开发利用服从计划性指令，而不是根据资源的实际分布情况和生态环境状况进行运作，致使资源浪费严重，生态破坏剧烈（周跃龙等，2003）。

因此，合理配置资源，使资源得到有效利用是经济发展的一项重大任务，对国民经济和社会发展计划都具有十分重要的意义（陆亚洲，1994）。

2. 合理配置自然资源的方法

合理配置自然资源应同时依靠市场和国家。在市场经济体制下，市场机制是资源配置的基础性力量。但市场配置资源在客观上存在许多不足，因此国家可以通过各种各样的方式，把掌握的或控制的资源转移分配到亟须发展的项目领域。

优化自然资源配置的方法多种多样，各有侧重。本章主要介绍多目标规划、随机决策和模糊数学等方法在自然资源配置中的作用及其运用。

第二节　自然资源配置优化方法与模型

一、多目标规划方法

1. 多目标规划

多目标规划是在生产管理和经营活动中，为了合理利用有限自然资源以得到最好的经济效果，给定若干目标以及实现这些目标的优先顺序，并使总的偏离目标值的偏差最小（张洪波和张启生，2009）。

2. 多目标规划模型的建立步骤

多目标规划模型的建立一般有以下步骤。

（1）确定决策变量；

（2）确定目标函数即线性方程，它含有代表解决问题的目标决策变量，可以表示在选择不同决策变量值对目标的各种影响；

（3）确定约束条件即含有决策变量的线性表达式，它对于可能做出的决策规定限制条件，对决策变量取满足这些约束条件的不同值，就可以产生各种待选方案（刘国全等，2010）。

3. 多目标规划的具体模型

对于多目标规划问题，一般可以将其数学模型描写为如下形式：

$$Z = F(X) = \begin{pmatrix} \max(\min) f_1(X) \\ \max(\min) f_2(X) \\ \vdots \\ \max(\min) f_k(X) \end{pmatrix} \tag{9-1}$$

$$\phi(X) = \begin{pmatrix} \phi_1(X) \\ \phi_2(X) \\ \vdots \\ \phi_m(X) \end{pmatrix} \leqslant G = \begin{pmatrix} g_1 \\ g_2 \\ \vdots \\ g_m \end{pmatrix} \tag{9-2}$$

式中，$X = (x_1, x_2, \cdots, x_n)^{\mathrm{T}}$ 为决策变量向量。

如果将式（9-1）和式（9-2）进一步缩写，即

$$\max(\min) Z = F(X) \tag{9-3}$$

$$\phi(X) \leqslant G \tag{9-4}$$

式中，$Z=F(X)$ 为 k 维函数向量，k 为目标函数的个数；$\phi(X)$ 为 m 维函数向量；G 为 m 维常数向量，m 为约束方程的个数。

对于线性多目标规划问题，式（9-3）和式（9-4）可以进一步用矩阵表示：

$$\max(\min)Z = AX \qquad\qquad (9\text{-}5)$$

$$BX \leqslant b \qquad\qquad (9\text{-}6)$$

式中，X 为 n 维决策变量向量；A 为 $k\times n$ 矩阵，即目标函数系数矩阵；B 为 $m\times n$ 矩阵，即约束方程系数矩阵；b 为 m 维的向量，约束向量。

多目标规划模型有多种解法，如目标达到法。用目标达到法求解多目标规划的计算过程，可以通过调用 MATLAB 软件系统优化工具箱中的 fgoalattain 函数实现，即对于多目标规划：

$$\min\left(f_1(x), f_2(x), \cdots, f_m(x)\right)$$
$$\text{s.t. } g_i(x) \leqslant 0, \ i=1,2,\cdots,n \qquad\qquad (9\text{-}7)$$

先设计与目标函数相应的一组目标值理想化向量 $f_1^*, f_2^*, \cdots, f_m^*$，再设 γ 为一松弛因子标量。设 $W=(w_1, w_2, \cdots, w_m)$ 为权值系数向量。于是多目标规划问题化为

$$\min_{x,y} \gamma$$
$$f_j(x) - w_j\gamma \leqslant f_j^* \qquad\qquad (9\text{-}8)$$
$$g_i(x) \leqslant 0, \ i=1,2,\cdots,k$$

将式（9-8）中的相关数据以程序方式录入 MATLAB 软件，进行编程运算，便可得到最佳方案（徐建华，2006）。

多目标规划是数学规划方法中较为成熟的方法之一，软件运行操作比较简单，并且可以很快地、有效地求解很大的线性规划问题。所以许多复杂的自然资源规划问题常常构建或尽可能简化为多目标规划模型求解。

二、随机决策方法

（一）随机型决策问题

1. 决策问题

决策通常指根据预定的目标做出的行动决定。在实际问题中，对于一个需要处理的事件，面临的客观条件和可供选择的方案就构成了一个决策问题。其中，每种客观条件称为一个自然状态(简称状态或条件)，可供选择的方案称为行动方案(简称方案或策略)。每种行动方案在各种自然状态下所获的报酬或付出的成本称为益损值。

2. 决策问题的分类

根据人们对决策问题的自然状态的认识程度，可以把决策问题划分为两种基本类型：确定型决策问题和随机型决策问题，如图 9-1 所示。

确定型决策问题，指决策者已经完全确切地知道将发生什么样的自然状态，从而可以在既定的状态下选择最佳行动方案。随机型决策问题，指决策者所面临的各种自然状

态将是随机出现的。随机型决策问题可进一步分为风险型决策问题和非确定型决策问题。风险型决策问题指决策者所面临的每种自然状态发生的概率是已知或可以预先估计的，而非确定型决策问题指决策者所面临的每种自然状态发生的概率是未知或无法预先估计的。

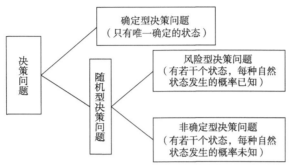

图 9-1　决策问题的分类及特点

3. 随机型决策问题的条件

随机型决策问题须具备以下几个条件：①存在着决策者希望达到的明确目标；②存在着不依决策者的主观意志为转移的两种以上的自然状态；③存在着两种以上的可供选择的行动方案；④不同行动方案在不同自然状态下的益损值可以计算出来。

（二）风险型决策问题决策方法

许多资源配置问题，常常需要在自然、经济、技术、市场等难以控制或完全了解的因素共存的环境下做出决策，因此，风险型决策问题决策方法是必不可少的方法。

风险型决策问题常用的决策方法主要有：最大可能法、期望值决策法、树型决策法、灵敏度分析法、效用分析法等。

1. 最大可能法

最大可能法，指在解决风险型决策问题时，将一个概率最大的自然状态视作将要发生的唯一确定的状态，而忽略其他概率较小的自然状态，通过比较各行动方案在最大概率的自然状态下的益损值来进行决策。其实质是将大概率事件看成必然事件，小概率事件看成不可能事件，从而将风险型决策问题转化成确定型决策问题。

其应用的条件为：①在一组自然状态中，某一自然状态出现的概率比其他自然状态出现的概率大很多；②各行动方案在各自然状态下的益损值差别不是很大。

2. 期望值决策法及其矩阵运算

1）期望值决策法

期望值决策法，指计算各方案的期望益损值，并以它为依据，选择平均收益最大或者平均损失最小的方案作为最佳决策方案。

对于一个离散型的随机变量 X，它的数学期望为

$$E(X) = \sum_{i=1}^{n} x_i p_i \tag{9-9}$$

式中，x_i（$i=1,2,\cdots,n$）为随机变量 X 的各个取值；p_i 为 $X=x_i$ 的概率，即 $p_i=p(x_i)$。$E(X)$ 代表了它在概率意义下的平均值。

期望值决策法的计算过程如下。

（1）把每个行动方案看成一个随机变量，而它在不同自然状态下的益损值就是该随机变量的取值；

（2）把每一个行动方案在不同的自然状态下的益损值与其对应的状态概率相乘，再相加，计算该行动方案在概率意义下的平均益损值；

（3）选择平均收益最大或平均损失最小的行动方案，作为最佳决策方案。

2）期望值决策法的矩阵运算

假设某风险型决策问题，有 m 个方案 $B_1,B_2,\cdots,B_m$；有 n 个状态 $\theta_1,\theta_2,\cdots,\theta_n$，各状态的概率分别为 $P_1,P_2,\cdots,P_n$。如果在状态 θ_j 下采取方案 B_i 的益损值为 a_{ij}（$i=1,2,\cdots,m$；$j=1,2,\cdots,n$），则方案 B_i 的期望益损值为

$$E(B_i)=\sum_{j=1}^{n}a_{ij}p_j，\quad i=1,2,\cdots,m \tag{9-10}$$

如果引入下述向量：

$$B=\begin{bmatrix}B_1\\B_2\\\vdots\\B_m\end{bmatrix}\quad E(B)=\begin{bmatrix}E(B_1)\\E(B_2)\\\vdots\\E(B_m)\end{bmatrix}\quad P=\begin{bmatrix}P_1\\P_2\\\vdots\\P_n\end{bmatrix} \tag{9-11}$$

及矩阵

$$A=\begin{bmatrix}a_{11}&a_{12}&\ldots&a_{1n}\\a_{21}&a_{22}&\ldots&a_{2n}\\\vdots&\vdots&&\vdots\\a_{m1}&a_{m2}&\ldots&a_{mn}\end{bmatrix} \tag{9-12}$$

则矩阵运算形式为

$$E（B）=AP \tag{9-13}$$

3. 树型决策法

树型决策法，是研究风险型决策问题经常采取的决策方法。树型决策法的决策依据是各个方案的期望益损值，决策的原则一般是选择期望收益值最大或期望损失值（成本或代价）最小的方案作为最佳决策方案。

1）决策树

决策树是树型决策法的基本结构模型，它由决策点、方案分枝、状态节点、概率分枝和结果点等要素构成（图 9-2）。

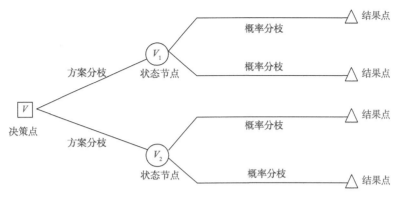

图 9-2　决策树结构示意图

在图 9-2 中，小方框代表决策点，由决策点引出的各分枝线段代表各个方案，称为方案分枝；方案分枝末端的圆圈称为状态节点；由状态节点引出的各分枝线段代表各种状态发生的概率，称为概率分枝；概率分枝末端的小三角代表结果点。

树型决策法进行风险型决策分析的逻辑顺序为树根→树干→树枝，最后向树梢逐渐展开。各个方案的期望益损值的计算过程恰好与分析问题的逻辑顺序相反，它一般是从每一个树梢开始，经树枝、树干，逐渐向树根进行。

2）一般步骤

（1）画出决策树。把一个具体的决策问题，由决策点逐渐展开为方案分枝、状态节点，以及概率分枝、结果点等。

（2）计算期望益损值。在决策树中，由树梢开始，经树枝、树干，逐渐向树根，依次计算各个方案的期望益损值。

（3）剪枝。将各个方案的期望益损值分别标注在其对应的状态节点上，进行比较优选，将优胜者填入决策点，用"‖"号剪掉舍弃方案，保留被选取的最优方案。

4. 灵敏度分析法

灵敏度分析指对可能产生的数据变动是否会影响最佳决策方案的选择进行分析。

风险型决策问题的各方案的期望益损值是在对状态概率预测的基础上求得的，而此种预测会受到许多不可控因素的影响，基于状态概率预测结果的期望益损值也会产生一定的误差，因而进行灵敏度分析很有必要。

5. 效用分析法

决策者的主观因素会对决策过程产生影响。面对同一决策问题，不同的决策者对相同的利益和损失的反应不同。即便是对于相同的决策者，在不同的时期和情况下，这种反应也不相同。这就是决策者的主观价值概念，即效用值概念。

效用分析法的主要步骤如下。

1）画出效用曲线（图 9-3）

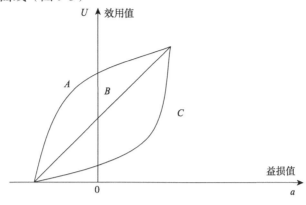

图 9-3 效用曲线

以益损值为横坐标，以效用值为纵坐标。规定：益损值的最大效用值为 1，益损值的最小效用值为 0，其余数值可以采用向决策者逐一提问的方式确定。

效用函数（曲线）是对决策问题进行效用分析的关键。在图 9-3 中，曲线 A 是保守型决策者的效用曲线，不求大利，尽量避免风险，谨慎小心；曲线 C 是风险型决策者的效用曲线，谋求大利，不惧风险；曲线 B 是中间型决策者的效用曲线。

2）按效用值进行决策

（1）找出每一个行动方案在不同状态下的益损值的效用值；

（2）计算各个行动方案的期望效用值；

（3）选择期望效用值最大的方案作为最佳决策方案。

效用分析法在方案选择的过程中，不但考虑了决策问题的客观情况，还考虑了决策者的主观价值，因而更符合实际。

（三）非确定型决策问题决策方法

在非确定型决策问题中，状态的发生是随机的，各状态发生的概率也是未知的。因此这类问题的决策主要取决于决策者的素质、经验和决策风格等，没有一个完全固定的模式可循。

非确定型决策问题的几种较常用分析方法主要有乐观法、悲观法、折衷法、等可能性法、后悔值法。

1. 乐观法

乐观法，又称最大最大准则法，其决策原则是"大中取大"，即决策者持最乐观的态度，按照最好的可能性选择决策方案，决策时不放弃任何一个获得最好结果的机会，愿意以承担一定风险的代价去获得最大的利益。

假定某非确定型决策问题有 m 个方案 $B_1, B_2, \cdots, B_m$；有 n 个状态 $\theta_1, \theta_2, \cdots, \theta_n$。如果方案 B_i（$i=1, 2, \cdots, m$）在状态 θ_j（$j=1, 2, \cdots, n$）下的效益值为 $V(B_i, \theta_j)$，则乐观法的决策步骤如下。

（1）计算每一个方案在各状态下的最大效益值：$\max_j \{V(B_i, \theta_j)\}$。

（2）计算各方案在各状态下的最大效益值的最大值：$\max\limits_i \max\limits_j \{V(B_i,\theta_j)\}$。

（3）选择最佳决策方案：如果 $V(B_i^*,\theta_j^*)=\max\limits_i \max\limits_j \{V(B_i,\theta_j)\}$，则 B_i^* 为最佳决策方案。

2. 悲观法

悲观法，又称最大最小准则法或瓦尔德（Wold Becisia）准则法，其决策原则是"小中取大"，即决策者持最悲观的态度，按照最坏的可能性选择决策方案，总是把事情估计得很不利。

应用悲观法进行决策的步骤如下。

（1）计算每一个方案在各状态下的最小效益值：$\min\limits_j \{V(B_i,\theta_j)\}$。

（2）计算各方案在各状态下的最小效益值的最大值：$\max\limits_i \min\limits_j \{V(B_i,\theta_j)\}$。

（3）选择最佳决策方案：如果 $V(B_i^*,\theta_j^*)=\max\limits_i \min\limits_j \{V(B_i,\theta_j)\}$，则 B_i^* 为最佳决策方案。

3. 折衷法

折衷法既不非常乐观，也不非常悲观，而是通过一个系数 α（$0\leqslant\alpha\leqslant1$）表示决策者对客观条件估计的乐观程度。这在一定程度上可以克服乐观法与悲观法的损失信息过多和决策结果有很大的片面性的缺点。

应用折衷法进行决策的步骤如下。

（1）计算每一个方案在各状态下的最大效益值：$\max\limits_j \{V(B_i,\theta_j)\}$。

（2）计算每一个方案在各状态下的最小效益值：$\min\limits_j \{V(B_i,\theta_j)\}$。

（3）计算每一个方案的折衷效益值：$V_i=\alpha\max\limits_j \{V(B_i,\theta_j)\}+(1-\alpha)\min\limits_j \{V(B_i,\theta_j)\}$。

（4）计算各方案的折衷效益值的最大值 $\max\limits_i V_i$。

（5）选择最佳决策方案：如果 $\max\limits_i V_i=V^*$，则 B_i^* 为最佳决策方案。

4. 等可能性法

等可能性法，指在非确定型决策问题中，由于状态发生的概率未知，假设各个状态发生的概率是相等的决策方法。

等可能性法求解非确定型决策问题的步骤如下。

（1）假设各个状态发生的概率相等，即 $P_1=P_2=\cdots=P_n=\cdots$。

（2）计算各个方案的期望益损值，通过比较各个方案的期望益损值，选择最佳决策方案。

5. 后悔值法

后悔值法也称最小最大后悔值法，其决策的主要依据是后悔值。后悔值指某状态下的最大效益值与各方案的效益值之差。

对于一个实际的非确定型决策问题，当某一状态出现后，就能很容易地知道哪个方案的效益最大或损失最小。如果决策者在决策后感到后悔，为了避免事后遗憾太大，可以采用后悔值法进行决策。

应用后悔值法进行决策的步骤如下。

（1）计算每一个状态下各方案的最大效益值：$\max\limits_{i}\left\{V(B_i,\theta_j)\right\}=V\left(B^*,\theta_j\right)$。

（2）对于每一个状态下的各方案，计算其后悔值：$V_{ij}=V\left(B^*,\theta_j\right)-V\left(B_i,\theta_j\right)$。

（3）对于每一个方案，计算其最大后悔值：$\max\limits_{j}V_{ij}$。

（4）计算各方案的最大后悔值的最小值$\min\limits_{i}\max\limits_{j}V_{ij}$。

（5）选择最佳决策方案：如果$\min\limits_{i}\max\limits_{j}V_{ij}=V_{ij}$，则$B_i^*$为最佳决策方案。

三、模糊数学方法

（一）模糊数学的基本概念

美国控制论专家扎德 1965 年在 *Information and Control* 杂志上发表论文"Fuzzy set"，模糊数学从此诞生（Zadeh，1965）。

所谓模糊概念就是边界不清晰、外延不明确的概念。为了从数学上把模糊概念说清楚，扎德引入了模糊集合的概念。在一个模糊集合中，某些元素是否属于这个模糊集合并不是非此即彼的，而是模棱两可的，不能认为这些元素完全属于这个集合或完全不属于这个集合。例如，因为多高才能算作高个子是无法说清楚的，因此"高个子"是一个模糊概念。假设张三身高 1.70 m，则不能说他绝对是个高个子，也不能说他绝对不是个高个子。那么，怎样确定一个元素对某个模糊集合的隶属关系呢？方法很简单，就是用单位闭区间[0，1]中的某个数字来界定该元素隶属这个模糊集合的一种程度，称为隶属度。如上举例中的张三属于"高个子"这个模糊集的隶属度可根据常识与经验确定为 0.7。

集合是现代数学的基础。以模糊集合代替原来的分明集合，把经典数学模糊化，便产生了以模糊集合为基础的崭新的数学——模糊数学（孟广武，1998）。

普通集合都具有明确的外延，如对于元素 u 及集合 A，或者 $u\in A$，或者 $u\notin A$，二者必居其一，且仅居其一。模糊概念当然不能用普通集合论来表现。在集合论中结合考虑模糊因子是问题的关键所在，从而有必要将普通集合拓广为模糊集合。

设 U 是一论域，普通集合 A 是 u 的一个子集，A 完全可由其特征函数

$$x_A:U\to\{0,1\}$$

$$u\to\begin{cases}1,&\text{当}u\in A\\0,&\text{当}u\notin A\end{cases}$$

来刻画。模糊子集与普通子集的区别在于它的"边界"具有模糊性。对于普通子集，论域 U 中每一个元素或属于子集（即对子集的隶属度为1），或不属于子集（即对子集的隶属度为 0）。对于 U 的模糊子集，在 u 中存在这样的元素，它对模糊子集的隶属度不是 1 也不是 0，而是介于 0 和 1 之间的实数，所以只要把用特征函数表达集合的方法加以推

广，将{0，1}改成区间[0，1]，就可以得到模糊子集的定义。说 A 是论域 U 的一个模糊子集，指的是给定的一个映射

$$x_A : U \rightarrow \{0,1\}$$

$$u \rightarrow x_A(u) \in A$$

x_A 为 A 的隶属函数，$x_A(u)$ 为 u 对 A 的隶属度。由于模糊集可视为普通集的推广，因而基于集论的经典数学中的一套成熟方法便可相应地移植过来，这为讨论模糊集带来了极大的方便（孔德芳，1995）。

（二）模糊关系与模糊矩阵

1. 模糊关系

与模糊子集是普通集合的推广一样，模糊关系是普通关系的推广。

定义：所谓 X，Y 两集合的直积

$$X \times Y = \{(x,y) \mid a \in X, b \in Y\}$$

中的一个模糊关系 R，是指以 $X \times Y$ 为论域的一个模糊子集，序偶（x,y）的隶属度为 $\mu_R(x,y)$。一般地，若论域为 n 个集合的直积 $A_1 \times A_2 \times \cdots \times A_n$，则它所对应的是 n 元模糊关系 R，其隶属度函数为 n 个变量的函数 $\mu_R(a_1, a_2, \cdots, a_n)$。显然当隶属度函数值只取 "0" 或 "1" 时，模糊关系就退化为普通关系。

特别地，当 X=Y 时，R 称为 X 上各元素之间的模糊关系。

例1：设有七种物品：苹果、乒乓球、书、篮球、花、桃、菱形组成的一个论域 U，并设 $x_1, x_2, \cdots, x_7$ 分别为这些物品的代号，则 $U=\{x_1, x_2, \cdots, x_7\}$。现在就物品两两之间的相似程度来确定它们的模糊关系。

假设物品之间完全相似者为 "1"、完全不相似者为 "0"，其余按具体相似程度给出一个 0～1 的数，就可以确定出一个 U 上的模糊关系 R，列表如表 9-1 所示。

表 9-1 物品两两之间的模糊关系

R	苹果 x_1	乒乓球 x_2	书 x_3	篮球 x_4	花 x_5	桃 x_6	菱形 x_7
苹果 x_1	1.0	0.7	0	0.7	0.5	0.6	0
乒乓球 x_2	0.7	1.0	0	0.9	0.4	0.5	0
书 x_3	0	0	1.0	0	0	0	0.1
篮球 x_4	0.7	0.9	0	1.0	0.4	0.5	0
花 x_5	0.5	0.4	0	0.4	1.0	0.4	0
桃 x_6	0.6	0.5	0	0.5	0.4	1.0	0
菱形 x_7	0	0	0.1	0	0	0	1.0

2. 模糊矩阵

模糊关系可以用模糊矩阵、模糊图和模糊集等方法来表示。通常用模糊矩阵来表示二元模糊关系。

设论域 $X=\{x_1, x_2, \cdots, x_m\}$ 和 $Y=\{y_1, y_2, \cdots, y_n\}$，则 X 到 Y 模糊关系 R 可用 $m \times n$ 阶模

糊矩阵表示，即

$$R=\begin{bmatrix} r_{11} & r_{12} & \cdots & r_{1n} \\ r_{21} & r_{22} & \cdots & r_{2n} \\ \vdots & \vdots & & \vdots \\ r_{m1} & r_{m2} & \cdots & r_{mn} \end{bmatrix}$$

式中，$r_{ij}=R(x_i,y_j)\in[0,1]$ 表示 (x_i,y_j) 关于模糊关系 R 的相关程度。

又若 R 为布尔矩阵时，则关系 R 为普通关系，即 x_i 与 y_j 之间要么有关系（$r_{ij}=1$），要么没有关系（$r_{ij}=0$）。

3. 模糊关系的运算

由于模糊关系 R 就是 $X×Y$ 的一个模糊子集，因此模糊关系同样具有模糊子集的运算及性质。

设 R，R_1，R_2 均为从 X 到 Y 的模糊关系。

相等：$R_1=R_2\Leftrightarrow R_1(x,y)=R_2(x,y)$；

包含：$R_1\subseteq R_2\Leftrightarrow R_1(x,y)\leqslant R_2(x,y)$；

并：$R_1\cup R_2$ 的隶属函数为 $(R_1\cup R_2)(x,y)=R_1(x,y)\vee R_2(x,y)$；

交：$R_1\cap R_2$ 的隶属函数为 $(R_1\cap R_2)(x,y)=R_1(x,y)\wedge R_2(x,y)$；

补：R^c 的隶属函数为 $R^c(x,y)=1-R(x,y)$。

$(R_1\cup R_2)(x,y)$ 表示 (x,y) 对模糊关系"R_1 或者 R_2"的相关程度，$(R_1\cap R_2)(x,y)$ 表示 (x,y) 对模糊关系"R_1 且 R_2"的相关程度，$R^c(x,y)$ 表示 (x,y) 对模糊关系"非 R"的相关程度。

并（交、补）运算：两个模糊矩阵对应元素取大（取小、取补）作为新元素的矩阵，称为它们的并（交、补）运算。

例2：

$$R=\begin{bmatrix} 0.7 & 0.5 \\ 0.9 & 0.2 \end{bmatrix} B=\begin{bmatrix} 0.4 & 0.3 \\ 0.6 & 0.8 \end{bmatrix}$$

$$R\cup B=\begin{bmatrix} 0.7\vee 0.4 & 0.5\vee 0.3 \\ 0.9\vee 0.6 & 0.2\vee 0.8 \end{bmatrix}=\begin{bmatrix} 0.7 & 0.5 \\ 0.9 & 0.8 \end{bmatrix}$$

$$R\cap B=\begin{bmatrix} 0.7\wedge 0.4 & 0.5\wedge 0.3 \\ 0.9\wedge 0.6 & 0.2\wedge 0.8 \end{bmatrix}=\begin{bmatrix} 0.4 & 0.3 \\ 0.6 & 0.2 \end{bmatrix}$$

$$R^c=1-\begin{bmatrix} 0.7 & 0.5 \\ 0.9 & 0.2 \end{bmatrix}=\begin{bmatrix} 0.3 & 0.5 \\ 0.1 & 0.8 \end{bmatrix}$$

4. 模糊关系的合成

设 R_1 是 X 到 Y 的关系，R_2 是 Y 到 Z 的关系，则 R_1 与 R_2 的合成 $R_1\circ R_2$ 是 X 到 Z 上的一个关系。

$$(R_1\circ R_2)(x,z)=\vee\{[R_1(x,y)\wedge R_2(y,z)]|y\in Y\}$$

当论域为有限时，模糊关系的合成化为模糊矩阵的合成。

设 $X=\{x_1,x_2,\cdots,x_m\}$，$Y=\{y_1,y_2,\cdots,y_s\}$，$Z=\{z_1,z_2,\cdots,z_n\}$，且 X 到 Y 的模糊关系 $R_1=(a_{ik})_{m\times s}$，

Y 到 Z 的模糊关系 $R_2 = (b_{kj})_{s \times n}$，则 X 到 Z 的模糊关系可表示为模糊矩阵的合成：

$$R_1 \circ R_2 = (c_{ij})_{m \times n},$$

式中，$c_{ij} = \vee \{ (a_{ik} \wedge b_{kj}) \mid 1 \leq k \leq s \}$。

（三）模糊综合评价

设决策论域 U 是评价方案的集合

$U=\{$方案 1，方案 2，$\cdots$，方案 $m\}$

　$=\{u_1,\ u_2,\ \cdots,\ u_m\}$

对所研究问题起重要影响作用的目标函数或者因素指标的集合为

$$V=\{f_1,f_2,\cdots,f_m\}$$

因此，各方案的因素指标向量为

$$u_j = (f_{1j},f_{2j},\cdots,f_{mj})^{\mathrm{T}},\ j=1,2,\cdots,m$$

把第 j 个方案的第 i 个因素指标记为 f_{ij}，则得到 m 个方案的 n 个因素指标矩阵 F：

$$F=\begin{bmatrix} f_{11} & f_{12} & \cdots & f_{1m} \\ f_{21} & f_{22} & \cdots & f_{2m} \\ \vdots & \vdots & & \vdots \\ f_{n1} & f_{n2} & \cdots & f_{nm} \end{bmatrix} \tag{9-14}$$

对 F 采用不同的方法进行处理，可以有以下几种决策方法。

1. 加权相对偏差距离最小法

当第 j 个方案的第 i 个因素指标值 f_{ij} 为定量指标时，令

$$\delta_{ij} = \frac{f_i^0 - f_{ij}}{f_{imax} - f_{imin}},i=1,2,\cdots,n;\ j=1,2,\cdots,m \tag{9-15}$$

式中，f_{imax} 为各方案第 i 项因素指标中最大指标值，即 $f_{imax}=\max(f_{i1},f_{i2},\cdots,f_{im})$；$f_{imin}$ 为各方案第 i 项因素指标中最小指标值，即 $f_{imin}=\min(f_{i1},f_{i2},\cdots,f_{im})$

$$f_i^0 = \begin{cases} f_{imax},\text{当因素指标}f_i\text{为正指标时} \\ f_{imin},\text{当因素指标}f_i\text{为负指标时} \end{cases}$$

正指标是指因素指标值越大，方案越优的因素指标；负指标是指因素指标值越小，方案越优的因素指标，δ_{ij} 称为相对偏差值，f_{i0} 称为标准值。

于是，$n \times m$ 个相对偏差值 δ_{ij} 就构成了一个模糊矩阵：

$$\Delta = \begin{bmatrix} \delta_{11} & \delta_{12} & \cdots & \delta_{1m} \\ \delta_{21} & \delta_{22} & \cdots & \delta_{2m} \\ \vdots & \vdots & & \vdots \\ \delta_{n1} & \delta_{n2} & \cdots & \delta_{nm} \end{bmatrix}$$

设已经给出的因素重要程度模糊子集：

$$A=(a_1,a_2,\cdots,a_n)$$

计算各方案因素指标向量 u_j 与 m 个方案中的 n 个指标的标准值向量

$f^0=\left(f_1^0,\ f_2^0,\ f_3^0,\cdots,f_n^0\right)$ 之间的加权相对偏差距离：

$$d_j=d_j\left(u_j,f^0\right)=\frac{1}{a}\sqrt{\sum_{i=1}^n\left(a_i\delta_{ij}\right)^2},j=1,2,\cdots,m \qquad (9\text{-}16)$$

式中，$a=\dfrac{\sum\limits_{i=1}^n a_i}{n}$ 为 n 项指标权值的平均值。

将由 m 个方案中的 n 个因素指标的标准值向量 $f^0=\left(f_1^0,\ f_2^0,\ f_3^0,\cdots,f_n^0\right)$ 构成的方案拟定为最理想的方案。因此，m 个评价方案中与最理想方案之间加权相对偏差距离 d_j 最小者相对应的方案 u_i 应被选为最优方案，即当

$$d_j=d_j\left(u_j,f^0\right)=\min\left(d_j\right),1\leqslant j\leqslant m \qquad (9\text{-}17)$$

时，方案 u_i 为最优方案。

2. 定量指标综合决策法

当式（9-14）中各因素指标值 f_{ij} 为定量指标时，令

$$r_{ij}=\begin{cases}0.1+\dfrac{f_{i\max}-f_{ij}}{d},\text{当因素指标}f_i\text{为正指标时}\\[3mm]0.1+\dfrac{f_{ij}-f_{i\min}}{d},\text{当因素指标}f_i\text{为负指标时}\end{cases} \qquad (9\text{-}18)$$

式中，d 为级差值，$d=\dfrac{f_{i\max}-f_{i\min}}{r_{ij}-0.1}$；$r_{ij}$ 为从第 i 项因素着眼，对第 j 个方案的评价值。

m 个方案的 n 个评定值组成一个评价模糊矩阵：

$$R=\begin{bmatrix}r_{11}&r_{12}&\cdots&r_{1m}\\r_{21}&r_{22}&\cdots&r_{2m}\\\vdots&\vdots&&\vdots\\r_{n1}&r_{n2}&\cdots&r_{nm}\end{bmatrix} \qquad (9\text{-}19)$$

对已经给出的因素重要程度模糊子集：

$$A=\left(a_1,a_2,\cdots,a_n\right)$$

采用加权平均模型，对各方案进行评价：

$$A\circ R=B=\left(b_1,b_2,\cdots,b_m\right)$$

式中，$b_j=\sum\limits_{i=1}^n a_ir_{ij},j=1,2,\cdots,m$。

根据最大隶属度原则，与 b_j（$j=1,2,\cdots,m$）中的最大者相对应的方案为最优方案。

3. 定性指标综合决策法

当各因素指标值 f_{ij} 为定性指标时，评定值模糊矩阵 R 可以由专家评议确定。可将因素指标分成五个等级或九个等级，其中五个等级有两种划分法，即"优、良、中、差、劣"或"最优、优、良、中、劣"；九个等级为"最好、很好、好、较好、中、较差、差、很差、最差"，可分别按图9-4所示赋值标准给出评定值。

对五级划分来说，当因素指标为"优"时，评定值为 0.9，当因素指标为"良"时，评定值为 0.7，当因素指标为"中"时，评定值为 0.5，当因素指标为"差"时，评定值为 0.3，当因素指标为"劣"时，评定值为 0.1；当因素指标介于两个等级评定值之间时，评定值取这两个等级评定值之间的值。

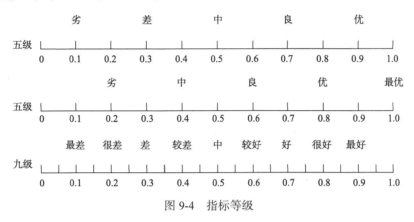

图 9-4 指标等级

按上述方法确定的评价值模糊矩阵，记为

$$R=\begin{bmatrix} r_{11} & r_{12} & \cdots & r_{1m} \\ r_{21} & r_{22} & \cdots & r_{2m} \\ \vdots & \vdots & & \vdots \\ r_{n1} & r_{n2} & \cdots & r_{nm} \end{bmatrix}$$

对于确定的因素重要程度模糊子集：

$$A=(a_1, a_2, \cdots, a_n)$$

应用加权平均模型 $M(\cdot, +)$，对各方案进行评价的结果为

$$A \circ R=B=(b_1, b_2, \cdots, b_m)$$

最后，按最大隶属度原则，与 $b_j (j=1, 2, \cdots, m)$ 中的最大者相对应的方案为最优方案。

在各种方法中都要用到因素重要程度模糊子集 $A=(a_1, a_2, \cdots, a_n)$。

因素重要程度系数 a_i 的确定是关键的环节之一。针对具有不同特点的问题，a_i 值的确定方法有很多种，常用的方法主要有德尔菲法、头脑风暴法、判断矩阵分析法。

1）德尔菲法

德尔菲法，也称专家调查法，是利用专家集体智慧来确定各因素在评判问题或者决策问题中的重要程度系数的有效方法之一。专家不但要有渊博的专业知识，而且要熟悉和掌握所研究问题的全部具体情况，才能较好地求出因素重要程度系数。

2）头脑风暴法

采用头脑风暴法组织群体决策时，要集中有关专家召开专题会议，主持者以明确的方式向所有参与者阐明问题，说明会议的规则，尽力创造融洽轻松的会议气氛。主持者一般不发表意见，以免影响会议的自由气氛。由专家们自由提出尽可能多的方案。

3）判断矩阵分析法

判断矩阵分析法，是把 m 个评价因素排成一个 m 阶判断矩阵，专家通过对因素两两比较，根据各因素的重要程度来确定矩阵中元素值的大小。然后，计算判断矩阵的最大特征值及其对应的特征向量。这个特征向量就是所要求的元素重要程度系数 a_i 的值（张跃和彭全刚，1999）。

第三节　案例分析

案例一　舟山市定海区土地利用的多目标规划

一、确定决策变量

首先，决策变量要反映舟山市定海区各种土地利用类型，所以变量设置要符合土地利用分类。各变量在地域上相互独立，不能重叠，而且要反映当地的土地利用特征，所以在选取变量时，要充分结合土地利用各级分类。同时，各变量的效益资料要容易获得并便于量化。

根据定海区土地资源利用特点和社会经济发展要求，确定决策变量如表 9-2 所示。

表 9-2　模型决策变量

序号	变量	地类	说明		
1	x_1	耕地	耕地	农用地	
2	x_2	果园	园地		
3	x_3	桑园			
4	x_4	茶园			
5	x_5	其他园地			
6	x_6	林地	林地		
7	x_7	畜禽饲养地	其他农用地		
8	x_8	农村道路			
9	x_9	坑塘水面			
10	x_{10}	养殖水面			
11	x_{11}	农田水利用地			
12	x_{12}	田坎			

续表

序号	变量	地类	说明	
13	x_{13}	城市	居民点及工矿用地	建设用地
14	x_{14}	建制镇用地		
15	x_{15}	农村居民点		
16	x_{16}	独立工矿		
17	x_{17}	盐田		
18	x_{18}	特殊用地		
19	x_{19}	交通运输用地	交通运输用地	
20	x_{20}	水利设施用地	水利设施用地	
21	x_{21}	未利用土地	未利用土地	未利用地
22	x_{22}	河流	其他土地	
23	x_{23}	苇地		
24	x_{24}	滩涂		

二、确定目标函数

考虑目标函数的角度往往是有所侧重的，可能是经济效益、社会效益、生态效益的其中一项取得最大化。但是，土地利用规划是一种多目标规划，在实际操作中，要综合考虑三者效益。假设有 m 个目标，并构建每个子目标的函数表达 f_i。为了使得目标间具有可累加性，子目标函数的表达是无量纲的，同时引入每个目标的重要性权重 w_i。然后子目标的函数 f_i 表达为 n 个决策变量 x_j 的线性函数。得到目标函数如下：

$$\max Z = Z(f_1, f_2, \cdots, f_i, \cdots, f_m) = \sum_{i=1}^{m} w_i f_i = \sum_{i=1}^{m}\sum_{j=1}^{n} w_i(c_{ij} x_j) \qquad （9\text{-}20）$$

在模型应用时，$m=3$，f_1, f_2, f_3 分别代表经济、社会、生态，为了使得目标间具有可累加性，子目标函数 f_1, f_2, f_3 以无量纲的效益当量来计算，每个目标的重要性由权重 w_i 体现。在本案例研究中，在充分发挥土地综合效益的前提下，根据当地的自然、社会、经济和技术条件，建立土地利用的多目标规划决策模型。

据此，在本案例中，根据不同的目标，得到三个目标函数为

$$\max \text{Economic} = \sum_{j=1}^{24} x_i C_{1j}$$

$$\max \text{Social} = \sum_{j=1}^{24} x_i C_{2j}$$

$$\max \text{Ecology} = \sum_{j=1}^{24} x_i C_{3j}$$

式中，Economic 为规划实施后达到的经济效益；Social 为规划实施后达到的社会效益；

Ecology 为规划实施后达到的生态效益。

在本案例研究中，根据对不同目标的侧重，选取三种方案（表 9-3）。

表 9-3 模型子目标权重 w_i 的三种方案

方案	经济效益权重 w_1	社会效益权重 w_2	生态效益权重 w_3
一	5/10	2/10	3/10
二	3/10	5/10	2/10
三	2/10	3/10	5/10

表 9-3 中，方案一代表主要考虑经济效益，而将生态效益、社会效益放在较为次要的位置；方案二主要考虑社会效益，其次注重经济效益、生态效益；方案三主要考虑生态效益，其次注重社会效益、经济效益。在模型应用时，$n=24$，x_j 代表决策变量。系数 c_{ij} 在理论上应是可测的或已知的，但是在实际工作中往往难以确定，这也是本模型构建的难点。

（一）经济效益当量 C_{1j} 的确定

研究选取各类用地的单位面积产值为衡量指标。根据《定海区统计年鉴（2003）》获得各类用地的面积及产值（表 9-4），同时考虑到城镇用地对于国民经济的巨大贡献，令其经济效益当量为 100.00。

表 9-4 舟山市定海区经济效益当量 C_{1j} 计算依据表

用地类型	产值/万元	面积/hm²	单位面积产值/（万元/hm²）	经济效益当量 C_{1j}
耕地	27 111	14 152.35	1.92	1.91
茶桑果园	6 851	1 976.08	3.47	3.46
林地	893	23 467.55	0.04	0.04
畜禽饲养地	6 065	8.01	757.18	754.46
坑塘与养殖水面	58 389	1 322.19	44.16	44.00
其他农用地	847	621.21	1.36	1.36
城镇用地	110 475	1 100.74	100.36	100.00
独立工矿用地	232 853	1 375.42	169.30	168.69
交通运输用地	62 675	580.42	107.98	107.59

（二）社会效益当量 C_{2j} 的确定

自可持续发展概念提出以来，科学家一直在研究衡量可持续发展状态的指标和方法，从而为可持续发展的科学决策提供定量工具。Rees 在 1992 年提出的生态足迹（ecological footprint）理论和指标，就是依据人类社会对土地的连续依赖性，而定量测度区域可持续发展状态的一种新的理论和方法（Rees, 1992）。生态足迹理论很好地显化了各类土地的社会价值。生态足迹的定义是，任何已知人口（个人、一个城市或一个国家）的生态足迹是生产这些人口所消费的所有资源和消纳这些人口所产生的所有废弃物所需要的生物生产土地面积。生态足迹分析的一个基本假设是：各类土地在空间上是互斥的。利用"空间互斥性"假设能够对各类生态生产性土地进行汇总，从宏观上认识自然系统的总供给能力和人类对自然系统的总需求。考虑到能源地、耕地、牧草地、林地、城镇用地和水域六类土地之间生产力的差异，按照国际标准分别赋予它们 1.14、2.82、0.54、1.14、2.82、0.22 的权重（表 9-5）。生态足迹理论对于耕地和城镇用地赋予同等的最高权重，这正好契合我国"切实保护耕地""以经济建设为中心"的两大目标，所以本次研究选取生态足迹理论确定的各类用地的权重值来确定社会效益。同时也应注意到，虽然城镇用地对于社会经济的发展与解决人口的就业具有巨大作用，但其也有着一定的负外部性如对生态环境的破坏等，所以城镇用地的社会效益当量应下调。

表 9-5　舟山市定海区社会效益当量 C_{2j} 计算依据表

地类	耕地	林地	城镇用地	能源地	水域	牧草地
权重值	2.82	1.14	2.82	1.14	0.22	0.54
社会效益当量 C_{2j}	100.00	40.43	65.00	40.43	7.80	19.15

（三）生态效益当量 C_{3j} 的确定

研究选取绿当量作为各类用地生态效益的衡量指标。绿当量是衡量单位面积森林和其他绿色植被生态环境功能强弱的量化值。根据研究，假定林地的绿当量为 1.00，则水田的绿当量为 0.77，旱地的绿当量为 0.68，草地的绿当量为 0.76，建制镇用地的绿当量为 0.28。

城市用地绿当量的确定是基于《舟山统计年鉴（2004）》，定海区的绿化面积为 280hm²，城镇绿化率为 35%，考虑到城市中部分绿化面积为草地，所以取绿当量为 0.30。

交通道路用地绿当量的确定可以根据定海区公路网现状进行分析，根据公路绿化带所占的比例，最后量化得出交通道路用地绿当量为 0.30（表 9-6）。

表 9-6　舟山市定海区生态效益当量 C_{3j} 计算依据表

地类	林地	水田	城市	草地	建制镇用地	旱地	交通道路
绿当量	1.00	0.77	0.30	0.76	0.28	0.68	0.30
生态效益当量 C_{3j}	100.00	77.00	30.00	76.00	28.00	68.00	30.00

由于准确量化每一类用地的效益当量值在实际工作中存在较大难度，所以研究中对于各表中未列出的用地类型，依据地类相近效益当量值相似的原则，予以推定，结果如表 9-7 所示。

表 9-7　模型目标函数的系数 C_{ij}

序号	变量	地类	经济效益当量 C_{1j}	社会效益当量 C_{2j}	生态效益当量 C_{3j}
1	x_1	耕地	1.91	100.00	77.00
2	x_2	果园	3.46	80.00	95.00
3	x_3	桑园	3.46	80.00	95.00
4	x_4	茶园	3.46	80.00	95.00
5	x_5	其他园地	3.20	80.00	95.00
6	x_6	林地	0.04	40.43	100.00

续表

序号	变量	地类	经济效益当量 C_{1j}	社会效益当量 C_{2j}	生态效益当量 C_{3j}
7	x_7	畜禽饲养地	754.46	30.00	70.00
8	x_8	农村道路	20.00	30.00	46.20
9	x_9	坑塘水面	44.00	7.80	40.00
10	x_{10}	养殖水面	44.00	7.80	40.00
11	x_{11}	农田水利用地	42.50	70.00	50.00
12	x_{12}	田坎	1.36	40.00	68.00
13	x_{13}	城市	100.00	65.00	30.00
14	x_{14}	建制镇用地	80.00	65.00	28.00
15	x_{15}	农村居民点	60.00	50.00	28.00
16	x_{16}	独立工矿	168.69	40.43	35.00
17	x_{17}	盐田	80.00	50.00	40.00
18	x_{18}	特殊用地	15.00	40.00	50.00
19	x_{19}	交通运输用地	107.59	65.00	30.00
20	x_{20}	水利设施用地	15.00	70.00	45.00
21	x_{21}	未利用土地	0.00	20.00	76.00
22	x_{22}	河流	15.00	7.80	40.00
23	x_{23}	苇地	15.00	20.00	65.00
24	x_{24}	滩涂	15.00	20.00	65.00

三、确定约束条件

本案例中约束条件分为综合约束、经济发展约束、农产品需求约束、生态约束、调整力度约束。具体说明恕不详述，模型约束条件如表9-8所示。

表9-8 模型约束条件表

约束域		决策变量集	关系符	限制值（b）		
				2010年	2020年	2030年
综合约束	土地总面积之和	$\sum\limits_{j=1}^{24} x_j$	=	56 882.64	56 216.64	56 216.64
	农村劳动力就业	$2.65\sum\limits_{j=1}^{5} x_j + 0.0085 x_6 + 2.8 x_7 + 4.54\sum\limits_{j=9}^{10} x_j + 31.84 x_{15}$	⩾	147 015	130 219	110 158
	资金约束	$0.06\sum\limits_{j=1}^{12} x_j + 45.72\sum\limits_{j=13}^{14} x_j + 19.46 x_{15} + 47.40 x_{16} + 31.01 x_{19} + 3.20 x_{20}$	⩽	1 292 899	2 730 497	7 174 307

续表

约束域		决策变量集	关系符	限制值（b）		
				2010 年	2020 年	2030 年
经济发展约束	新增建设用地	$\sum\limits_{j=13}^{20} x_j$	≥	10 005.70	11 148.71	12 348.71
	城镇用地规模	$\sum\limits_{j=13}^{14} x_j$	≤	2 622.4	4 439.0	6 559.0
		$\sum\limits_{j=13}^{14} x_j$	≥	2 304.0	3 270.6	4 045.0
	农居点用地规模	X_{15}	≤	2 756.60	2 151.55	1 054.50
	工业园区建设	X_{16}	≤	1 452	2 354	3 818
		X_{16}	≥	1 413.71	1 826.42	2 107.42
	交通用地保证	X_{19}	≥	1 265.00	3 055.92	5 055.92
	盐田用地保证	X_{17}	≥	936.3	769.3	632.1
	水利设施用地保证	X_{20}	≥	1 225.25	1 360.53	1 510.53
农产品需求约束	粮食需求	X_1	≥	9 759	8 844	8 016
	耕地潜力约束	X_1	≤	16 494.68	16 494.68	16 494.68
	园地需求量约束	$\sum\limits_{j=2}^{5} x_j$	≥	2 342.8	2 932.5	3 811.3
生态约束	林地需求约束	X_6	≥	25 909	28 772	31 952
	河网水面保证	$\sum\limits_{j=22}^{24} x_j$	≥	5 154.713	5 561.742	6 000.911
	生物多样性	$\sum\limits_{j=21}^{24} x_j$	≥	605.36	605.36	605.36
调整力度约束	农村道路保留	X_8	≥	342.91	342.91	342.91
	农田水利用地保留	X_{11}	≥	1 145.23	1 145.23	1 145.23
	坑塘水面保留	X_9	≥	176.96	176.96	176.96
	养殖水面保留	X_{10}	≥	232.4	232.4	232.4
	其余农用地保留	X_{12}	≥	37.85	37.85	37.85
	未利用地保留	X_{21}	≥	100	100	100
	特殊用地保留	X_{18}	≥	567.87	567.87	567.87

四、模型运行结果

将上述目标函数和约束方程，利用 MATLAB 软件编程运算，得到三种经济效益、社会效益和生态效益不同权重的方案。经过多个方案比较，2010 年选择方案一，即优先考虑经济效益，结果如表 9-9 所示；2020 年选择方案二，即社会效益优先，其次考虑经济效益，最终适当考虑生态效益方案，结果如表 9-10 所示；2030 年选择方案三，即首先考虑生态效益方案，结果如表 9-11 所示。

表 9-9　2010 年地类调整模型运算结果

序号	变量	地类	面积/hm²
1	x_1	耕地	13 390.66
2	x_2	果园	1 877.80
3	x_3	桑园	54.70
4	x_4	茶园	53.19
5	x_5	其他园地	4.33
6	x_6	林地	24 186.00
7	x_7	畜禽饲养地	40.90
8	x_8	农村道路	342.91
9	x_9	坑塘水面	1 145.20
10	x_{10}	养殖水面	176.96
11	x_{11}	农田水利用地	232.40
12	x_{12}	田坎	37.85
13	x_{13}	城市	2 266.29
14	x_{14}	建制镇用地	337.70
15	x_{15}	农村居民点	2 544.00
16	x_{16}	独立工矿	1 613.70
17	x_{17}	盐田	1 160.40
18	x_{18}	特殊用地	883.63
19	x_{19}	交通运输用地	1 273.90
20	x_{20}	水利设施用地	1 335.40
21	x_{21}	未利用土地	200.00
22	x_{22}	河流	565.50
23	x_{23}	苇地	94.82
24	x_{24}	滩涂	2 064.40
	合计		55 882.64

表 9-10　2020 年地类调整模型运算结果

序号	变量	地类	面积/hm²
1	x_1	耕地	10 362.45
2	x_2	果园	1 908.37
3	x_3	桑园	35.71
4	x_4	茶园	50.11
5	x_5	其他园地	17.79
6	x_6	林地	24 709.00
7	x_7	畜禽饲养地	42.60
8	x_8	农村道路	442.91
9	x_9	坑塘水面	1 278.93
10	x_{10}	养殖水面	423.47

续表

序号	变量	地类	面积/hm²
11	x_{11}	农田水利用地	412.87
12	x_{12}	田坎	52.32
13	x_{13}	城市	3 391.60
14	x_{14}	建制镇用地	505.39
15	x_{15}	农村居民点	1 831.55
16	x_{16}	独立工矿	1 826.42
17	x_{17}	盐田	700.30
18	x_{18}	特殊用地	847.49
19	x_{19}	交通运输用地	2 865.04
20	x_{20}	水利设施用地	1 360.53
21	x_{21}	未利用土地	0
22	x_{22}	河流	701.20
23	x_{23}	苇地	20.49
24	x_{24}	滩涂	2 430.10
合计			56 216.64

表 9-11　2030 年地类调整模型运算结果

序号	变量	地类	面积/hm²
1	x_1	耕地	10 079.31
2	x_2	果园	2 319.14
3	x_3	桑园	109.50
4	x_4	茶园	198.50
5	x_5	其他园地	50.78
6	x_6	林地	25 070
7	x_7	畜禽饲养地	80.50
8	x_8	农村道路	292.91
9	x_9	坑塘水面	1 355.20
10	x_{10}	养殖水面	376.96
11	x_{11}	农田水利用地	304.56
12	x_{12}	田坎	66.34
13	x_{13}	城市	3 520.41
14	x_{14}	建制镇用地	524.58
15	x_{15}	农村居民点	1 054.50
16	x_{16}	独立工矿	2 039.30
17	x_{17}	盐田	481.11
18	x_{18}	特殊用地	944.74
19	x_{19}	交通运输用地	4 075.80

续表

序号	变量	地类	面积/hm²
20	x_{20}	水利设施用地	1 410.50
21	x_{21}	未利用土地	0
22	x_{22}	河流	677.60
23	x_{23}	苇地	107.90
24	x_{24}	滩涂	1 076.50
	合计		56 216.64

案例二 三峡正常蓄水位的多目标模糊决策

对三峡工程的正常蓄水位，过去做过很多研究。20 世纪 50 年代长江流域规划办公室（简称长办）重点研究了 190~220m 方案。1958 年中共中央成都会议的决议中指出应控制在 190~200m，长办完成的"三峡初设要点报告"建议采用 200m。70 年代长办研究"高坝中用"，提出初期运用水位 143m、151m 两个方案。在 1981 年还研究过正常蓄水位 128m 方案。1983 年长办编制的"三峡可行性研究报告"中，采用正常蓄水位 150m、坝顶高程 165m 方案，经国家计划委员会组织审查同意；1984 年 4 月国务院原则批准国家计划委员会的报告，确定三峡高程按正常蓄水位 150m、坝顶高程 175m 设计。1984 年 10 月中国共产党重庆市委员会提出报告，要求将正常蓄水位提高到 180m。根据国务院对三峡高程重新论证的精神，水利电力部三峡工程论证领导小组对三峡工程的正常蓄水位进行重新论证。

一、影响三峡正常蓄水位的因素分析

（一）水库地震

三峡坝址基岩完整，力学强度高，透水性弱，工程地质条件好，适宜兴建混凝土高坝。经实验表明，即使产生水库诱发的地震，影响到坝区的地震烈度不超过 6 度，不会影响工程的安全。由于无论怎样选择正常蓄水位都不会对水库诱发地震造成影响，因而水库地震不作为主要因素指标。

（二）人防问题

三峡大坝为混凝土重力坝，坝体厚实，试验分析证明其有较强的抗御常规武器的能力，在遇常规武器袭击时，只局部受损，不致形成大坝溃坝，在被核武器直接或间接击中时，会发生较大范围的破坏，但仍属局部性灾害，不致成为三峡可否兴建的决定性因素。因而，正常蓄水位确定时亦无须将人防问题作为决策因素计算在内。

（三）防洪问题

目前，三峡中下游防洪主要依靠堤防和分蓄洪工程。堤防可防御重现期为 10～20 年一遇洪水。修建三峡水利工程枢纽控制上游洪水，是唯一有效而且经济的办法。通过多种方案的比较研究，认为三峡工程的防洪库容不宜小于 200 亿 m^3，最好为 250 亿～300 亿 m^3，为了防洪调度的机动灵活和不影响库区经济建设和人民生活安定，上述所需防洪库容应尽量不采取超蓄办法。

（四）泥沙问题

三峡不同水位方案泥沙淤积影响的差别，主要是对回水变动区的航运和重庆港区的淤积，以及对重庆市和沿库洪水的抬高。运行水位较高，泥沙问题较严重。经过研究，后两个问题可以通过推迟水库蓄水、延长走沙期、疏浚整治和港口改造等措施解决。

（五）航运问题

航运专家组对三峡工程各特征水位的原则意见是：枯水期最低消落水位应定得高一些，以保证枯水期九龙坡以下有足够的水深和水域面积；防洪限制水位尽可能控制得低一些，使嘉陵江口、铜锣峡一带汛期处在天然畅流状态，以减少重庆港的淤积；要保持足够的调节库容，以提高枯期调节流量，满足葛洲坝坝下通航要求，尽早恢复坝下原设计最低通航水位39m；为留有余地，坝顶高程应定得高一些。

（六）发电效益

对三峡工程提出的发电方面的要求是：使三斗坪坝址至重庆川江河段的水能资源基本上得到合理利用，装机规模和发电量尽可能大些；要有一定的调节能力，使枯水期调节流量能达到 $5500m^3/s$ 以上，初期要求 $5000m^3/s$ 左右；汛期限制水位和枯水期消落最低水位的确定应统筹考虑发电的效益，不宜过低或过高。要统筹满足这些要求，三峡工程最终正常蓄水位应定得尽可能高一些。

（七）工程投资

由于三峡工程规模宏大，投资额高，经专家对三峡工程进行投资估算，包括建筑工程、机电设备及安装工程、金属设备及安装工程、临时工程和其他费用在内的静态投资约为 188 亿元。150m、160m、170m、180m 四个方案每增加 10m，都要增加 5 亿～10 亿元的投资，但从整体上来说，虽然高水位投资大，但同时收益也大，因而专家仍然倾向于高坝方案。

（八）移民问题

从移民角度考虑，三峡工程水位的选择，应在满足综合利用要求的前提下，尽可能减少淹没损失；不宜采取防洪超蓄方案，即坝高不能太低；一定要考虑库区移民环境容量和就近迁安的承受能力。

（九）生态环境问题

就三峡的生态环境问题来说，不同正常蓄水位方案对生态环境的影响差别很小，不足以影响方案的取舍。150m、160m 方案，如有超蓄要求，从生态与环境而论，会引起复杂的问题，对策难度和所付代价都较大。

（十）梯级衔接问题

对于三峡枢纽的衔接梯级问题，长江干流小南海和嘉陵江井口两个坝址均已靠近重庆市公交繁华区，再往下游难以选择坝址布置梯级。显然，三峡工程正常蓄水位低于175m，上游长江干流难以找到衔接梯级；低于170m，嘉陵江也难以找到衔接梯级。

综合以上分析，选择对因素变化影响较大的防洪、航运、发电效益、工程投资、移民费用、泥沙淤积、生态环境、梯级衔接（分别用 u_1, u_2, u_3, u_4, u_5, u_6, u_7, u_8）八个指标作为因素指标。

二、方案初步选择

根据多年来研究的结果，正常蓄水位的论证范围考虑为 150～180m，比 150m 低的方案综合效益太小，比 180m 高的方案对重庆附近地区的淹没损失太大。综合各方案要求，现拟定正常蓄水位 150m、160m、170m、180m 四个方案，本部分将就这四个方案运用模糊决策方法进行研究。

三、确定因素重要程度模糊子集 A

本部分采用德尔菲法确定因素重要程度系数，实际工作中，请 20 位专家对八个因素的重要性进行了打分，得出优先得分统计表如表 9-12 所示。

表 9-12　优先得分（A_{ij}）表

因素	u_1	u_2	u_3	u_4	u_5	u_6	u_7	u_8	$\sum A_{ij}$	a_i
u_1	—	18	15	16	10	11	20	17	107	1.000
u_2	2	—	11	10	8	12	13	15	71	0.477
u_3	5	9	—	16	11	18	15	14	88	0.724
u_4	4	10	4	—	10	8	12	12	60	0.318
u_5	10	12	9	10	—	16	10	11	78	0.579
u_6	9	8	2	12	4	—	16	14	65	0.390
u_7	0	7	5	8	10	4	—	12	46	0.115
u_8	3	5	6	8	9	8	—		45	0.100

注："—"表示不存在两个考虑两个相同因素的方案。

经计算，因素重要程度模糊子集为

$$A = (1.00, 0.477, 0.724, 0.318, 0.579, 0.390, 0.115, 0.100)$$

四、确定因素指标矩阵 F

上述四个方案的主要技术经济指标如表 9-13 所示。

表 9-13 各方案的主要技术经济指标

技术经济指标	方案 1（150m）	方案 2（160m）	方案 3（170m）	方案 4（180m）
防洪面积（年平均减少淹没面积）/万亩	47.0	47.0	54.7	58.8
航运（改善库区航道里程）/km	500	560	600	660
发电效益（年发电量）/（kW·h）	677	732	785	891
工程静态总投资/亿元	214.8	236.4	270.7	311.4
移民费用/亿元	53.4	69.5	97.8	123.3
泥沙（库区干流 30 年淤积量）/亿 m³	77.8	78.0	82.1	90.2
生态环境	1	1	2	2
与上游衔接	1	1	1.5	2

根据技术经济指标，可得出因素指标矩阵 F 为

$$
F = \begin{bmatrix}
47.0 & 47.0 & 54.7 & 58.8 \\
500 & 560 & 600 & 660 \\
677 & 732 & 785 & 891 \\
214.8 & 236.4 & 270.7 & 311.4 \\
53.4 & 69.5 & 97.8 & 123.3 \\
77.8 & 78.0 & 82.1 & 90.2 \\
1 & 1 & 2 & 2 \\
1 & 1 & 1.5 & 2
\end{bmatrix}
$$

五、方案评价

运用加权相对偏差距离最小法进行决策，由各方案的因素指标矩阵 F 得知，各因素指标的标准值向量为

$$f^0 = (58.8, 660, 891, 214.8, 77.8, 2, 2)$$

可得相对偏差模糊矩阵

$$\Delta = \begin{bmatrix} 1 & 1 & 0.347 & 0 \\ 1 & 0.625 & 0.375 & 0 \\ 1 & 0.734 & 0.495 & 0 \\ 0 & 0.224 & 0.579 & 1 \\ 0 & 0.230 & 0.635 & 1 \\ 0 & 0.012 & 0.345 & 1 \\ 1 & 1 & 0 & 0 \\ 1 & 1 & 0.5 & 0 \end{bmatrix}$$

根据加权相对偏差距离公式，计算可得

$$d = (2.887, 2.578, 1.830, 1.670)$$

加权相对偏差距离最小法是以 d_i 最小的方案为最优，所以，方案 4（正常蓄水位为 180m）为最优方案（张跃和彭全刚，1999）。

第四篇

环境经济学模型与案例分析

第十章 环境质量评价模型与案例

第一节 环境质量评价问题

一、环境质量

环境质量是环境科学中的一个重要的概念，是环境系统客观存在的一种本质属性，并能用定性和定量的方法加以描述（李祚泳等，2004）。

环境质量是客观存在的，但因人们的描述而有了主观因素。

二、环境质量评价

环境质量评价（简称环境评价）是按照一定的标准和方法，对环境质量给予定性和定量的说明与描述。环境质量评价是环境科学的一个分支，也是环境保护中的一项重要工作。

1. 环境质量评价的目的

（1）较全面地揭示环境质量状况及其变化趋势。

（2）找出污染治理重点对象。

（3）为制定环境综合防治方案和城市总体规划及环境规划提供依据。

（4）研究环境质量与人群健康的关系。

（5）预测和评价拟建的工业或其他建设项目对周围环境可能产生的影响，即环境影响评价。

2. 环境质量评价的分类

（1）根据评价的环境要素，可分为大气环境质量评价、水环境质量评价（包括地表水环境质量评价、地下水环境质量评价）、声学环境质量评价、土壤环境质量评价、生物环境质量评价和生态环境质量评价等。

（2）根据参数的选择，可分为卫生评价、生态学评价、污染物评价、物理学评价、地质学评价、经济学评价和美学评价等。

（3）根据评价区域不同，可分为城市环境质量评价、农村环境质量评价、流域环境质量评价、交通环境质量评价等。

（4）根据评价时间不同，可分为回顾性评价、现状评价和环境影响评价或预断评价。

3. 环境质量评价的基本要素

（1）监测数据。采用任何一种环境质量评价方法都必须具备准确、足够而有代表性的监测数据，这是环境质量评价的基础资料。

（2）评价参数（即监测指标）。实际工作中可选择常见的、有代表性的、常规监测的污染物项目作为评价参数。此外，针对评价区域的污染源和污染物的排放实际情况，增加某些污染物项目作为环境质量的评价参数。

（3）评价标准。通常采用环境卫生标准或环境质量标准作为评价标准。

（4）评价权重。在评价中需要对各评价参数或环境要素给予不同的权重以体现其在环境质量中的重要性。

（5）环境质量的分级。根据环境质量的数值及其对应的效应做质量等级划分，以此赋予每个环境质量数值含义。

4. 环境质量评价的步骤

（1）明确环境评价对象和目标。

（2）选择评价参数。

（3）确定可参考的环境质量标准。

（4）根据评价对象监测数据，运用评价模型与方法，找出环境质量所属等级或分类。

第二节　环境质量评价方法与模型

环境质量评价是对环境素质优劣程度的评价。常用的评价方法主要有七种：综合指数法、层次分析法、灰色关联分析法、人工神经网络（artificial neural networks，ANN）法、物元可拓法、模糊数学方法、主成分分析法等。

主成分分析法和层次分析法在第四章第一节，模糊数学方法在第九章第二节已经介绍，因此本节主要介绍综合指数法、灰色关联分析法、人工神经网络法、物元可拓法这四种方法。

一、综合指数法

1. 简单叠加法

简单叠加法认为环境要素的污染是各种污染物共同作用的结果，因而多种污染物作用和影响必然大于其中任何一种污染物的作用和影响。所有评价参数的相对污染值的总和，可以反映出环境要素的综合污染程度（李祚泳等，2004）。

$$PI = \sum_{i=1}^{n} \frac{C_i}{C_{oi}} \tag{10-1}$$

式中，PI 为可以反映环境要素综合污染程度的综合指数；C_i 和 C_{oi} 分别为污染物的实测值和某级标准值，以下同。

2. 算术平均值法

算术平均值法可以消除选用评价参数的项数对结果的影响，便于在用不同项数进行计算的情况下比较要素之间的污染程度。算术平均值法将分指数和除以评价参数的项数 n，即

$$PI = \frac{1}{n}\sum_{i=1}^{n}\frac{C_i}{C_{oi}} \tag{10-2}$$

3. 加权平均法

加权平均法的计算公式为

$$PI = \sum_{i=1}^{n}W_i\frac{C_i}{C_{oi}} = \sum_{i=1}^{n}\frac{C_i}{C'_{oi}} \tag{10-3}$$

式中，$C'_{oi} = \dfrac{C_{oi}}{W_i}$，权值 W_i 的引入可以反映出不同污染物对环境影响的不同作用。

4. 平方和的平方根法

平方和的平方根法不仅突出最高的分指数，同时也顾及其余各个大于 1 的分指数的影响。

平方和的平方根法的计算公式为

$$PI = \sqrt{\sum_{i=1}^{n}\left(\frac{C_i}{C_{oi}}\right)^2} \tag{10-4}$$

由式（10-4）可知，大于 1 的分指数，其平方越大；小于 1 的分指数，其平方越小。

5. 最大值法

最大值法在计算式中含有评价参数中的最大分指数项，以突出浓度最大的污染物对环境质量的影响和作用。

最大值法有很多种计算公式，内梅罗指数计算式是其中的一种，其计算式为

$$PI = \sqrt{\left(\frac{C_i}{C_{oi}}\right)^2_{最大} + \left(\frac{C_i}{C_{oi}}\right)^2_{平均}} \tag{10-5}$$

二、灰色关联分析法

（一）思想与原理

在控制论中，人们常用颜色的深浅形容信息的明确程度。信息未知的系统为黑色系统，信息完全明确的系统为白色系统，信息不完全确知的系统为灰色系统。

灰色系统是介于白色系统和黑色系统之间的中介系统，是贫信息的系统，统计方法难以奏效。灰色系统理论（邓聚龙，2002）通过对部分已知信息的生成、开发实现对现

实世界的确切描述和认识，即利用已知信息来确定系统的未知信息，使系统由"灰"变"白"。其最大的特点是对样本量没有严格的要求，不要求服从任何分布，能处理贫信息系统，因此适用于只有少量观测数据的项目。

环境系统实际上就是一个灰色系统。环境系统具有多目标、多层次、多变量的特征，加上环境问题的全局性、复杂性和综合性等特点，人们从外界获得的环境系统提供的信息往往是不完全的。因此，要研究环境中诸如环境污染、控制、环境质量的评价等问题，都可以用灰色系统的理论和方法加以解决。

这里主要讨论灰色关联分析，也就是探讨基于灰色关联分析的环境质量综合评价方法。

（二）模型和步骤

任何一个系统都包括许多因素，因素之间通过协调、抑制、促进、补充、排斥、关联，最后构成系统的总行为。对影响系统总行为的各个因素中主次、显隐的分析，是系统的因素分析。对不同系统的行为进行对比、分类、分析，以了解哪些系统行为比较接近、哪些差别较大，是系统的行为分析。

对于上述两种分析，灰色系统理论提出了灰色关联分析法，即根据系统各因素间或行为间的数据列或指标列的发展态势与行为，作相似或相异程度的比较，以判断因素的关联与行为的接近。对抽象系统作关联分析时，关键是通过定性研究，找出抽象指标或抽象因素的映射量。

关联分析的基本公式是关联系数公式，其定义如下。

设参考时间序列和比较时间序列分别为

$$X_0 = \left\{ x_0(t_1), x_0(t_2), \cdots, x_0(t_n) \right\}; X_j = \left\{ x_j(t_1), x_j(t_2), \cdots, x_j(t_n) \right\}$$

则 X_0 与 X_j 在 t_k 时刻的关联系数可表示为

$$x_{oj}(t_k) = \frac{\Delta_{\min} + \xi \Delta_{\max}}{\Delta_{oj}(t_k) + \xi \Delta_{\max}} \tag{10-6}$$

式中，$\xi \in [0,1]$ 为分辨系数，是一个事先取定的常数。

$$\Delta_{\min} = \min_j \min_k | x_o(t_k) - x_j(t_k) |, k = 1, 2, \cdots, n \tag{10-7}$$

$$\Delta_{\max} = \max_j \max_k | x_o(t_k) - x_j(t_k) |, j = 1, 2, \cdots, n \tag{10-8}$$

$$x_{oj}(t_k) = | x_o(t_k) - x_j(t_k) | \tag{10-9}$$

关联系数是一个实数，它表示各时刻数据间的关联程度，它的时间平均值为

$$r_{oj} = \frac{1}{n} \sum_{k=1}^{n} x_{oj}(t_k) \tag{10-10}$$

称为 X_j 对 X_0 的关联度。若 $r_i > r_j > r_k$，则 X_i、X_j 和 X_k 对 X_0 的关联度从大到小顺序依次为 X_i、X_j、X_k。

灰色关联分析法具有如下特点。

（1）不追求大样本量（只要有三个以上数据就可以分析）。

（2）不要求数据有特殊的分布，无论 X_0 和 X_j 的数据随 t_k 怎样改变，都可以计算。

（3）只需作四则运算，计算量比回归分析小得多。

（4）可以得到较多的信息，如关联序（优序或劣序）、关联矩阵等。

（5）这些关系以趋势分析为原理，即以定性分析为前提，因此，不会出现与定性分析结果不一致的量化关系。

三、人工神经网络法

（一）思想与原理

1. 人工神经网络简介

人工神经网络是 20 世纪 40 年代产生、80 年代发展起来的模拟人脑生物过程的人工智能技术，是由大量简单的神经元广泛互连形成的复杂非线性系统。它不需要任何先验公式，就能从已有数据中自动地归纳规则，获得这些数据的内在规律，具有自学习性、自组织性、自适应性和很强的非线性映射能力，因此特别适于对因果关系复杂的非确定性推理、判断、识别和分类等问题的处理（李丽和张海涛，2008）。

人工神经网络的几种常见的元件如图 10-1 所示。图 10-1（a）为线性元件，其性能易于分析，但功能有限；图 10-1（b）与图 10-1（c）分别是连续型与离散型非线性元件。图 10-1（a）便于解析计算及器件模拟，图 10-1（b）与图 10-1（c）便于理论分析。

（a）线性元件　（b）连续型非线性元件　（c）离散型非线性元件

图 10-1　人工神经网络的几种常见的元件

各种神经元间以强度 w_{ij} 互相连接，$w_{ij}>0$（<0）表示 i 神经元对 j 神经元有兴奋型（抑制型）作用，数值的大小反映作用的强弱。这样，N 个神经元形成一个相互影响的复杂网络系统。神经元状态 S_i 演化规则为

$$S_i = \sigma\left(\sum_{i=1}^{N} w_{ij}S_i - \theta_i\right), i = 1, 2, \cdots, N \qquad （10\text{-}11）$$

式中，θ_i 为神经元 i 的阈值。网络性能取决于全部连接强度及阈值 $\{w_{ij}, \theta_i\}$。如何调整这些参数，使网络具有所需的特定功能（称为学习、训练或自组织），是神经网络研究的重要课题。

2. BP 网络模型

误差反向传播人工神经网络模型（error back propagation neural network model，简称

BP 网络模型）是应用较多的人工神经网络模型之一。BP 网络的学习过程就是一个网络权系数的自适应、自调整过程。通过反复训练后，网络具有对学习样本的记忆、联想的能力。

常用的 BP 网络模型是一种三层的网络模型。它由具有多个节点的输入层、多个节点的隐含层（中间层）和多个或一个输出节点的输出层组成，相邻各层节点之间单方向互联，如图 10-2 所示。

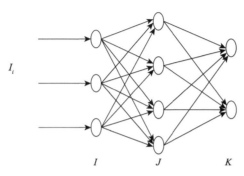

图 10-2　三层 BP 网络模型

3. BP 算法的基本思想

BP 算法的基本思想是：学习过程由信号的正向传播与误差的反向传播两个过程组成（李祚泳等，2004）。

正向传播时，输入样本信息从输入层输入，经各隐含层逐层处理后，传向输出层。若输出层的实际输出与期望输出不符，则转入误差的反向传播阶段。

误差的反向传播是将输出误差以某种形式通过隐含层向输入层逐层反传，并将误差分摊给各层的所有单元，从而获得各层单元的误差信号，此误差信号即作为修正各单元权值的依据。权值的调整过程是周而复始地进行的，权值不断调整的过程，也就是网络的学习训练过程。此过程一直进行到网络输出的误差减少到可接受的程度，或进行到预先设定的学习次数。

（二）模型和步骤

1. BP 算法的学习过程

具体而言，在三层 BP 网络模型中，信息由 I 层输入网络后单向流动，经 J 层变换，最后由 K 层输出。其中 I 层、K 层单元数是由具体问题的输入层和输出层参数来确定的，而 J 层的单元数则是由具体问题的复杂程度、误差下降情况等来确定的。每一层包含若干神经元，层与层间神经元通过权值及阈值采用全互联的方式连接，同层的神经元之间没有联系，权的分布体现了各输入分量在输入矢量中所占特征强度的分布。网络的学习就是利用梯度搜索技术对权值及阈值的修正，使误差函数趋于最小（刘娟等，2009）。

设输入层 i 节点输出为 I_i（亦是 i 节点输入），输入层 i 节点和隐含层 j 节点之间的连接权值为 w_{ij}，隐含层 j 节点阈值为 θ_j，隐含层 j 节点和输出层 k 节点之间的连接权值为 V_{kj}，

输出层节点阈值为 γ_k（李祚泳等，2004）。

信息在正向传播过程中，在隐含层和输出层节点都经过 Sigmoid 激活函数作用后输出结果，激活函数一般设计为

$$f(x) = 1 / \left(1 + \mathrm{e}^{-x}\right) \qquad (10\text{-}12)$$

（1）网络参数初始化。首先赋予网络初始状态的各层节点之间的连接权值 w_{ij}、w_{ji}、V_{kj} 和阈值 θ_j、γ_k 为（−1，1）之间随机小数。

（2）从网络输入层输入第 1 个样本信号。

（3）隐含层各节点输出计算式为

$$H_j = f\left(\sum_{i=1}^{M} w_{ij} I_i + \theta_j\right) \qquad (10\text{-}13)$$

（4）输出层各节点输出计算式为

$$O_k = f\left(\sum_{i=1}^{H} V_{kj} H_j + \gamma_k\right) \qquad (10\text{-}14)$$

在误差反向传播过程中计算步骤如下。

（1）计算输出层节点的输出误差。用样本的期望输出 T_k 和样本网络学习后的实际输出 O_k 之间的差值建立输出层节点的输出误差 δ_k 为

$$\delta_k = \left(T_k - O_k\right) O_k \left(1 - O_k\right) \qquad (10\text{-}15)$$

（2）计算隐含层节点的误差。用 δ_k、V_{kj} 及隐含层输出 H_j 建立隐含层节点 j 的误差 σ_j：

$$\sigma_j = \sum_k \delta_k V_{kj} H_j \left(1 - H_j\right) \qquad (10\text{-}16)$$

（3）输出层节点的阈值 γ_k 和连接权值 V_{kj} 的修正。用误差 δ_k 和隐含层节点输出 H_j 及学习参数 α 之积来修正 V_{kj}，用误差 δ_k 和学习参数 β 之积修正 γ_k。

$$V'_{kj} = V_{kj} + \alpha \delta_k H_j \qquad (10\text{-}17)$$

$$\gamma'_k = \gamma_k + \beta \delta_k \qquad (10\text{-}18)$$

（4）隐含层节点的阈值 θ_j 和连接权值 w_{ji} 的修正。用误差 σ_j 和输入层节点的输出 I_i 及学习参数 α 之积来修正 w_{ji}，并用 σ_j 和学习参数 β 之积来修正 θ_j。

$$w'_{ji} = w_{ji} + \alpha \sigma_j I_i \qquad (10\text{-}19)$$

$$\theta'_j = \theta_j + \beta \sigma_j \qquad (10\text{-}20)$$

以上的学习参数 α 和 β 一般取 $0.2 \sim 0.5$。

（5）取下一个样本为输入信号，重复上述过程。当全部样本学习完一遍后，计算 N 个样本的均方误差。

$$E = \frac{1}{N} \sum_{i=1}^{N} \left(O_{lk} - T_{lk}\right)^2 \qquad (10\text{-}21)$$

如果 $E < \lambda$，则学习结束；否则更新学习次数，返回步骤（2），如此往复运行，直

至达到指定精度要求为止。

2. 基于人工神经网络的环境质量评价方法的步骤

（1）确定评价指标集，指标个数为 BP 网络中输入节点的个数。

（2）确定 BP 网络的层数，一般采用具有一个输入层、一个隐含层和一个输出层的三层网络模型结构。

（3）明确评价结果，输出层的节点数为 1。

（4）对指标值进行标准化处理。

（5）用随机数（一般为 0～1 的数）初始化网络节点的权值与网络阈值。

（6）将标准化以后的指标样本值输入网络，并给出相应的期望输出。

（7）正向传播，计算各层节点的输出。

（8）计算各层节点的误差。

（9）反向传播，修正权重。

（10）计算误差。若误差小于给定的拟合误差，网络训练结束，否则转到步骤（7），继续训练。

（11）训练后的网络权重就可以用于正式的评价。

3. BP 算法的特点

（1）主要优势：它具有可以以任意精度逼近任何非线性函数的能力，因而它得到越来越广泛的应用。

（2）主要问题：①收敛速度慢，需要较长的训练时间；②可以使网络的权值收敛到一个解，但它并不能保证所求为误差平面的全局极小解。BP 算法采用梯度下降法，训练是从某一起点沿误差函数的斜面逐渐达到误差的最小值，因而在对其的训练过程中，可能陷入某一小谷区，使训练无法逃出这一局部极小值（张伟，2007）。

在实际应用中，众学者对 BP 网络模型进行了许多有益的改进，如 BP 神经网络附加动量法、自适应学习速率法等。

四、物元可拓法

（一）思想及原理

1. 可拓学

可拓学由我国学者蔡文于 1983 年创立，用形式化模型研究事物拓展的可能性和开拓创新的规律与方法，并从定性和定量两个角度研究矛盾问题，是贯穿于自然科学和社会科学的横断学科。

可拓学把世界上的事物都看成是可拓展的，通过用符号来表示事物的可拓性，就可以用计算机来帮助处理人们所遇到的种种矛盾问题，提出解决问题的策略（王姗姗，2011）。

可拓学理论有两个支柱：①研究物元及其变换的物元理论；②作为定量化工具的可拓集合论。这两者构成了可拓理论的硬核，其与其他领域的理论相结合，也产生了相应的新知识，形成了可拓学理论的软体。

以可拓学理论为基础，发展了一批特有的可拓方法，如物元可拓法、物元变换法和优度评价法等，这些方法与其他领域的方法相结合，产生了相应的可拓工程方法。

2. 可拓集合理论

可拓集合理论，包括可拓集合、关联函数与可拓关系。可拓学必须建立相适应的定量化工具，将解决矛盾问题的过程定量化，最后用计算机处理（王静，2006）。

当可拓集合的元素是物元时，则构成物元可拓集。它与经典集合的区别在于：①每个元素都是一个事物的质与量的统一体；②元素内部的结构不是一成不变的，它们能够变动（包括分解）。可拓集合描述事物的可变性，它把是与非的定性描述发展为定量描述，并用以描述"是变为非""非变为是"的过程。

元素内部发生变化时，元素在集合中的"地位"也会相应发生改变。因此，物元可拓集能够比较合理地描述自然现象和社会现象中各种事物的内部结构、彼此间的关系以及事物的变化。

3. 物元及物元变换理论

物元理论的核心是：①研究物元的可拓性和物元的变换；②研究物元变换的性质。物元的可拓性即事物变化的可能性，物元变换用以描述事物的变化。

物元的可拓性只提出了解决矛盾问题的方向和途径，而物元变换才是解决矛盾问题的基本工具。人们借助物元变换描述量的变换和质的变换思维过程。所谓物元变换实际上是物元的要素——事物、特征和量值或它们的组合施行置换、分解、增删和扩缩四种基本运算形式（李祚泳等，2004）。

物元理论以形式化的语言描述事物的可变性及其变换，因此，能够进行推理和运算，甚至最后以计算机来作为工具。

给定事物的名称 M，它的 n 个特征 $c_1,c_2,\cdots,c_n$ 和相应的量值 $v_1,v_2,\cdots,v_n$ 以有序数组表示为

$$R = \begin{bmatrix} R_1 \\ R_2 \\ \vdots \\ R_n \end{bmatrix} = \begin{bmatrix} M & c_1 & v_1 \\ & c_2 & v_2 \\ & \vdots & \vdots \\ & c_n & v_n \end{bmatrix} \quad (10\text{-}22)$$

R 称为描述事物的 n 维物元，简记为 $R=(M,C,V)$，其中

$$C = \begin{bmatrix} c_1 \\ c_2 \\ \vdots \\ c_n \end{bmatrix}; \quad V = \begin{bmatrix} v_1 \\ v_2 \\ \vdots \\ v_n \end{bmatrix} \quad (10\text{-}23)$$

（二）物元分析评价法的数学模型

1. 物元

物元分析评价法是用来处理在某些条件下，用通常的方法无法达到预期目标的不相

容问题的一种分析方法（李祚泳等，2004）。在物元分析中，所描述的事物 M 及其特征 C 和量值 X 组成物元 R，其表达形式为

$$R = (M, C, X) \tag{10-24}$$

2. 物元矩阵

如果一个事物 M 需用 n 个特征 $c_1, c_2, \cdots, c_n$ 及其相应的量值 $x_1, x_2, \cdots, x_n$ 来描述，则称它为 n 维物元。并可用矩阵表示为

$$R = \begin{bmatrix} M & c_1 & x_1 \\ & c_2 & x_2 \\ & \vdots & \vdots \\ & c_n & x_n \end{bmatrix} \tag{10-25}$$

3. 节域对象物元矩阵

节域对象物元矩阵可表示为

$$R = \begin{bmatrix} M_p & c_1 & [a_{p1}, b_{p1}] \\ & c_2 & [a_{p2}, b_{p2}] \\ & \vdots & \vdots \\ & c_n & [a_{pn}, b_{pn}] \end{bmatrix} \tag{10-26}$$

式中，M_p 为由标准事物加上可转化为标准的事物组成的节域对象；$x_{pi} = [a_{pi}, b_{pi}]$ 为节域对象关于特征 C 的量值范围。

4. 经典域对象物元矩阵

经典域对象物元矩阵可表示为

$$R = \begin{bmatrix} M_B & c_1 & [a_{B1}, b_{B1}] \\ & c_2 & [a_{B2}, b_{B2}] \\ & \vdots & \vdots \\ & c_n & [a_{Bn}, b_{Bn}] \end{bmatrix} \tag{10-27}$$

式中，M_B 为标准对象；$x_{Bi} = [a_{Bi}, b_{Bi}]$ 为标准对象 M_B 关于特征 c_i 的量值范围。显然有 $x_{Bi} \subset x_{pi} (i = 1, 2, \cdots, n)$。

5. 关联函数定义

在物元评价中，关联函数表示物元的量值取为实轴上一点时，物元符合要求的取值范围程度。关联函数可以使解决不相容问题的结果量化。

6. 区间的模

有界区间 $x = [a, b]$ 的模定义为

$$x = |b - a| \tag{10-28}$$

7. 点到区间的距离

一个点 x_0 到区间 $x = [a, b]$ 的距离定义为

$$\rho(x_0, x) = \left| x_0 - \frac{1}{2}(a+b) \right| - \frac{1}{2}(b-a) \qquad (10\text{-}29)$$

8. 关联函数公式

若区间 $x_0 = [a,b], x_1 = [c,d]$，且 $x_0 \subset x_1$，则关联函数 $K(x)$ 的计算式为

$$K(x) = \begin{cases} -\dfrac{\rho(x_0, x)}{|x_0|} & , \ x \in x_0 \\ \dfrac{\rho(x_0, x)}{\rho(x, x_1) - \rho(x, x_0)} & , \ x \notin x_0 \end{cases} \qquad (10\text{-}30)$$

第三节　案例分析

案例一　人工神经网络模型在太湖富营养化评价中的应用

1. BP 网络模型的构建

BP 网络模型中隐含层的层数及各隐含层中神经元个数的确定方法是：先根据经验进行初步设计，然后再反复进行调试，最终以 BP 网络模型的全局误差趋于极小（或小于预先给定的允许误差）作为选取的准则（任黎等，2004）。经过多次尝试，确定了其结构，如图 10-3 所示。该网络经过学习训练后，全局误差趋于极小，即该网络是收敛的。该 BP 网络模型有三层，即输入层、隐含层和输出层。输入层有五个神经元，它们分别对应于湖泊富营养化评价的五个参数——叶绿素质量浓度、透明度、总磷质量浓度、总氮质量浓度、化学需氧量。另外，隐含层有五个神经元，输出层有一个神经元。

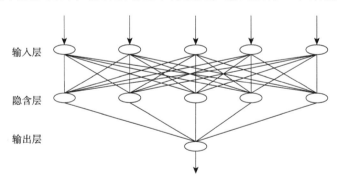

图 10-3　湖泊富营养化的 BP 网络评价模型结构

2. 评价标准的确定

评价标准的确定是湖泊富营养化程度评价中极为重要的一环。为了对太湖富营养化程度进行评价，结合太湖具体情况，提出评价太湖富营养化程度的五个评价指标、八个等级的评价标准，如表 10-1 所示。

表 10-1　太湖富营养化程度评价标准

等级	营养类型	叶绿素质量浓度/（mg·L⁻¹）	透明度/m	总磷质量浓度/（mg·L⁻¹）	总氮质量浓度/（mg·L⁻¹）	化学需氧量/（mg·L⁻¹）
Ⅰ	贫营养	0.001 6	8.00	0.004 6	0.079	0.48
Ⅱ	贫-中营养	0.004 1	4.40	0.010 0	0.160	0.96
Ⅲ	中营养	0.010 0	2.40	0.023 0	0.310	1.80
Ⅳ	中-富营养	0.026 0	1.30	0.050 0	0.650	3.60
Ⅴ	富营养	0.064 0	0.73	0.110 0	1.200	7.10
Ⅵ	重富营养	0.160 0	0.40	0.250 0	2.300	14.00
Ⅶ	严重富营养	0.400 0	0.22	0.555 0	4.600	27.00
Ⅷ	异常富营养	1.000 0	0.12	1.230 0	9.100	54.00

3. 评价指标的选择

要确切、快速地对产生富营养化的现象进行评价，必须选择正确的评价指标。与湖泊富营养化有密切关系的指标很多，这些指标可分为物理、化学和生物学指标。

根据太湖实际情况和所收集到的资料，本部分选择与太湖富营养化状况直接有关的总磷质量浓度、总氮质量浓度、化学需氧量、透明度和叶绿素质量浓度作为评价指标。

4. 应用实例

为了提高计算精度，减少学习次数，根据给出的太湖富营养化评价标准（表 10-1），给出对应于富营养化程度的八个等级、八个人为设定的学习模式及希望输出值，如表 10-2 所示。

表 10-2　BP 网络评价模型评价的训练样本

学习模式	叶绿素质量浓度/（mg·L⁻¹）	透明度/m	总磷质量浓度/（mg·L⁻¹）	总氮质量浓度/（mg·L⁻¹）	化学需氧量/（mg·L⁻¹）	营养类型	希望输出值
1	0.001 6	8.00	0.004 6	0.079	0.48	贫营养	0.000
2	0.004 1	4.40	0.010 0	0.160	0.96	贫-中营养	0.143
3	0.010 0	2.40	0.023 0	0.310	1.80	中营养	0.286
4	0.026 0	1.30	0.050 0	0.650	3.60	中-富营养	0.429
5	0.064 0	0.73	0.110 0	1.200	7.10	富营养	0.572
6	0.160 0	0.40	0.250 0	2.300	14.00	重富营养	0.715
7	0.400 0	0.22	0.555 0	4.600	27.00	严重富营养	0.858
8	1.000 0	0.12	1.230 0	9.100	54.00	异常富营养	1.000

BP 网络评价模型训练之前，网络各参数初始值如下。

输入层到隐含层的连接权矩阵：

$$w_{ij} = \begin{bmatrix} 0.2028 & 0.0153 & 0.4186 & 0.8381 & 0.5028 \\ 0.1987 & 0.7468 & 0.8462 & 0.0196 & 0.7095 \\ 0.6038 & 0.4451 & 0.5252 & 0.6813 & 0.4289 \\ 0.2722 & 0.9318 & 0.2026 & 0.3795 & 0.3046 \\ 0.1988 & 0.4660 & 0.6721 & 0.8318 & 0.1897 \end{bmatrix}$$

隐含层的阈值：

$$a_j = \begin{bmatrix} 0.6979 & 0.3784 & 0.8600 & 0.8537 & 0.5936 \end{bmatrix}$$

隐含层到输出层的连接权矩阵：

$$u_i = \begin{bmatrix} 0.6979 & 0.3784 & 0.8600 & 0.8537 & 0.5936 \end{bmatrix}$$

输出层的阈值：

$$r = \begin{bmatrix} 0.3675 \end{bmatrix}$$

学习系数：$\alpha = 0.6$，$\beta = 0.6$。

根据太湖富营养化评价标准（表 10-1），以表 10-2 中的数据对图 10-3 所示的 BP 网络模型进行训练，当完成 80 008 次训练之后，全局误差值为 0.000 1，达到了所要求的精度，因此结束训练。训练后 BP 网络模型输出的评价标准如表 10-3 所示。

表 10-3 训练后 BP 网络模型输出的评价标准

营养类型	叶绿素质量浓度/（mg·L⁻¹）	透明度/m	总磷质量浓度/（mg·L⁻¹）	总氮质量浓度/（mg·L⁻¹）	化学需氧量/（mg·L⁻¹）	希望输出值	实际输出值
贫营养	0.001 6	8.00	0.004 6	0.079	0.48	0.000	0.011 7
贫-中营养	0.004 1	4.40	0.010 0	0.160	0.96	0.143	0.140 1
中营养	0.010 0	2.40	0.023 0	0.310	1.80	0.286	0.288 5
中-富营养	0.026 0	1.30	0.050 0	0.650	3.60	0.429	0.426 9
富营养	0.064 0	0.73	0.110 0	1.200	7.10	0.572	0.574 4
重富营养	0.160 0	0.40	0.250 0	2.300	14.00	0.715	0.712 5
严重富营养	0.400 0	0.22	0.555 0	4.600	27.00	0.858	0.859 5
异常富营养	1.000 0	0.12	1.230 0	9.100	54.00	1.000	0.994 5

BP 网络评价模型训练结束后，网络各参数值如下。

输入层到隐含层的连接权矩阵：

$$w_{ij} = \begin{bmatrix} 0.2991 & -0.3768 & 0.4415 & 1.0075 & -0.0223 \\ 0.2106 & 0.2511 & 0.8736 & 0.2592 & 1.9266 \\ 1.5760 & -0.7506 & 1.0615 & -0.3781 & 0.1154 \\ 0.2946 & 0.2884 & 0.2502 & 0.7923 & 2.2842 \\ 0.4993 & -0.3990 & 0.7627 & -0.8703 & 0.1716 \end{bmatrix}$$

隐含层的阈值：

$$a_j = \begin{bmatrix} -2.0003 & 0.9901 & 4.5907 & 2.3087 & 1.3244 \end{bmatrix}$$

隐含层到输出层的修正连接权矩阵：

$$u_i = \begin{bmatrix} 7.704\,7 & -2.107\,8 & 3.992\,1 & -3.016\,7 & 2.783\,9 \end{bmatrix}$$

输出层的阈值：

$$r = \begin{bmatrix} 2.458\,2 \end{bmatrix}$$

把湖泊水质观测数据提供给网络，借助计算机，可评价水质富营养化状况。本部分利用所建立的模型对太湖 1994～2000 年的富营养化状况进行了评价。由评价结果可知，1994～2000 年太湖共出现五种营养类型：贫-中营养、中营养、中-富营养、富营养和重富营养。在各营养类型中，中-富营养区分布最广，占全湖面积的 70%以上，主要分布在湖心、南部沿岸区和东部沿岸区；其次是中营养区和富营养区，中营养区主要分布在东太湖及部分东部沿岸区，富营养区则出现在北部湖区（如梅梁湖、五里湖）和西部岸边带，夏季富营养区约占全湖面积的 10%。这些区域一方面受城市污水的影响，另一方面也是入湖河道污染物负荷最大区域。贫-中营养和重富营养是太湖两个极端的营养类型，平均而言，太湖 2000 年处于中-富营养状态，营养水平处于中营养向富营养发展的过渡状态。

案例二　基于可拓物元-马尔可夫模型的省域生态环境质量动态评价与预测——以江西省为例

一、建模原理

利用可拓物元法来评价省域生态环境质量，可以通过建立省域多指标性能参数的生态环境质量评定模型，并能以定量的数值表示评定结果，从而能够较完整地反映生态环境质量的综合水平与等级（刘耀彬和朱淑芬，2009）。

马尔可夫理论指出：系统达到每一状态的概率仅与近期状态有关，在一定时期后马尔可夫过程逐渐趋向稳定状态而与原始条件无关，这一特性称为"无后效性"，即事物的第 n 次试验结果仅取决于第 $n-1$ 次试验结果，第 $n-1$ 次试验结果仅取决于第 $n-2$ 次试验结果，依此类推。这一系列转移过程的集合叫作马尔可夫链或称为时间和状态均离散的马尔可夫过程。对马尔可夫过程和马尔可夫链进行分析，并对未来的发展进行预测称为马尔可夫分析。

马尔可夫过程实际上是一个将系统的"状态"和"状态转移"定量化了的系统状态转换数学模型，而可拓物元法则是对事物状态的一种评价方法。因此，可以把利用可拓物元法对省域生态环境质量评价的等级作为马尔可夫"状态"和"状态转移"分析的依据，将两个模型进行有效衔接，从而实现对省域生态环境质量的动态评价与预测。

二、江西省生态环境质量动态评价与预测

（一）建立物元模型来动态评价生态环境综合等级

1. 描述物元

利用物元模型来评价省域生态环境质量至少包括五个递进的步骤，而其中首要的就是对物元的描述。将所评价的省域生态环境质量记作 M，M 的特征记作 C，M 关于 C 的量值记作 V，则称有序三元组 $R=(M, C, V)$ 为生态环境质量物元。若 M 有多个特征，并以 n 个特征 $c_1,c_2,\cdots,c_n$ 和相应的量值 R 称为 n 维生态环境质量物元：

$$V = q(P - C_v)\Delta Q - C \tag{10-31}$$

式中，关于特征 c_i 量值范围 $v_i = \left[a_i(x), b_i(x)\right]$，$x$ 为 c_i 特征指标。为了简便地描述生态环境质量物元，这里依据生态环境概念和内涵，根据系统分解协调原理，从水、土、大气、生物、资源与能源等五方面对生态环境质量特征 c_i 进行刻画与细化，同时考虑到生态环境众特征对整个系统的正负功效的差异，本部分的研究借鉴了中国科学院可持续发展战略研究组的研究成果，将生态环境综合质量划分为水平、压力和保护三个特征集。值得说明的是，由于生态环境质量物元评价涉及面很宽，数据收集比较困难，为简单起见，本次研究分别选取：①生态环境状态，通常由资源条件（包括人均水资源拥有量 Y_1、人均耕地面积 Y_2、单位面积粮食产量 Y_3 三个特征指标）和生态条件（包括人均公共绿地面积 Y_4、建成区绿化覆盖率 Y_5 两个特征指标）构成；②生态环境压力，通常由排放强度（包括单位面积工业废水排放量 Y_6、单位面积工业废气排放量 Y_7、单位面积工业固体废物产生量 Y_8 三个特征指标）来表示；③生态环境保护，可由环境治理（包括工业废水排放达标率 Y_9、工业固体废物综合利用率 Y_{10} 两个特征指标）、环保投入（包括万元工业产值能耗量 Y_{11}、万元工业废水排放量 Y_{12}、万元工业废气排放量 Y_{13}、万元工业固体废物产生量 Y_{14} 四个特征指标）构成。通过对 14 个指标进行合成，生态环境质量物元就可以由 14 个特征指标集来衡量。

2. 确定经典域与节域

由生态环境质量的特征及其标准量值范围组成的物元矩阵称为生态环境质量经典域，记为 R_0。由经典物元加上可以转化为经典物元的生态环境质量特征和此特征相应拓广了的量值范围组成的物元矩阵，称为生态环境质量节域 R_c。这里运用可拓集合概念，将生态环境质量物元{良好→较好→一般→差}中的渐变分类关系由定性描述扩展为定量描述，从而辨识这个经典域的层次关系。首先，将问题概述为：设特征状态 $N=\{$良好→较好→一般→差$\}$，$N_{01}=\{$良好$\}$，$N_{02}=\{$较好$\}$，$N_{03}=\{$一般$\}$，$N_{04}=\{$差$\}$，则 N_{01}、N_{02}、N_{03}、$N_{04} \in R_c$，对任何 $R_i<R_c$，判断 R_i 属于 N_{01} 或 N_{02}、N_{03}、N_{04}，并计算隶属程度。本次研究对于生态环境质量等级标准的确定，参考了国家、行业及国际相关标准、省域生态环境背景值、类比标准及生态效应程度等；社会经济方面的等级标准参考了全国平均水平、全省平均水平、发达地区水平、国际通行标准等。据此建立生态环境质量评价的经典域物元的评价标准（表 10-4）。

表 10-4　生态环境质量评价的经典域物元的评价标准

	Y_1	Y_2	Y_3	Y_4	Y_5	Y_6	Y_7	Y_8	Y_9	Y_{10}	Y_{11}	Y_{12}	Y_{13}	Y_{14}
良好	10 000	1.20	10 000	10	60	1 000	10	20	90	90	0.5	10	1	1
较好	5 000	0.08	8 000	6	45	2 500	100	100	80	80	1	30	2	2
一般	3 500	0.05	4 500	4	30	5 000	500	500	60	60	3	50	3	5
差	1 000	0.03	3 000	2	15	15 000	1 000	1 000	50	50	8	100	5	20

3. 计算矩与关联函数

矩 $\rho\left(x_j, X_{ij}\right)$ 和 $\rho\left(x_j, X_{pj}\right)$ 是指实数轴上点 x_j 与区间 $X_{ij}=\left(a_{ij}, b_{ij}\right)$ 和 $X_{pj}=\left[a_{pj}, b_{pj}\right]$ 之间的距离，其计算公式为

$$\rho\left(x_j, X_{ij}\right)=\left|x_j - \frac{1}{2}\left(a_{ij}+b_{ij}\right)\right|-\frac{1}{2}\left(b_{ij}-a_{ij}\right), \rho\left(x_j, X_{pj}\right)=\left|x_j - \frac{1}{2}\left(a_{pj}+b_{pj}\right)\right|$$
$$-\frac{1}{2}\left(b_{pj}-a_{pj}\right), X_{ij}=\left|b_{ij}-a_{ij}\right| \tag{10-32}$$

关联函数 $k(x)$ 表示被评价单元与某标准的隶属程度的函数，关联函数的数值代表关联度。关联函数的选取应当根据生态环境的特征与可拓集合理论相结合的方法确定，关联度可用关联函数 $k_i\left(x_j\right)$ 表示：

$$k_i\left(x_j\right)=\begin{cases} \dfrac{-\rho\left(x_j, X_{ij}\right)}{X_{ij}} & , x_j \in X_{ij} \\ \dfrac{\rho\left(x_j, X_{ij}\right)}{\rho\left(x_j, X_{pi}\right)-\rho\left(x_j, X_{ij}\right)} & , x_j \notin X_{ij} \end{cases} \tag{10-33}$$

4. 计算权系数

在生态环境质量物元评价中，考虑到各特征指标对整体物元的贡献程度不同，应根据其作用大小分别赋予不同的权值。权值的计算方法可根据实际情况选取，不同的评价目的及评价因子按不同的公式进行计算。为了计算简便，这里采用门限法进行计算。如果对于评价等级 $N_i(i=1, 2, \cdots, m)$ 的门限值 X_{ji} 为 $(j=1, 2, \cdots, n)$，则权系数 w_{ij} 可采用式（10-34）进行计算：

$$w_{ij}=x_{ij} / \sum_{i=1}^{n} x_{ij}, \quad i=1, 2, \cdots, n; j=1, 2, \cdots, m \tag{10-34}$$

由于各评价指标的量化值所在的区间不完全相同，有的评价指标是数值越小、级别越高，而有的则相反，故对各评价指标和评价标准分别按照式（10-35）进行归一化处理：

$$\begin{cases} d_i=x_i / \max\left(x_i\right), & \text{对于越大越优型} \\ d_i=\min\left(x_i\right) / x_i, & \text{对于越小越优型} \end{cases} \tag{10-35}$$

式中，d_i、x_i、$\max\left(x_i\right)$ 和 $\min\left(x_i\right)$ 分别为归一化后的标准值、未归一化的标准值、各分级的最大门限值和最小门限值。根据式（10-34）得到江西省生态环境质量特征指标的各个权系数矩阵（表 10-5）。

表 10-5　生态环境质量物元特征指标的权重

	Y_1	Y_2	Y_3	Y_4	Y_5	Y_6	Y_7	Y_8	Y_9	Y_{10}	Y_{11}	Y_{12}	Y_{13}	Y_{14}
良好	0.071 4	0.071 4	0.071 4	0.071 4	0.071 4	0.071 4	0.071 4	0.071 4	0.071 4	0.071 4	0.071 4	0.071 4	0.071 4	0.071 4
较好	0.071 1	0.009 5	0.113 8	0.085 4	0.106 7	0.056 9	0.014 2	0.028 5	0.126 5	0.126 5	0.071 1	0.047 4	0.071 1	0.071 1
一般	0.082 6	0.009 8	0.106 3	0.094 5	0.118 1	0.047 2	0.004 7	0.009 4	0.157 4	0.157 4	0.039 4	0.047 2	0.078 7	0.047 2
差	0.040 1	0.010 0	0.120 2	0.080 2	0.100 2	0.026 7	0.004 0	0.008 0	0.222 6	0.222 6	0.025 0	0.040 1	0.080 2	0.020 0

资料来源:《江西统计年鉴》《江西省环境状况公报》《江西省水资源公报》(2001~2006年)。

5. 计算综合关联度及质量评价等级评定

综合关联度 $K_j(p)$ 是关联度与权系数的乘积,即

$$K_j(p) = \sum_{j=1}^{n} w_i k_j(x_j) \qquad (10\text{-}36)$$

式中, $K_j(p)$ 为待评价单元 p 关于 j 等级的综合关联度。综合关联度以等级来充分考虑隶属关系以及某因子对整个生态环境质量物元评价时的影响程度,因此其评价更客观、准确。若 $K_j=\max[K_j(p)]$,则待评价单元 p 属于等级 j,即可确定被评价对象的生态环境质量物元的最终等级。

收集得到 2000~2005 年江西省 11 个地区的上述 14 个特征指标数据,通过利用建立的生态环境质量物元的评价模型,分别计算得到 2000~2005 年各个地区的生态环境质量物元的综合关联度得分并进一步进行等级划分(表 10-6)。由表 10-6 可以看出,各个地区生态环境综合质量演化情况存在一定差别,有的地区生态环境持续好转,有的地区生态环境综合质量基本保持不变化,而有些地区则呈现波动态势:①生态环境趋向更好的地区有南昌、景德镇和抚州,这三个地区濒临鄱阳湖,其生态环境本底条件较好,又加上环境投入力度较大,它们生态环境质量由"较好"变为"良好";②基本保持不变的地区有萍乡、九江、赣州、宜春和上饶,尽管这些地区生态环境本底条件不够理想,但这些地区在经济发展中注意了环境保护与技术进步,所以生态环境状况基本保持不变;③生态环境综合质量呈现波动的地区有新余和吉安。新余由于钢铁工业的迅速发展,其生态环境质量呈现出由"一般"→"较好"→"一般"的变化态势,而吉安由于资源型产业和医药工业快速发展,其生态环境质量在"较好"和"良好"之间波动;④生态环境综合质量持续改善的是鹰潭,该市在推行生态建市的战略作用下,其生态环境综合质量得分持续上升,等级也不断跃进。

表 10-6　2000~2005 年江西省生态环境质量动态变化

地区	2000 年		2001 年		2002 年		2003 年		2004 年		2005 年	
	关联度	等级	关联度	等级	关联度	等级	关联度	等级	关联度	等级	关联度	等级
南昌	-0.001 7	较好	-0.118 6	较好	-0.091 1	较好	-0.198 3	良好	-0.187 8	良好	-0.190 4	良好
景德镇	-0.029 9	较好	-0.123 8	较好	-0.046 8	较好	-0.383 3	良好	-0.392 4	良好	-0.383 3	良好
萍乡	-0.100 5	较好	-0.153 5	较好	-0.019 2	较好	-0.101 4	较好	-0.084 2	较好	-0.333 1	良好
九江	0.061 39	较好	-0.043 5	较好	-0.041 0	较好	-0.053 0	较好	-0.172 7	较好	-0.278 0	较好
新余	-0.247 7	一般	-0.135 2	较好	-0.126 2	较好	-0.166 3	较好	-0.366 0	较好	-0.314 2	一般

续表

地区	2000 年		2001 年		2002 年		2003 年		2004 年		2005 年	
	关联度	等级	关联度	等级	关联度	等级	关联度	等级	关联度	等级	关联度	等级
鹰潭	-0.245 2	差	-0.239 6	差	-0.238 6	差	-0.181 9	一般	-0.125 7	一般	-0.311 0	较好
赣州	-0.101 5	良好	-0.166 4	良好	-0.165 1	较好	-0.165 6	良好	-0.076 7	良好	-0.094 3	良好
吉安	-0.153 8	良好	-0.098 5	较好	-0.228 8	良好	-0.089 5	较好	-0.086 6	较好	-0.081 9	较好
宜春	-0.066 9	较好	-0.072 3	较好	-0.020 3	较好	-0.207 7	较好	-0.215 6	较好	-0.214 8	较好
抚州	-0.040 6	较好	-0.152 4	良好	-0.145 0	良好	-0.185 5	较好	-0.152 2	良好	-0.131 4	良好
上饶	-0.205 6	较好	-0.275 9	较好	-0.171 4	较好	-0.252 7	较好	-0.339 0	较好	-0.383 7	良好

资料来源:《江西统计年鉴》、《江西省环境状况公报》、《江西省水资源公报》(2001~2006 年)。

（二）建立马尔可夫链来预测生态环境质量演化趋势

1. 状态划分

在马尔可夫预测中，"状态"是指某一事件在某个时刻（或时期）出现的某种结果。一般而言，随着研究的事件及其预测的目标不同，状态可以有不同的划分方式。在本次研究中，直接利用了可拓物元法对生态环境质量分级的结果，将生态环境质量状态划分为"良好"、"较好"、"一般"和"差"四种类型，记为 $N=[N_{01}, N_{02}, N_{03}, N_{04}]$，于是可以对江西省各个地区的生态环境质量状态的数据进行统计（表 10-7）。从表 10-7 可以看出，2000~2005年江西省生态环境质量整体上转好，具体体现在良好地区的土地面积比重总体上有所增加，由 2000 年的 39%增长到 2005 年的 58%；较好地区和一般地区的土地面积比重在总体上呈现下降态势；而差地区的土地面积比重则呈现稳定态势。

表 10-7　2000~2005 年江西省各地区生态环境质量类型面积统计

地区类型	2000 年		2001 年		2002 年		2003 年		2004 年		2005 年	
	面积/ hm²	比重/%	面积/ hm²	比重/%	面积/ hm²	比重/%	面积/ hm²	比重/%	面积/ hm²	比重/%	面积/ hm²	比重/%
良好地区 (N_{01})	64 650.71	39	58 196.56	35	44 087.99	26	52 029.90	31	70 846.82	42	97 464.79	58
较好地区 (N_{02})	95 577.92	57	105 195.74	63	119 304.31	72	111 362.40	67	92 545.48	56	66 318.09	40
一般地区 (N_{03})	3 163.67	2	0.00	0	0.00	0	3 554.25	2	3 554.25	2	0.00	0
差地区 (N_{04})	3 554.25	2	3 554.25	2	3 554.25	2	0.00	0	0.00	0	3 163.67	2

2. 建立状态转移概率矩阵

在马尔可夫链中，设生态环境质量物元由状态 N_i 经过一个时期以后，转移到状态 N_j 的概率为 P_{ij}（$0 \leq P_{ij} \leq 1$，$\sum_{j=1}^{n} P_{ij} = 1$），则其全部一步转移概率的集合可组成一个矩阵，该矩阵叫作一步转移概率矩阵 P。

根据上述生态环境质量状态变化情况，分别可以得到 2000~2001 年、2001~2002

年、2002～2003 年、2003～2004 年、2004～2005 年的状态转移数，进而可求得五个年
段的状态转移概率矩阵。经过观察，这五个年段的状态转移概率矩阵近似相等，因此，
可以将江西省各个地区生态环境质量状态变化看成一个平稳的马尔可夫过程。同时，为
减少随机误差，增加一步转移矩阵计算的可信度和准确性。可将这五个年段的状态转移
概率矩阵求平均，得到状态转移概率矩阵：

$$p = \begin{bmatrix} 0.60 & 0.40 & 0 & 0 \\ 0.224 & 0.743 & 0.033 & 0 \\ 0 & 0.40 & 0.60 & 0 \\ 0 & 0 & 0.20 & 0.80 \end{bmatrix}$$

3. 进行马尔可夫预测

根据马尔可夫随机过程理论，可以利用初始状态概率矩阵模拟出某一初始年后若
干年乃至稳定时期的各种生态环境质量类型所占的面积比重。设第 k 年各种生态环境
质量类型所占面积比重的状态为 $\lambda^k = (\lambda^{k_1}, \lambda^{k_2}, \lambda^{k_3}, \lambda^{k_4})$，那么 $\lambda^0 = (\lambda^{0_1}, \lambda^{0_2}, \lambda^{0_3}, \lambda^{0_4}) = (0.387, 0.568, 0.003, 0.021)$（2000～2005 年这六年各种生态环境质量类型所占面积比重的
平均值），则第 k 年的各种生态环境质量类型所占面积比重的状态，可根据 k 步转移矩阵
得到：

$$\lambda^k = \lambda^0 \cdot p^k \tag{10-37}$$

在 MATLAB 软件的支持之下，分别模拟五年和十年后江西省各种生态环境质量类
型所占面积比重分别是 $\lambda^5(0.345, 0.583, 0.034, 0.013)$ 和 $\lambda^{10}(0.334, 0.588, 0.048, 0.009)$。可
见,按目前变化,江西省五年后各种生态质量类型所占面积比重的状态为 0.345∶0.583∶
0.034∶0.013，而十年后各种生态质量类型所占面积比重的状态为 0.334∶0.588∶
0.048∶0.009。由对比可以推测：江西省经过五到十年的发展，其大多数地区的生态环
境质量将从"良好"、"差"两个等级向"较好"、"一般"转移，特别是生态环境质量等
级为"较好"的地区所占面积比重的增长较快。可见，按照现有的治理模式，江西省生
态环境综合质量在整体上还是在向"较好"方向演进。

三、结论与讨论

在建立了生态环境质量物元评价指标体系的基础上，以江西省为例，利用可拓物元
模型来动态评价其生态环境质量变化情况；应用这种分级体系，利用马尔可夫预测其未
来五到十年生态环境质量演变趋势。研究得到如下结论并做出讨论。

可拓物元模型动态评价结果表明，2000～2005 年江西省生态环境质量整体上转好，
但 11 个地区生态环境质量演化情况存在一定差别，生态环境质量趋向更好的地区有南
昌、景德镇和抚州，基本保持不变的地区有萍乡、九江、赣州、宜春和上饶，生态环境
质量呈现波动的地区有新余和吉安，而生态环境质量持续改善的是鹰潭。可见，生态环
境质量不仅和地区环境质量本底有关，还与地区的产业结构和环境保护方式等因素有
关，这些因素共同作用导致地区生态环境质量分异。而马尔可夫预测表明，江西省经

过五到十年的发展之后，其大多数地区的生态环境质量将从"良好"、"差"两个等级向"较好"、"一般"两个等级转移，特别是生态环境质量等级为"较好"的地区所占面积比重的增长较快。可见，按照现有的治理模式，江西省生态环境综合质量在整体上还是在向"较好"方向演进。

第十一章　环境价值评估模型与案例

第一节　环境价值评估问题

一、环境资源的价值

传统经济学认为自然资源只有通过人的劳动，并被转化为商品或服务时才有价值。环境经济学则将环境（包括自然资源和生态环境）看作一种与人造资本同等重要的资本形式，即环境是有价值的。

大自然除了提供原材料如矿产、燃料、水等，还提供具有重要价值的服务如吸收废物，调节地球能量平衡、全球气候、物质循环，维持生物多样性等。

虽然环境的价值不能用市场价值来评估，但是经济决策的过程不可避免地将其价值包含在内。在工业化和城镇化的过程中，生态环境正在快速地退化。一系列环境问题的惨痛教训使人们认识到人类的决策必须把环境考虑在内，必须重视环境的价值、注重保持和改善环境的质量，必须对人类的经济行为进行环境的成本与效益的评估，进而做出理性的决策。

二、环境价值评估

环境价值评估是指将环境价值货币化，是进行环境资产或自然资产的价值评估，计算环境污染、资源耗竭和生态破坏造成的损失，分析防治环境污染、资源耗竭和生态破坏措施的费用和效益，实施建设项目环境影响评价的环境经济分析，以及实行环境核算并将其纳入国民经济核算体系的前提条件和基础工作。

目前国际上比较流行的环境价值评估模式提出了一个总经济价值的概念。任何商品和服务的总经济价值都是由使用价值和非使用价值组成。使用价值又分为直接使用价值、间接使用价值和选择价值。非使用价值包括存在价值和遗赠价值（过孝民等，2009）。

总经济价值=使用价值+非使用价值

使用价值=直接使用价值+间接使用价值+选择价值

非使用价值=存在价值+遗赠价值

总经济价值=直接使用价值+间接使用价值+选择价值+存在价值+遗赠价值

第二节　环境价值评估方法与模型

目前，环境价值评估的基本方法主要分为四类：直接市场法、替代市场法、费用分析法和意愿调查评估法（王艳，2006；郭明等，2003）。

一、直接市场法

（一）市场价值法

市场价值法是费用效益分析的一种基本方法，其基本原理为：将生态环境作为一种生产要素，生态环境质量的变化导致生产率和生产成本的变化，进而影响产量和利润，从而推算出环境质量的变化所带来的经济上的影响。

市场价值法可有以下两种情况。

（1）生产要素不变。此时的生态环境价值为

$$V = q(P - C_v)\Delta Q - C \qquad (11\text{-}1)$$

式中，V 为生态环境价值；P 为产品的价格；C_v 为单位产品的可变成本；C 为成本；q 为一单位的产量 Q，通常为 1；ΔQ 为产量的增加量。

（2）要素价格变化。则生态环境价值为

$$V = \frac{\Delta Q(P_1 + P_2)}{2} \qquad (11\text{-}2)$$

式中，ΔQ 为产量变化量；P_1 为产量变化前的价格；P_2 为产量变化后的价格。

市场价值法有如下特点。

（1）优点：①简单、实用；②所需数据量少，易计算。

（2）缺点：①只考虑作为有形交换的商品价值，没有考虑作为无形交换的生态价值；②只考虑直接经济效益，没考虑间接经济效益。

但考虑到目前的情况，市场价值法仍被广泛应用于人类资源利用活动产生的生态环境破坏对自然系统或人工系统影响的评价。

（二）机会成本法

机会成本法也是费用效益分析的组成部分，任一自然资源都存在许多互相排斥的备选方案，将其失去使用机会的方案中获得的最大经济效益称为该资源选择方案的机会成本。理论计算公式如下：

$$L_i = S_i W_i \qquad (11\text{-}3)$$

式中，L_i 为 i 种资源损失机会成本的价值；S_i 为 i 种资源单位机会成本；W_i 为 i 种资源损失的数量。

机会成本法简单易懂，能为决策者提供科学的依据，有利于更好地配置资源，常被用于某些资源应用的社会净效益不能直接估算的场合，如耕地生产力下降损失、水资源短缺引起的价值损失等。

（三）人力资本法

人力资本法通过市场价格和工资多少来确定个人对社会的潜在贡献，并以此来估算生态环境变化对人体健康影响的损益。

生态环境恶化对人体健康造成的影响主要有以下三方面：①污染致病、致残或早逝，从而减少本人和社会的收入；②医疗费用的增加；③精神或心理上的代价。

莱克是最早将人力资本加以应用的人，他对过早死亡和医疗费用开支增加的计算公式如下：

$$V_x = \sum_{n-x}^{\infty} \frac{\left(P_x^n\right)_1 \left(P_x^n\right)_2 \left(P_x^n\right)_3 Y_n}{(1+r)^{n-r}} \qquad (11\text{-}4)$$

式中，V_x 为年龄为 x 的人的未来总收入的现值；$\left(P_x^n\right)_1$ 为该人活到年龄为 n 的概率；$\left(P_x^n\right)_2$ 为该人在 n 年龄内具有劳动能力的概率；$\left(P_x^n\right)_3$ 为该人在 n 年龄内具有劳动能力期内被雇佣的概率；Y_n 为该人在年龄为 n 时的收入；r 为贴现率。

米山对上述公式进行了改进，其计算公式如下：

$$V_t = \sum_{t=T}^{\infty} Y_t P_T^t (1+r)^{-(t-T)} \qquad (11\text{-}5)$$

式中，V_t 为年龄为 t 的人的未来总收入的现值；Y_t 为预期个人在第 t 年内所获得的总收入或增加的价值，扣除由他拥有的任何非人力资本的收入的余额；P_T^t 为个人在现在或第 T 年活到第 t 年的概率。

人力资本法的出现对生命价值量化的探索和突破做出了很大贡献，但也存在难以克服的缺陷，主要有以下三点：①伦理道德问题；②效益归属问题；③理论上的缺陷。

（四）预期收益资本化法

预期收益资本化法的基本理论公式如下：

$$P = \frac{a_1}{(1+r_1)} + \frac{a_2}{(1+r_1)(1+r_2)} + \cdots + \frac{a_n}{(1+r_1)(1+r_2)\cdots(1+r_n)} \qquad (11\text{-}6)$$

式中，P 为环境价值的基本值；$a_1, a_2, \cdots, a_n$ 为各年的收益或租金；$r_1, r_2, \cdots, r_n$ 为各年的贴现率。

假设未来各年的 a、r 值都相等，当 $n \to \infty$ 时，有 $P = a/r$。

预期收益资本化法的缺点是简单粗略，优点是快捷实用，在没有条件进行详细调查研究时，可立即获得某环境资源价值的大致估值。

在环境资产的实际交易中，需做稀缺性即供求关系调整和时间价值调整。

二、替代市场法

替代市场法就是找到某种有市场价格的替代物，来间接衡量没有市场价格的环境物品的价值。针对不同情况，有替代市场价值法、资产价值法、工资差额法、旅行费用法、土地价值法等。以下主要介绍替代市场价值法和旅行费用法。

（一）替代市场价值法

生态环境质量的变化，有时不会导致商品和劳务产出量的变化，但可能影响商品其他替代物或补充物和劳务的市场价格，因此可利用市场信息间接估计生态环境质量变化的价值。

替代市场价值法可应用于水土流失中养分流失损失（植被破坏或山地农业造成的）、森林破坏释氧能力损失等。

（二）旅行费用法

旅行费用法是一种评价无价格商品的方法，广泛应用于户外娱乐场所的评估。其基本原理是通过交通费、门票费等旅行费用资料确定某环境服务的消费者剩余，并以此来估算该环境服务的价值。

1. 主要模型

它主要有三个模型：分区模型、个体模型、随机效用模型。其中，个体模型和随机效用模型是针对分区模型存在的问题而设计的。

1）分区模型

假设这个娱乐场所不需要交纳入场费。

第一步：以该场所为中心，将要分析的场所四周的面积分成距离不等的同心圆。

第二步：进行游客调查，以便确定消费者的出发地、旅行费用、旅游率和其他各种社会经济因子。

第三步：进行回归分析，得到"全经验"需求曲线，其通常形式为

$$Q_i = f(\mathrm{TC}, x_1, x_2, \cdots, x_n) \tag{11-7}$$

式中，Q 为旅游率；TC 为旅行费用；$x_1, x_2, \cdots, x_n$ 为包括收入、教育水平和其他有关的一系列社会经济变量。

第四步：依据上述所得的"全经验"需求曲线，采取梯形面积加和法或积分法等适当方式计算环境服务的价值。

2）个体模型

个体模型弥补了分区模型将同一分区内的所有人都视为同质个体的缺陷，另外，也较容易处理时间的机会成本和替代旅行场所等问题。

3）随机效用模型

随机效用模型引入了环境质量，不仅可以评估旅游地的环境价值，而且可更好地评估一个旅游地环境质量变化的价值，以及某一特色环境的景观价值。

2. 适用情况

在对旅游地的环境服务价值评估中，主要游客为当地居民时多采用个体模型；主要游客为广大范围人口时多采用分区模型；随机效用模型常用于评估旅游地环境质量变化引起的价值变化和新增景观的价值。

应用旅行费用法时，应注意两点：①旅行费用法与其他货币度量法相比，前者将效益等同于消费者剩余，而后者常忽略消费者剩余；②效益是现有收入的分配函数。

三、费用分析法

一种资源被破坏了，可把恢复或保护它不受破坏所需的费用作为该环境资源破坏带来的经济损失。费用分析法主要包括防护费用法、恢复费用法、影子工程法。本书主要介绍影子工程法。

影子工程法（替代工程法）是恢复费用法的一种特殊形式。环境的经济价值难以直接估算时，可借助于能够提供类似功能的替代工程来表示该生态环境的价值。例如，森林生产有机物的价值、涵养水源的价值、防止泥沙流失的价值均可采用此法。理论公式如下：

$$V = f\left(x_1, x_2, \cdots, x_n\right) \tag{11-8}$$

式中，V 为被求测的生态环境价值；$x_1, x_2, \cdots, x_n$ 为替代工程中各项目的建设费用。

影子工程法的优点是：将难计算的生态价值转换为可计算的经济价值，将不可数量转化为可数量，由难变易。缺点是：①替代工程的非唯一性；②两种功能效用的异质性，生态系统的许多功能是无法用技术手段来代替的；③人们支付意愿的时间性。

为尽可能地减少误差，可考虑同时采用几种替代工程，然后选取最符合实际的或取其平均。

四、意愿调查评估法

意愿调查评估法，是在缺乏与市场有关的数据情况下，为了获得对环境资源价值或保护措施效益的评价，通过消费者调查或专家访问的方式，了解消费者的支付意愿或他们对商品或劳务的数量的选择愿望。

根据获取数据的途径不同，可将意愿调查评估法细分为以下五种方法：投标博弈法、比较博弈法、无费用选择法、优先评价法和德尔菲法。

意愿调查评估法的特点为：适用于对非使用价值（存在价值和遗赠价值）占较大比重的独特景观和文物古迹价值的评价，因此被广泛应用于估算公共资源、空气或水的质量，以及具有美学、文化、生态、历史价值但没有市场价格的物品的价值。

第三节　案 例 分 析

案例　城市环境污染的经济损失及其评估——以山城重庆为例

一、环境污染与损失

城市环境污染具有典型的外部性特征，如何准确计量其污染引起的经济损失是学术界一直探讨的核心问题。本书较全面地进行了城市环境污染所引致的经济损失的类别与途径分析，并运用市场价值法、疾病成本法（人力资本法）、机会成本法、影子工程法等环境经济学的基本原理和方法，计算了山城重庆2002年城市环境污染的经济损失（渠涛和杨永春，2005）。

城市环境污染主要有大气、水、噪声及固体废弃物污染四个方面，分别经过不同的途径与机制引致经济损失。城市环境污染的经济损失大致可以分为直接损失与间接损失、域内损失与域外损失等类型。

大气污染直接造成了各种呼吸道疾病、误工、清洗等直接费用的提高，并以酸雨等方式造成生态系统退化、农作物产量降低和品质变差等，进而导致粮食储存费用增高、食品安全危机（疾病增多）、生态环境保护费用提高、部分精密产品质量降低等直接经济损失。同时，也可造成人才流失、部分新兴产业难以发展等潜在经济损失等。由地形原因所导致的逆温天气增多现象在西部河谷型城市尤为突出。

水污染可以造成淡水资源短缺、农产品品质下降、生态系统退化、远距离调水或净化水费用、生态系统恢复成本与景观损失（旅游损失）、水资源争夺与利用协调成本等直接或间接损失。

噪声污染不但可以造成相关资产的贬值和降低噪声影响费用的增高，也可降低人类的工作效率，甚至诱发心脏病、精神分裂等疾病和居民的无端烦恼等，提高人类生活的经济成本。

固体废弃物污染主要是占用土地费用、处理垃圾成本，甚至污染耕地治理费用等。另外，水污染、大气污染、噪声污染、固体废弃物污染等都能部分降低相关地域的房地产价值和城市景观的游憩效果。对于西部河谷型城市而言，优美的山水城市建设效果不尽如人意。

二、重庆城市环境污染经济损失的计算

（一）方法与步骤

本书采取确定污染危害的范围、证实所有可能带来的危害、确定相关的经济影响、

量化这些影响、选择适当的方法货币化五个步骤。主要采用市场价值法、疾病成本法（人力资本法）、机会成本法、影子工程法等方法，用市场和调查两种方法相结合，在参照前人成果的基础上，分别计算出城市环境大气污染损失、水污染损失、噪声污染损失和固体废弃物污染损失（其中每一类污染损失又分为污染引起的健康损失、污染引起的生产力损失及污染引起的其他损失），最后汇总得出重庆市 2002 年环境污染的经济损失。

（二）资料调查

2003 年 10 月在重庆市进行了为期 21 天的社会抽样调查，共获得有效调查表格 151 份，取得了研究所需的相关资料。在调查中尽量在地域空间、年龄段上分布均衡，并且以家庭为单位进行调查。其中医药费用采取调查 2002 年的总费用（包括保险、单位报销等所有费用，意外事故的医疗费用不列入统计范畴）和家庭总人数的方式求出。本次研究选择污染较轻的重庆市大足县[①]（大足县属于国家级著名旅游风景区，工矿企业少，所受污染少）为标准区，进行对比分析与计算。

（三）分析与计算

城市环境污染所造成的损失是多方面的，但主要由废气、废水、废渣和噪声所引起的经济损失组成。

1. 城市环境污染对人体健康损失估算

对人体健康所引起损失的估算主要是运用疾病成本法求得因环境污染得病引起的直接医疗费用损失和误工引起的经济损失，以及运用生命价值法求得病患者因病早亡而引起的间接经济损失。

1）医疗费用损失（D_{HM}）

根据笔者的实际调查结果（取平均值）重庆市区居民平均每人的医疗费用为 361.25 元/年。而大足县的平均医疗费用为 277.03 元/年。2002 年，重庆市地区污染较重的万州区、涪陵区、渝中区、大渡口区、江北区、沙坪坝区、九龙坡区、南岸区、北碚区、万盛区[②]、双桥区[③]、渝北区、巴南区、黔江区、长寿区 15 区的非农业人口之和为 424.68 万，则

$$D_{HM}=424.68 \times 10^4 \times （361.25–277.03）=3.58 亿元$$

2）误工引起的经济损失（D_{MT}）

根据调查结果，重庆市区人均年请假的天数为 7.6 天，而大足县为 5 天，重庆市上述 15 区的劳动人口有 318.12 万人（2002 年重庆市城镇就业人口为 540.42 万，城镇人口为 721.45 万，二者相除可得城镇人口就业率约为 75%，然后乘以 424.68 × 10⁴ 就可得 15 区城市劳动人口）。其影子工资率用非农业人口每天创造的国民生产总值 27.02 元（2002

年城镇居民平均工资为 9863 元，除以 365 天就可得城镇职工一天的工资）代替，则

$$D_{MT}=318.12 \times 10^4 \times 27.02 \times（7.6-5）=2.23 \text{ 亿元}$$

3）病患者因病早亡而引起的损失（D_{HD}）

2002 年，万州区、涪陵区、渝中区、大渡口区、江北区、沙坪坝区、九龙坡区、南岸区、北碚区、万盛区、双桥区、渝北区、巴南区、黔江区、长寿区 15 区总人口为 999.04 万人，而人口平均死亡率为 0.5%（把 15 区 2002 年死亡人口相加共计 5.19 万人，然后除以 15 区总人口即得）。而大足县 2002 年人口死亡率为 0.389%，一个人的生命价值采用 2002 年国内航空公司生命保险的金额 20 万元（中国平安保险公司的资料）为标准，则

$$D_{HD}=（20 \times 10^4）\times（999.04 \times 10^4）\times（0.5\%-0.389\%）=22.18 \text{ 亿元}$$

所以城市环境污染对人体健康的损失为以上三项之和，即 $D_H = D_{HM}+D_{MT}+D_{HD}=27.99$ 亿元。

2. 大气污染所引起的经济损失

大气污染所引起的经济损失主要包括运用市场价值法求得对种植业造成的直接经济损失，用市场价值法可求得对建筑材料腐蚀造成的直接经济损失及增加的清洗费用。

1）对种植业造成的经济损失（D_{AA}）

据调查，重庆市种植业因污染而引起的减产率为 25%。2002 年，万州区、涪陵区、渝中区、大渡口区、江北区、沙坪坝区、九龙坡区、南岸区、北碚区、万盛区、双桥区、渝北区、巴南区、黔江区、长寿区 15 区种植业的总商品产值为 70.82 亿元，则

$$D_{AA}=70.82 \times 10^8 \div 75\% \times 25\%=23.61 \text{ 亿元}$$

2）对建筑材料腐蚀造成的经济损失（D_{AB}）

由于资料难以获取，本书只计算大气污染对镀锌钢和油漆涂料所造成的经济损失。

（1）镀锌钢经济损失（D_{ABS}）。2002 年，根据中国工业网站提供的资料，重庆市钢材消费量约有 10×10^9kg，其中城市为 7.5×10^9 kg。据重庆市电镀行业协会资料，镀锌钢占钢材的 18%，用于室内和室外约各占一半。据调查，重庆市 2002 年镀锌钢平均价格为 5.25 元/kg。另根据挂片试验推算，镀锌钢平均寿命在污染区直接暴露（室外）为 7 年，遮雨暴露（室内）为 15 年，相对清洁区直接暴露为 19 年，遮雨暴露为 42 年，则

$$D_{ABS}=7.5 \times 10^9 \times 18\% \times 1/2 \times 5.25 \times [（1/7-1/15）+（1/19-1/42）]=3.72 \text{ 亿元}$$

（2）油漆涂料经济损失（D_{ABP}）。据重庆市油漆料挂片耐蚀试验结果：中档油漆在污染区平均使用寿命为一年左右，而相对清洁区使用寿命两年多。重庆市 2002 年全年钢铁消费量为 1.076×10^9kg，污染区室外涂漆钢面积为 3.05×10^6m²。假设钢铁消费量与污染区室外涂漆面积成正比，则可推得 2002 年重庆市污染区涂漆钢面积为 28.35×10^6m²。2002 年重庆市中档油漆平均费用为 18.5 元/kg。通常涂漆钢材的操作工时费用为油漆费用的 2 倍，单位面积用漆量为 0.6kg，即油漆钢费用为 33.3 元/m²，则油漆涂料的经济损失为

$$D_{ABP}=33.3 \times 28.35 \times 10^6 \times（1/1-1/2）=4.72 \text{ 亿元}$$

环境污染所引致的建筑材料经济损失为

$$D_{AB}=D_{ABS}+D_{ABP}=8.44 \text{ 亿元}$$

3）增加的清洗费用（D_{AC}）

大气污染引起清洗费用的增加可分为家庭清洗费用和城市房屋外观清洗费用。

（1）家庭清洗费用（D_{ACH}）。由调查得，重庆市城区市民平均每天家庭清洗时间为 24min，相对清洁区面积为 12 m²/（h·天），城区平均每人每年花在清洗剂上的费用为 171 元，相对清洁区为 162 元。据此推算每年每个劳动者清洗时间（每天 8h 计），城区为 18.3 天，清洁区为 9.15 天。机会成本用城镇职工平均工资 27.02 元/天代替，则

D_{ACH}=318.12×10⁴×（18.3-9.15）×27.02+424.68×10⁴×（171-162）=8.24 亿元

（2）城市房屋外观清洗费用（D_{ACW}）。根据重庆市住房和城乡建设委员会提供的资料，目前重庆市城区房屋面积约为 1.4 亿 m²。假定 5%的房屋位于临街，因大气污染须一年清洗一次，清洗费用约 1 元/m²，则清洗面积为 0.21 亿 m²，则

D_{ACW}=2100×10⁴×1=0.21 亿元

以上增加的清洗费用为 $D_{AC}=D_{ACH}+D_{ACW}$ =8.45 亿元。

根据前述计算结果，由大气污染而产生的经济总损失为

$D_A = D_{AA}+D_{AB}+D_{AC}$=23.61+8.44+8.45=40.5 亿元

3. 水污染所造成的经济损失

运用机会成本法，以当地水资源的影子价格乘以污染水体的数量就可得出水污染造成的损失。当地水资源影子价格以当地水费为标准（2.42 元/t）。根据重庆市水利局的统计，2002 年重庆市所产生的污水共有 6.2 亿 t，则重庆市水污染所引起的经济损失为

D_W=6.2×10⁸×2.42=15.0 亿元

4. 噪声污染所引起的经济损失

噪声所引起的经济损失主要是造成房屋价格的贬值，运用资产价值法可以利用下面公式求得

$D_N = E \times P_H \times NSDI \times [dB(A)_a-55）]$

式中，E 为暴露在噪声房屋的数量；P_H 为房屋的价格；NSDI 为噪声敏感损害指数；dB(A)$_a$ 为实际的噪声水平；55 为标准噪声水平。

2002 年重庆市区房屋面积为 1.4 亿 m²。假设每 3 人 1 个房间，平均每人的住房面积为 19.56 m²。房屋平均销售价格为 1556 元/ m²，求得平均房屋价格为 9.13 万元/个。房屋数量为 238.58 万个，NSDI 取 0.3%，dB(A)$_a$ 为 55.9 dB，则噪声污染引起的总损失为

D_N=238.58×10⁴×9.13×10⁴×0.3%×（55.9-55）=5.88 亿元

5. 固体废弃物污染所引起的经济损失（D_S）

重庆市 2002 年产生的固体废弃物达 3.380 8×10⁶t。据调查，重庆市现在对垃圾的处理一般都是直接建造垃圾处理厂进行焚烧。运用影子工程法（把每年处理垃圾的费用当作垃圾污染引起的经济损失），建造一个年处理垃圾量 3.5×10⁶ m²、处理规模为 400 t/ 天、使用年限为 25 年的垃圾处理场需投资 6644 万元，则

D_S= 3.380 8×10⁶÷（365×400）÷25×6644×10⁴=0.62 亿元

重庆市 2002 年因城市环境污染所产生的经济损失为

$D=D_H+D_A+D_W+D_N+D_S$=89.92 亿元

三、结果分析

因资料、技术等方面的原因，一些难以计算的污染类型如人才流失、景观效果弱化、生态退化等所造成的经济损失被忽略，实际损失肯定高于本书的计算结果。因此，可将现有的计算结果看作重庆市环境污染所引致经济损失的下限值。

2002 年重庆市环境造成的经济损失达 89.92 亿元。在污染损失中，大气引起的经济损失最大，达 40.5 亿元，如果加上大气污染对人体健康的影响，其损失值会更大。其次是水污染引起的经济损失，达 15.0 亿元。人体健康损失达到 27.99 亿元。而噪声、固体废弃物污染所造成的经济损失分别为 5.88 亿元和 0.62 亿元。

环境污染所造成的损失类型中，对人体健康造成的经济损失最大，为 27.99 亿元，占城市环境污染损失的 31.13%，其次是对种植业造成的经济损失，为 23.61 亿元，占全部损失的 26.26%。

2002 年，重庆市环境污染的经济损失占当年 GDP 的 4.56%（2002 年重庆市 GDP 为 1971.1 亿元），占全市财政收入的 37.53%（2002 年，重庆市财政收入 239.62 亿元），相当于每个城市居民分摊损失 1246.38 元/年。

第十二章 环境政策分析模型与案例

第一节 环境政策问题

一、环境政策理论

（一）环境问题的市场失灵

市场机制的地位和作用是不容置疑的，但实现帕累托最优状态需要满足的一系列假设条件（完全理性、完全信息、不存在公共物品、不存在外部效应等）在现实中并不存在，从而导致"市场失灵"。

环境问题上的"市场失灵"即经营活动引起环境破坏，从而使公众利益受到损害。因此，政府的干预成为必要，其主要形式就是通过以直接管制为主要特征的命令控制型工具来解决环境问题。

环境问题上的"市场失灵"主要体现在以下几个方面（杨洪刚，2009）。

1. 环境资源的公共性

Hardin（1968）在 *Science* 杂志上发表文章，描述出一个世界上知名的"公地悲剧"理论。Hardin 设想了一个对所有人开放的牧场。每个放牧人都从自己的牲畜中得到直接的收益；当牧场过度放牧时，会因公共牧场退化而承受延期成本。因为放牧人只承担过度放牧所造成的损失中的一份，因此每个放牧人都有增加越来越多的牲畜的动力。

判断一个物品是否为公共物品，可以根据排他性（该物品只由其占有者消费）、强制性（该物品自动提供给所有社会成员消费，不论是否愿意接受）、有偿性（消费者消费该物品必须付费）和分割性（该物品可以在一组人中按不同方法进行分割）四个特征来判断。

典型的公共物品具有非排他性、非强制性、无偿性和不可分割性等特征。环境资源往往属于典型的公共物品。共同而又不排斥地使用环境资源这种公共物品有时是可能的，然而，"经济人"的本性促使人们往往不考虑选择的公正性和整个社会的意愿，无节制地争夺有限的环境资源，从而不可避免地造成所有的环境毁灭。

2. 环境问题的外部性

外部性是指行为主体的行为后果由行为人以外的第三人承担。这种外溢影响有好有坏，且并未计算在行为主体的经济成本当中。

环境问题是典型的外部性问题。环境污染在人们从事生产经营活动中产生，而后果往往由其他人来承担。环境成本对生产经营者而言，往往是一种外部成本，因此不会被计入考虑范围之内，期待企业自觉地将资源投入到环境保护中是不太可能的，因此需要外部的强制作用。

3. 环境主体的有限理性

虽然具有将事情做得最好的愿望，但人作为环境的主体，其理性是有限的。这种有限理性体现在以下三个方面。

（1）人们对生态环境的认识需要一个历史过程；

（2）即使已经认识到生态环境问题的严重性和重要性，由于经济发展条件的约束，人们还是不得不采取以毁灭生态环境为代价的经济增长模式；

（3）由于部分人的机会主义行为倾向的膨胀，理性行为常常会被机会主义行为方式取代。

4. 环境信息稀缺性、不对称性及交易费用

环境信息是稀缺的，也是不对称的。

当行为主体损害环境并侵犯公众利益时，他们为了保证自己的利益常常会隐瞒信息；同时，受害的公众出于信息的不透明或者获取信息的成本太高，而不得不咽下环境受损的苦果。

此外，在生态环境问题上，由于交易费用问题的存在，人们即使想采取某一行为消除环境负外部效应，也常常会事前将行为收益与交易费用作比较，并因交易费用太高，而放弃斗争。

市场经济条件下，人们的经营活动引起环境破坏，从而使公众利益受到损害。由于环境问题上的"市场失灵"，人们通常只是会从自己的利益考虑，不会主动采取防治措施。因此，政府的干预成为必要。政府干预的主要形式是通过以直接管制为主要特征的命令控制型工具来解决环境问题。

（二）庇古理论

英国福利经济学家马歇尔（2008）在其《经济学原理》中最早提出"外部经济"和"内部经济"的概念，对外部性和市场失灵进行了分析。庇古接受了这些概念，并第一个把污染当作外部性进行系统分析。

庇古（2009）在他的《福利经济学》一书中提出"庇古税"思路，即在存在外部性的情况下，采用对产生外部性的企业征收外部性税收的办法来使企业的生产成本等于社会成本，可以在一定程度上避免外部性问题。"庇古税"一方面通过排污收税使企业自行控制污染，另一方面还能激励企业主动采取更先进的污染控制技术来降低需缴纳的费用。

依照"庇古税"思路，众经济学家通过引入社会福利函数进行污染的动态分析，可以计算出最优污染控制（或称为环境外部性）水平和最优税率。

（三）科斯定理

科斯认为外部性存在的主要原因是产权界定不清楚，因此人们无法确定谁应该为外部性承担后果或者得到报酬。科斯提出，在产权明确界定的前提下进行市场交易，可以使污染者和污染的受损者通过自愿的谈判和交易实现外部性的内部化。这一思想被概括为科斯定理，即在交易费用为零和对产权充分界定并加以实施的条件下，外部性因素不会引起资源的不当配置。

此外，由于环境污染所涉及的当事人众多而且分散，一般是政府作为受污染损害者的代理人设定排污水平，该排污水平也可以视为给予厂商的污染权利。厂商之间可以通过排污权的交易实现有效的资源配置。

二、环境政策工具

环境政策工具是人们为解决环境问题或达成一定的环境政策目标的手段，其实体内容是环境政策安排（高东，2007）。

（一）环境政策工具的演变

1. 第一代工具：强制性命令控制

以 Samuelson（1954）为代表的福利经济学家认为政府提供公共产品具有更高的效率。因为环境资源具有公共物品的属性，为了纠正环境外部性，很自然就引入了政府干预。无论是经济合作与发展组织（Organization for Economic Cooperation and Development，OECD）的部分发达国家还是发展中国家，环境管制一直主要采取政府强制的命令控制管制，对污染物的排放设置数量限制或者指定使用特定的消除技术。

2. 第二代工具：经济激励

命令控制在有着显著成效的同时，也有种种弊端。考虑到这种方式可能对国际竞争力的损害，为企业提供灵活选择它们污染控制最小成本方法的主张被提出。结果，经济激励，如可交易许可证、押金退还和排污税等市场工具逐渐变得更加普遍，为污染者内部化外部性创造市场激励。

3. 第三代工具：自愿环境管制

20世纪六七十年代以来，一批主张经济自由的经济学家开始怀疑政府作为公共产品唯一供给者的合理性。许多研究表明，政府干预往往因政治压力和出于利益考虑，或者由于信息的缺乏而出现"政府失效"，只能达到次优结果。为了寻求解决环境问题的成本有效方法，管制范式出现了朝向鼓励企业的自愿行动补充的一个变化。在现实世界中，也出现了环境保护的私人供给。

（二）环境政策工具分类

根据上述环境政策工具的演变和发展历史，众学者对环境政策工具提出了不同的划分方式并做出了具体的分类。

世界银行 1997 年的发展报告把环境政策手段划分为四类：利用市场、创建市场、环境管制、公众参与，其基本内容如表 12-1 所示。

表 12-1 世界银行环境政策分类

利用市场	创建市场	环境管制	公众参与
补贴削减	产权与地方分权	标准	信息公开
环境税费	可交易许可证和排污权	禁令	鼓励公众参与
使用者收费	国际补偿机制	许可证与配额	
押金–退款制度		分区	
有指标的补贴		责任	

1. 利用市场

利用市场主要基于税收（"庇古税"）思想而实施，即利用市场和价格信号去制定有关合适的资源配置政策。

常见的方式主要包括补贴削减，针对排污、投入和产出的环境税费，使用者收费，执行押金–退款制度和有指标的补贴。

2. 创建市场

创建市场主要基于科斯定理的思想而实施，即通过界定资源环境产权、建立可交易的许可证和排污权、建立国际补偿机制等途径，以较低的管理成本来解决资源和环境问题。

常见的方式主要包括产权与地方分权，可交易的许可证和排污权，以及国际补偿制度等。

3. 环境管制

环境管制（命令控制手段）主要基于制定环境标准的理论而实施，即通过颁布有关环境法规和标准来管理环境，是解决环境问题最常用的方式。

常见的方式主要包括标准、禁令、许可证与配额、分区、责任等。

4. 公众参与

鼓励公众参与通过宣传、公告等形式，引导公众或组织自觉参与环境保护。

这类政策工具具体包括两套政策手段：①围绕信息公开及其类似手段，使消费者掌握更充分的信息，从而在做出选择时对有利于环境的产品和服务产生更大的需求；②鼓励公众参与。

（三）中国的环境政策工具

自 1979 年以来，我国在环境治理的实践过程中逐渐形成了一些具有独特性质的环境法律体系，拥有了包括命令–控制手段、市场经济手段、自愿行动和公众参与等多样化的环境政策工具矩阵，如表 12-2 所示。

表 12-2　中国的环境政策及其分类

命令-控制手段	市场经济手段	自愿行动	公众参与
污染物排放浓度控制	征收排污费	环境标志	公布环境状况公报
污染物排放总量控制	超过标准处以罚款	ISO14000 环境管理体系	公布环境统计公报
环境影响评价制度	二氧化硫排放费	清洁生产	公布河流重点断面水质
"三同时"制度	二氧化硫排放权交易	生态农业	公布大气环境质量指数
限期治理制度	二氧化碳排放权交易	生态示范区（县、市、省）	公布企业环保业绩试点
排污许可证制度	对于节能产品的补贴	生态工业园	环境影响评价公众听证
污染物集中控制	生态补偿费试点	环境保护非政府组织	加强各级学校环境教育
城市环境综合整治定量考核制度		环境模范城市 环境优美乡镇 环境友好企业	中华环保世纪行 （舆论媒介监督）
环境行政督察		绿色 GDP 核算试点	

资料来源：张坤民等，2007.

第二节　环境政策分析方法与模型

每种环境政策都有其优缺点，为了达到保护环境的最终目标，就必须对环境政策进行最优设计与选择。常用的环境政策分析模型主要有博弈论模型、情景分析模型、可计算一般均衡（computable general equilibrium，CGE）模型等。本节主要介绍情景分析模型和可计算一般均衡模型。

一、情景分析模型

（一）情景分析理论

情景分析理论最早出现于 Kahn 和 Wiener（1967）的著作中。他们认为，未来是多样的，对可能出现的未来以及实现这种未来的途径的描述构成一个情景。

情景分析法是在对经济、产业或技术的重大演变提出各种关键假设的基础上，通过对过去的回顾分析，以及对未来详细的、严密的推理和描述，来构想未来各种可能的政策。在情景分析过程中，要采用定性与定量分析相结合，即对影响能源供求的客观社会经济因素和政策因素及未来可能的演变趋势着重进行定性分析，再在定性的基础上对产业结构、部门生产结构和规模、消费需求进行量化（刘小敏，2011）。

（二）情景分析法的特点

（1）承认未来的发展是多样化的，其预测结果也将是多维的；

（2）承认人在未来发展中的"能动作用"，把分析未来发展中决策者的群体意图和愿望作为情景分析中的一个重要方面，并在情景分析过程中与决策人保持畅通的信息交流；

（3）特别注意对组织发展起重要作用的关键因素和协调一致性关系的分析；

（4）情景的定量分析与传统趋势外推型的定量分析的区别是，情景的定量分析中嵌入了大量的定性分析，以指导定量分析的进行，所以是一种融定性与定量分析于一体的新预测方法；

（5）情景分析法是一种对未来研究的思维方法，其所使用的技术方法手段大都来源于其他相关学科，重点在于如何有效获取和处理专家的经验知识，这使得其具有心理学、未来学和统计学等学科的特征。

（三）情景分析的步骤

（1）定义研究范围，确定分析的时间框架与分析范围；

（2）确定主要的责任关联人，明确该问题所牵涉的主要部门，要有明确的责任者，也就是站在谁的立场上来分析；

（3）确定基本趋势，要对未来社会、政治、经济、技术等的发展趋势有基本判断；

（4）确定关键不确定因素，确定影响社会发展的关键因素是什么，提出最主要的因素，并充分考虑这些因素之间的内在联系；

（5）构建初始场景主题，根据趋势明确不确定性项，按问题要求，可建设相应的情景；

（6）检测一致性与合理性，由于设置一些参数与描述较为简单，不能充分反映复杂的现实世界，需对情景做三个检验：内部一致性检验、对主要关联方的影响检验、各个结果的一致性检验；

（7）发展数量模型，可通过数量模型来描述内部关系，并检测情景的内部一致性；

（8）向决策型情景进化，经过调整修改，可完成一个可能用来测试战略与观点的情景。

二、可计算一般均衡模型

可计算一般均衡模型，是描述一个经济系统通过对商品和要素的数量及价格的调整，实现瓦尔拉斯一般均衡理论所描述的供需关系达到均衡的模型。可计算一般均衡模型是使用具体方程组来描述供给、需求及供求关系，在这些方程组中不仅商品和生产要素的数量是变量，而且其价格也是变量，还要有一系列优化条件，如在生产者利润最大化、消费者效用最大化、进口收益利润最大化、出口成本优化等约束下求解这一方程组，得到在各个市场都达到均衡时的一组价格和数量。建立在微观经济基础上的多部门宏观经济可计算一般均衡模型能够根据产业部门和居民部门的研究需要进行细致的划分，描述产品、要素等不同市场之间的相互作用，反映各种经济变化所产生的直接和间接的波及效应。因此，可计算一般均衡模型非常适合那些在部门、市场间相互传递、对多个部门产生影响的问题和政策进行定量分析（郭正权，2011）。

（一）标准的可计算一般均衡模型的函数模块构成

标准的可计算一般均衡模型包括生产函数、消费者效用函数、产品分配函数和产品需求函数。

（1）生产函数。在大多数可计算一般均衡模型中，通常都采用恒定替代弹性（constant elasticity of substitution，CES）生产函数的形式。因此，本节各生产模块的生产函数也采用 CES 生产函数的形式。CES 生产函数通常只包含两种投入，而为了分析多种投入需要进行生产函数的嵌套，即如下形式：

$$q = A\left(\delta_1 x_1{}^\rho + \delta_2 x_2{}^\rho\right)^\rho \tag{12-1}$$

$$x_1 = A\left(\delta_1 x_3{}^\rho + \delta_2 x_4{}^\rho\right)^\rho \tag{12-2}$$

式（12-1）和式（12-2）中，A 为技术进术参数；ρ 为要素替代弹性；δ 为资本产出弹性；x_3、x_4 为要素 x_1 的中间投入，若进行更多要素的嵌套可以以此类推。

（2）消费者效用函数。消费者效用函数多数情况下采用线性效用函数或 Stone-Geary 效用函数的形式，本节将采用 Stone-Geary 效用函数，其具体形式如下：

$$U(C) = \prod_{i=1}^{n}\left(C_i - \theta_i\right)^{\mu_i} \tag{12-3}$$

式中，C_i 为第 i 种商品的消费总量；θ_i 为满足生活最低需求而消费的第 i 种商品的数量；μ_i 为边际预算比例，且满足 $\sum_{i=1}^{n}\mu_i = 1$。

（3）产品分配函数。产品分配函数采用变换的常数弹性（constant elastic of transformation，CET）型，即如下形式：

$$\max \sum_{i=1}^{n} P_i X_i \tag{12-4}$$

$$\text{s.t.} \, V = \left[g_i X_i^{\nu}\right]^{\frac{1}{\nu}} \tag{12-5}$$

式（12-4）和式（12-5）中，X_i 为第 i 个市场上的产品供给；P_i 为价格向量；V 为各个市场上的总供给；ν 为不同产品市场上的替代弹性；g_i 表示产品 i 供给增长率。

（4）产品需求函数。在可计算一般均衡模型中，产品需求函数一般假设国内产品的总需求由国内生产国内供给与进口构成，同时国内生产国内供给的产品与进口产品之间可以相互替代，但是不一定可以完全替代，在模型中用 CES 生产函数表示相互之间的关系，这个 CES 生产函数关系又称为阿明顿（Armington）假设。消费者的行为是在进口产品与国内生产国内供给的产品之间进行优化组合，以实现成本最小化，具体函数形式如下：

$$\max PD \cdot XD + PM \cdot XM \tag{12-6}$$

$$\text{s.t.} \, XA = \left(\beta_d XD^\rho + \beta_m XM^\rho\right)^\rho \tag{12-7}$$

式（12-6）和式（12-7）中，XD 为国内生产国内供给的产品的销售数量；XM 为进口产品的消费数量；XA 为国内产品的总需求量；PD、PM 分别为国内生产国内供给的产品和进口产品的价格；ρ 为不同产品需求的替代弹性，且 $0 < \rho < 1$。

（二）可计算一般均衡模型的闭合规则

为了使模型中的方程数量与受约束的变量个数一致，使得模型方程组存在唯一一组实数解，在各模块函数的基础上，还需要设置闭合规则。一般来说，可计算一般均衡模型的闭合规则有新古典宏观闭合、凯恩斯宏观闭合和路易斯闭合三种闭合规则。

（1）新古典宏观闭合。新古典宏观闭合认为，市场中的所有资源均已得到充分利用，即劳动力已充分就业，要素价格完全弹性，投资与储蓄已达到均衡状态，产品市场全部出清，市场上不存在闲置资源。因此，若采用新古典宏观闭合规则，模型中厂商对于劳动和资本的需求应当等于其供给并由外生确定，而其价格应由内生确定：

$$QLD = \overline{QLS} \tag{12-8}$$

$$QKD = \overline{QKS} \tag{12-9}$$

式（12-8）和式（12-9）中，QLD 为劳动要素总需求；QKD 为资本要素总需求；$\overline{QLS}$ 为劳动要素总供给；$\overline{QKS}$ 为资本要素总供给。基于闭合条件，$\overline{QLS}$、$\overline{QKS}$ 均为外生给定值。

（2）凯恩斯宏观闭合。凯恩斯宏观闭合认为，经济体处于萧条时期，市场中的资源未得到充分利用，存在大量的闲置劳动力和闲置资本。因此，劳动力和资本的供应量应由内生确定，而要素价格由外生确定，同时，投资和政府支出由外生确定：

$$W = \overline{W} \tag{12-10}$$

$$R = \overline{R} \tag{12-11}$$

式（12-10）和式（12-11）中，W 为劳动要素的工资；R 为资本要素的报酬率。基于闭合条件，将 W、R 固定在 $\overline{W}$ 与 $\overline{R}$ 水平上。

（3）路易斯闭合。路易斯闭合通常被用于描述发展中国家常见的经济状况：资本通常是短缺的，而劳动市场上则有大量闲置劳动力。因此，路易斯闭合应当将劳动价格外生给定，而劳动供给设置为无穷大，将政府支出内生给定，同时，还应当加上一个价格基准：

$$W = \overline{W} \tag{12-12}$$

$$QKD = \overline{QKS} \tag{12-13}$$

$$\overline{CPI} \cdot \sum QH = \sum PQ \cdot QH \tag{12-14}$$

式（12-12）~式（12-14）中，基于闭合条件，需要将 W 固定在 $\overline{W}$ 的水平上，QKD 则固定在 $\overline{QKS}$ 的水平上。基准价格通常选择消费者价格指数 CPI；QH 为消费者对产品的消费数量；PQ 为产品的消费价格。

第三节 案 例 分 析

案例一 开放经济下的贸易、环境与城市化协调发展的评价及政策研究：以长江三角洲①为例

一、研究方法与模型构建

（一）指标体系

考虑到贸易、环境与城市化的相互作用和相互制约，选择贸易子系统指标、环境子系统指标、城市化子系统指标为一级指标（表 12-3）。所谓协调发展也不单是快速的城市化进程，同时还需要考虑人们生活水平可持续地提高。在上述原则的基础上，采用频度统计法、理论分析法和专家咨询法来设计指标。确定指标权重方面，本节采用主观的且发展较为成熟的层次分析法来确定权重（庄小文，2011）。

表 12-3 协调评价指标体系

目标层 A	准则层 B		指标层 P
贸易、环境与城市化协调发展研究	城市化子系统 U	人口城市化	第三产业人员从业比重/%
			城镇登记失业率/%
			非农人口占总人口比重/%
			高等学校在校生人数/人
		经济城市化	人均 GDP/元
			工业总产值/亿元
			全社会固定资产投资/万元
			地方财政收入/万元
			第三产业产值占比重/%
		社会城市化	社会消费品零售总额/万元
			本地电话用户数/户
			每万人拥有公共汽车数/辆
			医生数/人
		空间城市化	建成区面积/km²
			城市道路面积/万 m²
			城市人口密度/（人/km²）
	环境子系统 E	生态环境水平	土地面积/km²
			人均绿地面积/m²
			建成区绿化覆盖率/%

---

① 长江三角洲，以下简称长三角。

续表

目标层 A	准则层 B		指标层 P
贸易、环境与城市化协调发展研究	环境子系统 E	生态环境水平	人均家庭生活用水量/t
		生态环境压力	工业废水排放量/万 t
			工业二氧化硫排放量/t
			工业烟尘排放量/万 t
		生态环境保护	工业固体废物综合利用率/%
			工业废水排放达标率/%
	贸易子系统 T	对外贸易水平指标	对外贸易出口额/万美元
			对外贸易进出口总额/万美元
			外商直接投资额/万美元
		对外贸易速度指标	出口额增长率/%
			进出口额增长率/%
			外商直接投资额增长率/%

（二）协调发展评价模型

"协调"是指在尊重客观规律，把握系统相互关系原理的基础上，为了实现系统演进的总体目标，通过建立有效的运行机制，综合运用各种方法和力量，依靠科学的组织和管理，使系统间的相互关系达成理想状态的过程。贸易、环境与城市化是相互作用、相互影响的，贸易、环境与城市化三系统的关系可以分为两类：第一是协调类，即贸易和城市化（环境）发展对环境（贸易和城市化）是改善和促进的作用；第二是失调类，即贸易和城市化（环境）发展对环境（贸易和城市化）是制约和阻碍的作用。根据以上分析，构建协调评价模型，并且设定协调等级分类。

设 $x_1, x_2, x_3, \cdots, x_m$ 是反映城市化发展水平的 m 个指标，$y_1, y_2, y_3, \cdots, y_n$ 是反映环境发展水平的 n 个指标，$z_1, z_2, z_3, \cdots, z_j$ 是反映贸易发展水平的 j 个指标，则城市化、环境与贸易的综合发展水平可以由式（12-15）计算得出：

$$u(x) = \sum_{i=1}^{m} a_i x_i ; \quad e(y) = \sum_{i=1}^{m} b_i y_i ; \quad t(z) = \sum_{i=1}^{m} c_i z_i \qquad （12-15）$$

式中，$u(x)$、$e(y)$、$t(z)$ 分别为城市化、环境与贸易的综合发展水平；a_i、b_i、c_i 分别为城市化、环境与贸易各指标的权重。环境与城市化协调度的计算公式如下：

$$C = \left| \frac{u(x)e(y)t(z)}{\left| \dfrac{u(x)+e(y)+t(z)}{3} \right|^3} \right| \qquad （12-16）$$

式中，C 为协调度。式（12-16）反映了城市化、环境与贸易发展水平在 $u(x)$、$e(y)$ 与 $t(z)$ 之和一定的条件下，使 $u(x)$、$e(y)$ 与 $t(z)$ 之积最大化的城市化、环境与贸易发展水平进行组合协调的数量程度。$0 \leqslant C \leqslant 1$，$C$ 越大，则三者发展越协调，反之，则越不协调。据此设定协调度等级及其划分标准如表 12-4 所示。

表 12-4　协调等级分类

协调度 C	0.2	0.2 ~ 0.4	0.4 ~ 0.5	0.5 ~ 0.7	0.7 ~ 0.8	0.8 ~ 0.9	0.9 ~ 1.0
协调等级	严重失调	中度失调	轻度失调	勉强协调	中等协调	良好协调	优质协调

为更好地度量城市化、环境与贸易发展水平进行组合的数量程度、反映三者的整体协同效应，引入协调发展度的概念来度量三者整体协调发展水平。其计算公式如式（12-17）和式（12-18）所示。

$$D = \sqrt{C \cdot T} \qquad (12\text{-}17)$$

$$T = \alpha u(x) + \beta e(y) + \delta t(z) \qquad (12\text{-}18)$$

式（12-17）和式（12-18）中，D 为协调发展度；C 为协调度；T 为城市化、环境与贸易发展水平的综合评价指数；α、β、δ 为待定权数，具体取值可以利用专家系统确定，这里取 $\alpha = \beta = \delta$。按照协调发展度 D 的大小，可将城市化、环境与贸易的协调发展状况划分为两个层次，共七大类 28 种基本类型，从而对城市化、环境与贸易协调发展状况进行定量评判。

（三）情景模拟模型

情景分析法是对未来可能出现的不同情景进行描述并预测的一个过程。在进行模拟的时候，会有很多种交叉情景出现，通过对这种交叉情景的分析，来预测未来的可能结果。

贸易、环境与城市化是一个动态的过程，涉及多个领域。因为它容易受国家政策等各方面的影响，导致它们综合水平的变化。因此，为了保证长三角贸易、环境与城市化综合水平情景方案的真实性、可应用性，从发展的观点出发，根据前面三者协调发展的内容和表现，将情景模拟分为适度发展类、稳定发展类和快速发展类三大类。通过分析预测，对不同情景下的共九个方案结果进行分析，以可持续发展为指导，结合实现这些目标的假定条件，给出未来贸易、环境和城市化协调发展的政策上的建议。

二、实例研究：以长三角（16 个城市）为例

（一）数据来源

本书所指的长三角地区，包括上海，江苏省的南京、无锡、苏州、常州、镇江、扬州、南通、泰州，浙江省的杭州、嘉兴、湖州、宁波、绍兴、舟山、台州这 16 个城市的所辖地区。研究选取的大部分数据来源于长三角各地历年统计年鉴；除此之外还参考了《2011 年国民经济和社会发展统计公报》的相关数据，从而保证了数据的可靠性与权威

性。由于城市化、环境与贸易三个系统内及系统间各指标间的量纲以及它们对系统的指向不同，测算之前要对指标进行标准化处理，因为环境存在负向指标，本书采用极差标准化的方法对原始数据进行标准化。

（二）协调发展评价

根据贸易、环境与城市化综合水平的计算公式[式（12-15）]，以及前面所述的协调度模型[式（12-16）]以及协调发展度模型[式（12-17）和式（12-18）]，计算得出2010年长三角贸易、环境以及城市化三者的协调度。从计算结果（表12-5）可以看出，长三角（16个城市）的城市化、贸易与环境协调发展可以分为四个类型，具体如下所述。

（1）勉强协调发展类：贸易滞后型。舟山属于勉强协调发展类，因为其协调度与协调发展度比其他大部分城市都低。从三个系统的综合水平来看，其城市化水平低于环境水平，高于贸易水平，表示目前舟山的环境水平尚可，而城市化水平和贸易水平都低于16个城市的平均水平，所以舟山可以在现有的城市化水平上稳步提升，同时带动贸易水平的提高。

（2）中度协调发展类：城市化滞后型。南京、湖州、镇江属于这一类型。这三个城市的贸易水平都低于环境水平，同时又都高于城市化水平，表明目前这三个城市生态环境的建设工作比较超前，而城市化水平并没有满足生态环境的需要。在未来的发展中，作为江苏省会城市的南京应该发挥区域性中心城市的作用，在不断提高自身城市化水平的同时带动湖州、镇江两个城市的城市化水平发展。这三个城市在进行城市化建设的同时，都要注意提高贸易水平。

（3）勉强协调发展类：城市化滞后型。包括杭州、宁波、常州、苏州、南通、扬州、泰州、无锡、绍兴、嘉兴这10个城市。其中除了无锡和苏州是贸易水平高于环境水平和城市化水平以外，其他8个城市都是环境水平最高，城市化水平最低，贸易水平介于两者之间。城市化水平落后缘于大部分城市指标比较落后，在未来的发展中，应致力于提高这些落后的指标值。在各城市大力推进城市化的阶段中，不能忽略生态环境的建设与保护，应该以更高的目标来满足城市化的需要。对于贸易水平，应该通过推动经济的发展吸引更多的外商直接投资，同时注意带来的环境影响，不能忽视贸易、环境与城市化三者的协调发展。

（4）勉强协调发展类：环境滞后型。上海和台州属于勉强协调发展类环境滞后型，与其他城市相比，上海的城市化和贸易水平都高于其他大部分城市，但是环境水平仅高于台州，即上海在经济快速发展、成为国际大都化城市的同时，伴随有很严重的环境问题；台州城市化水平略高于16个城市的平均水平，环境水平低于贸易水平，环境水平是16个城市中最低的，所以台州的环境的保护尤为重要。在以后的城市化发展的政策中，上海和台州都应该增加对环境保护的投资，促进贸易、环境与城市化的协调发展。

表 12-5　2010 年长三角贸易、环境与城市化协调发展评价结果

城市	$u(x)$	$e(y)$	$t(z)$	C	T	D	第一层次 $u(x)$、$e(y)$ 与 $t(z)$ 的关系	第二层次 基本类型
上海	0.137 0	0.131 8	0.198 0	0.949 5	0.155 5	0.384 2	$t(z)>u(x)>e(y)$	勉强协调环境滞后
南京	0.125 4	0.205 5	0.193 2	0.933 7	0.174 7	0.403 9	$e(y)>t(z)>u(x)$	中度协调城市化滞后
无锡	0.129 2	0.191 8	1.264 2	0.212 4	0.528 4	0.335 0	$t(z)>e(y)>u(x)$	勉强协调城市化滞后
常州	0.137 0	0.169 0	0.154 2	0.989 0	0.153 4	0.389 5	$e(y)>t(z)>u(x)$	勉强协调城市化滞后
苏州	0.106 6	0.180 3	0.186 0	0.912 7	0.157 6	0.379 3	$t(z)>e(y)>u(x)$	勉强协调城市化滞后
南通	0.114 3	0.198 1	0.170 0	0.925 9	0.160 8	0.385 8	$e(y)>t(z)>u(x)$	勉强协调城市化滞后
扬州	0.121 3	0.229 7	0.148 8	0.896 7	0.166 6	0.386 5	$e(y)>t(z)>u(x)$	勉强协调城市化滞后
镇江	0.132 8	0.198 3	0.179 9	0.958 6	0.170 3	0.404 0	$e(y)>t(z)>u(x)$	中度协调城市化滞后
泰州	0.118 4	0.200 0	0.132 8	0.924 2	0.150 4	0.372 8	$e(y)>t(z)>u(x)$	勉强协调城市化滞后
杭州	0.114 8	0.186 0	0.145 5	0.943 7	0.148 8	0.374 7	$e(y)>t(z)>u(x)$	勉强协调城市化滞后
宁波	0.124 8	0.189 6	0.176 9	0.953 0	0.163 8	0.395 1	$e(y)>t(z)>u(x)$	勉强协调城市化滞后
嘉兴	0.115 0	0.169 9	0.168 1	0.954 0	0.151 0	0.379 5	$e(y)>t(z)>u(x)$	勉强协调城市化滞后
湖州	0.127 2	0.233 8	0.166 5	0.910 8	0.175 9	0.400 2	$e(y)>t(z)>u(x)$	中度协调城市化滞后
绍兴	0.120 9	0.229 5	0.171 4	0.903 8	0.173 9	0.396 5	$e(y)>t(z)>u(x)$	勉强协调城市化滞后
舟山	0.121 6	0.263 0	0.116 0	0.806 3	0.168 4	0.368 5	$e(y)>u(x)>t(z)$	勉强协调贸易滞后
台州	0.132 2	0.121 3	0.158 1	0.981 7	0.137 2	0.367 0	$t(z)>u(x)>e(y)$	勉强协调环境滞后

（三）情景模拟

（1）情景模拟方案的确定。长三角（16 个城市）贸易、环境与城市化发展不协调状态经过调整可以变为协调状态，在考虑政策的时候可能有几种不同情景。城市化是复杂的，不同的情景模拟方案得到的协调度也不一样，在设计情景模拟时，设计了三大类九种模拟方案（表 12-6）。从以上协调评价模型中可以发现，环境污染越小，环境质量越得到改善；贸易水平是一个正向概念，贸易水平越高，说明开放度越大，因而重点观察三者指标的变化幅度进行政策模拟。

在确定各指标权重的过程中，发现城市化层次下人均 GDP 权重最大，环境层次下建成区绿化覆盖率的权重最大，而贸易层次下外商直接投资额的权重最大，说明人均 GDP、建成区绿化覆盖率和外商直接投资额三个指标分别对城市化、环境和贸易影响显著，所以，以这三个指标的增长速度作为城市化、环境和贸易综合水平的自然演变速度，根据1990~2010 年数据，计算出这三个指标的平均增长速度是 20%、10% 和 40%，所以将城市化、环境和贸易这三个系统的基准增长速度设置为 20%、10% 和 40%，也就是城市化、贸易与环境稳定发展的速度，将城市化、贸易与环境适度发展的速度分别设置为 15%、35% 和 5%，高速发展的速度分别是 25%、45% 和 15%，对这几种变化组合成表 12-6 中的九种情景，并且选取 2015 年和 2020 年这两个时点来进行情景模拟。

表 12-6　情景模拟方案

情景模拟大类	情景模拟方案	情景模拟方案说明
适度发展类	情景模拟方案 I	城市化、贸易水平适度发展，环境质量适度改善
	情景模拟方案 II	城市化、贸易水平适度发展，环境质量稳定改善
	情景模拟方案 III	城市化、贸易水平适度发展，环境质量快速改善
稳定发展类	情景模拟方案 IV	城市化、贸易水平稳定发展，环境质量适度改善
	自然演变方案	城市化、贸易水平稳定发展，环境质量稳定改善
	情景模拟方案 V	城市化、贸易水平稳定发展，环境质量快速改善
快速发展类	情景模拟方案 VI	城市化、贸易水平快速发展，环境质量适度改善
	情景模拟方案 VII	城市化、贸易水平快速发展，环境质量稳定改善
	情景模拟方案 VIII	城市化、贸易水平快速发展，环境质量快速改善

（2）情景比较。将 2015 年和 2020 年相应的参数按情景模拟方案修改后，代入如式（12-16）所示的协调度模型，进行情景模拟。在进行结果处理时，为了方便比较各方案的差异和变化，首先计算自然演变型的贸易、环境与城市化的协调度，然后以该协调度为基准值，计算协调度相对值，即协调度相对值=其他方案协调度/自然演变方案的协调度，从而相比得出其他方案的协调度相对值（表 12-7 和表 12-8）。

表 12-7　2015 年各情景模拟方案长三角贸易、环境与城市化协调度相对值比较

城市	I	II	III	IV	V	VI	VII	VIII
上海	0.958 3	1.096 5	1.223 0	0.861 0	1.133 9	0.768 3	0.903 5	1.039 2
南京	0.965 3	1.053 1	1.114 2	0.898 0	1.082 0	0.825 2	0.935 3	1.031 7
无锡	0.930 3	1.137 1	1.370 8	0.813 5	1.209 0	0.710 1	0.876 4	1.067 4
常州	0.968 8	1.062 8	1.131 4	0.893 4	1.088 2	0.814 4	0.927 4	1.028 6
苏州	0.962 5	1.057 7	1.128 1	0.892 1	1.089 8	0.817 6	0.931 8	1.034 6
南通	0.967 5	1.045 3	1.094 3	0.905 9	1.071 8	0.837 1	0.941 3	1.029 8
扬州	0.975 1	1.022 3	1.036 9	0.930 6	1.041 1	0.873 6	0.959 5	1.022 2
镇江	0.967 2	1.054 5	1.115 0	0.898 4	1.081 5	0.824 4	0.934 0	1.030 1
泰州	0.975 3	1.029 1	1.051 0	0.924 9	1.047 8	0.863 6	0.953 5	1.022 0
杭州	0.970 8	1.041 9	1.083 2	0.911 1	1.065 1	0.843 3	0.943 7	1.026 6
宁波	0.966 3	1.055 5	1.118 4	0.896 9	1.083 6	0.822 6	0.933 3	1.031 0
嘉兴	0.964 9	1.060 1	1.130 3	0.892 3	1.089 6	0.815 9	0.929 9	1.032 3
湖州	0.972 6	1.030 2	1.056 3	0.922 0	1.051 6	0.860 8	0.953 0	1.024 8
绍兴	0.971 0	1.032 2	1.062 4	0.919 1	1.055 3	0.857 1	0.951 6	1.026 4
舟山	0.986 4	0.990 3	1.005 3	0.968 1	0.998 5	0.930 9	0.986 2	1.011 4
台州	0.962 3	1.092 4	1.207 5	0.866 9	1.125 1	0.775 1	0.906 0	1.035 0

表 12-8　2020 年各情景模拟方案长三角贸易、环境与城市化协调度相对值比较

城市	I	II	III	IV	V	VI	VII	VIII
上海	0.881 4	1.296 0	1.801 2	0.664 2	1.437 4	0.498 5	0.762 9	1.122 2
南京	0.886 5	1.247 5	1.631 1	0.685 2	1.373 6	0.523 4	0.783 0	1.114 6
无锡	0.861 1	1.347 2	2.027 8	0.638 9	1.527 8	0.486 1	0.750 0	1.166 7
常州	0.891 6	1.256 7	1.646 3	0.684 5	1.375 7	0.519 3	0.777 2	1.108 0
苏州	0.883 3	1.254 3	1.659 1	0.681 2	1.385 7	0.519 7	0.781 3	1.118 6
南通	0.888 4	1.238 0	1.596 7	0.690 6	1.359 2	0.528 7	0.786 9	1.111 6
扬州	0.897 3	1.208 3	1.488 7	0.708 1	1.313 4	0.547 7	0.800 4	1.101 7
镇江	0.888 8	1.248 7	1.627 4	0.686 3	1.370 7	0.523 3	0.782 4	1.111 6
泰州	0.898 2	1.215 9	1.508 9	0.705 1	1.320 7	0.543 4	0.796 1	1.100 8
杭州	0.892 8	1.233 0	1.571 2	0.695 0	1.347 5	0.532 8	0.788 8	1.107 2
宁波	0.887 6	1.250 0	1.635 1	0.685 1	1.374 3	0.522 3	0.781 7	1.112 9
嘉兴	0.886 4	1.255 7	1.655 6	0.682 0	1.382 5	0.519 3	0.779 2	1.114 6
湖州	0.894 0	1.218 6	1.526 2	0.701 6	1.329 6	0.540 9	0.795 7	1.105 2
绍兴	0.891 8	1.221 8	1.540 5	0.698 8	1.336 3	0.538 8	0.794 5	1.107 8
舟山	0.911 7	1.160 5	1.329 4	0.738 7	1.240 9	0.581 0	0.822 8	1.084 8
台州	0.886 1	1.291 5	1.771 0	0.668 2	1.424 1	0.501 2	0.763 4	1.116 2

　　比较的原则是：相对值越大，方案越优。具体而言，若其他方案与它的相对值大于 1，说明其他方案优于自然演变方案；反之，则说明该方案不如自然演变方案。由此得到九种情景结果：①自然演变方案。假设预测期内城市化水平和贸易水平都以自然稳定的速度发展，环境质量稳定改善，它们的综合水平分别以 20%、40% 和 10% 的增长率发展；该方案是自然演变下的协调度，为了方便和其他方案的比较，我们令其协调度值为 1。②情景模拟方案 I。假设预测期内城市化水平和贸易水平适度发展，环境质量适度改善，它们的综合水平分别以 15%、35% 和 5% 的增长率发展；代入协调度模型，计算得出的协调度低于自然演变下的协调度，即协调度相对值小于 1，说明这个方案还不如自然演变方案。③情景模拟方案 II。假设预测期内城市化水平和贸易水平适度发展，而环境质量得到稳定改善，它们的综合水平分别以 15%、35% 和 10% 的增长率发展；代入协调度模型，预测结果显示，除了舟山 2015 年的协调度相对值小于 1，其他城市采取这种方案的相对协调度都大于 1，较自然演变型方案要好，是一个备选方案。④情景模拟方案 III。假设预测期内城市化水平和贸易水平适度发展，而环境质量得到快速改善，它们的综合水平分别以 15%、35% 和 15% 的增长率发展；代入协调度模型，根据预测结果，我们发现这种方案下的协调度非常好，不仅协调度相对值大于 1，而且大很多，远远优于自然演变发展下的协调度水平。⑤情景模拟方案 IV。假设预测期内城市化水平和贸易水平以自然稳定的速度发展，环境质量适度改善，它们的综合水平分别以 20%、40% 和 5% 的增长率发展。代入协调度模型，计算得出的协调度相对值小于 1，说明这个方案和方案 I 一样是不可取的。⑥情景模拟方案 V。假设预测期内城市化水平和贸易水平以自然稳定的速度发展，环境质量得到快速改善，它们的综合水平分别以 20%、40% 和 15% 的增长

率发展；代入协调度模型，预测结果显示，同方案 II 一样，除了舟山 2015 年的协调度相对值小于 1，其他城市采取这种方案的协调度相对值都大于 1，较自然演变发展要好，同时这一方案优于方案 II。⑦情景模拟方案 VI。假设预测期内城市化水平和贸易水平得到了快速发展，环境质量适度改善，它们的综合水平分别以 25%、45% 和 5% 的增长率发展；代入协调度模型，计算得出的协调度相对值小于 1，说明这个方案和方案 I、方案 IV 一样是不可取的。⑧情景模拟方案 VII。假设预测期内城市化水平和贸易水平快速发展，环境质量得到稳定改善，它们的综合水平分别以 25%、45% 和 10% 的增长率发展；代入协调度模型，计算得出的协调度相对值小于 1，说明这个方案和方案 I、方案 IV、方案 VI 一样是不可取的。⑨情景模拟方案 VIII。假设预测期内城市化水平、贸易水平快速发展，环境质量也得到了快速改善，它们的综合水平分别以 25%、45% 和 15% 的增长率发展；代入协调度模型，预测结果显示，其他城市采取这种方案的协调度相对值都大于 1，较自然演变发展要好，是一个备选方案。

通过以上分析，可以发现方案 I、方案 IV、方案 VI、方案 VII 的协调度相对值都小于 1，不利于贸易、环境与城市化的协调发展。可以促进贸易、环境与城市化协调发展的方案有方案 II、方案 III、方案 V、方案 VIII，通过对这四个方案的比较，发现方案 III 优于方案 V，方案 V 优于方案 II，而方案 II 又优于方案 VIII，也就是说，不管是在 2015 年的预测点还是 2020 年的预测点，长三角（16 个城市）的最优方案都是方案 III，即保持城市化水平和贸易水平的适度增长、同时加大环保力度，快速减少环境污染，保持环境质量处在较高的水平是促进贸易、环境与城市化协调发展的最优路径。

三、结论

在构建贸易、环境与城市化发展水平的评价指标体系和评价方法的基础上，对长三角（16 个城市）的贸易、环境与城市化发展水平进行了计算，根据协调发展度模型对其三者的协调发展程度进行了测算，并进一步设计了九种政策情景进行模型，研究得出了如下结论。

（1）长三角（16 个城市）贸易、环境与城市化协调发展水平差距较大，其中协调度最高常州为 0.989 0，而最低的无锡只有 0.212 4。长三角各城市的综合城市化水平有点差距，但不是非常明显，常州城市化综合水平最高，上海作为中国的大都市，城市化综合水平高于其他 14 个城市，其余城市的城市化水平相差都不是很大，苏州和南通的城市化综合水平略微偏低。对于环境污染水平，除了上海和台州，其他各城市环境污染普遍比较严重。而贸易水平，除无锡稍好，其余 15 个城市的贸易水平都处于平均水平。总的来说，长三角城市的城市化水平和贸易水平造成了比较严重的环境污染，这也是导致贸易、环境与城市化发展不协调的直接原因，所以长三角 16 个城市大部分属于勉强协调发展类。

（2）根据 2015 年和 2020 年这两个时点的情景分析法模拟方案的比较，发现在两个预测点上，长三角（16 个城市）的最优方案都是方案 III，即保持城市化水平和贸易水平以较低的速度增长、加大环保力度，减少环境污染，保持环境质量处在较高的水平是促进贸易、环境与城市化协调发展的最优路径。

案例二　绿色发展政策工具的模拟研究——以江西省为例

一、产业部门的划分

我国按照社会生产活动历史发展的顺序将产业结构划分为三大产业。产品直接取自自然界的部门称为第一产业，对初级产品进行再加工的部门称为第二产业，为生产和消费提供各种服务的部门称为第三产业。按照我国的基本划分标准，第一产业一般包括农业（包括种植业，林业，牧业，渔业）；第二产业包括工业（包括采掘业，制造业，电力、煤气及水的生产和供应业）和建筑业；第三产业主要包括流通部门（交通运输、仓储及邮电通信业，批发和零售贸易、餐饮业）和服务部门（金融、保险业，地质勘查业、水利管理业，房地产业，社会服务业，农、林、牧、渔服务业，交通运输辅助业，综合技术服务业，教育、文化艺术及广播电影电视业，卫生、体育和社会福利业，科学研究业、公共服务部门）。为了更好地反映能源消耗对部门产出以及对绿色发展的影响，本章单独将能源生产部门从三次产业中单独区分开来。从目前中国的一次能源消费的结构出发，将能源部门划分为两个具体的部门，一个是由煤炭、石油、天然气、火电等组成的传统能源部门，另一个是由核电、太阳能、风能等新型清洁能源组成的清洁能源部门。

基于上面产业部门的划分，可以将所有的产业部门定义为集合 i。同时，为了更好地体现能源投入对部门产出的影响，将产业部门集合中除能源要素之外的其他要素投入定义为子集 oth，而将能源要素投入定义为子集 n。当前中国工业生产中产生的主要污染物为废气、废水、固体垃圾，即工业"三废"，而工业废气中主要包括二氧化硫、氮氧化物、工业粉尘等，为了研究污染的产生与减排行为，将所有的污染物定义成集合 p。以下可计算一般均衡模型的构建过程中，所有部门与污染物集合将采用上述定义（表12-9）。

表 12-9　可计算一般均衡模型产业部门的划分和产业部门集合元素

集合	元素
i	第一产业、轻工业、重工业、服务业、煤炭、石油、天然气、火电、清洁能源部门
oth	第一产业、轻工业、重工业、服务业
n	煤炭、石油、天然气、火电、清洁能源
p	二氧化硫、氮氧化物、工业粉尘、工业废水、固体垃圾

二、能源环境可计算一般均衡模型模块的构建

（一）生产模块

基于对可计算一般均衡模型中产业部门的划分，生产模块主要由非能源部门和能源部门构成。为准确反映各非能源与能源生产要素、各中间投入与各产品的投入产出关系，本书采用六层次嵌套的 CES 生产函数（图12-1）。

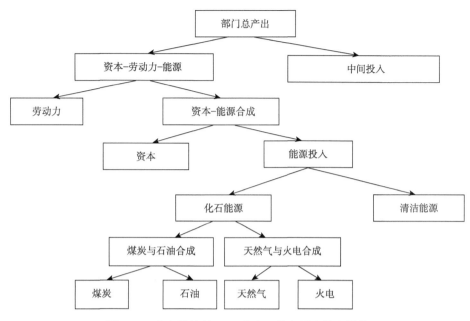

图 12-1　生产模块的 CES 生产函数六层次嵌套结构

（1）第一层次嵌套。第一层次的嵌套主要包括产业部门 i 的最终产出 QX_i，其对应价格为 PX_i，以及两项投入：增值 KEL_i 和中间投入 ND_i，其中增值 KEL_i 为资本投入 K_i、劳动力投入 L_i 和能源投入 E_i 的合成投入要素，其对应的要素价格为 $PKEL_i$，中间投入 ND_i 为产业部门 i 生产所消耗的所有中间投入的加总，其对应的要素价格为 PND_i。最高层次投入与产出之间关系采用下面的 CES 生产函数表示：

$$QX_i = AP1\left(\beta_{keli}KEL_i^{\rho_i^q} + \beta_{ndi}ND_i^{\rho_i^q}\right)^{1/\rho_i^q} \tag{12-19}$$

式中，AP1 为该层函数技术水平；β_{keli} 为产业部门 i 中增值部分即资本-劳动力-能源合成投入要素在生产中的份额参数；β_{ndi} 表示中间投入在生产中的份额参数；ρ_i^q 为一个与替代弹性 σ_i^q 有关的参数，替代弹性 σ_i^q 的意义在于当两项要素投入的相对价格 $PKEL_i / PND_i$ 变动 1%时，产业部门 i 为了维持同样水平的最终产出，其要素投入之比 KEL_i / ND_i 将变动 σ%。ρ_i^q 和 σ_i^q 的具体关系为 $\sigma_i^q = 1/\left(1-\rho_i^q\right)$，具体证明可参考张欣（2010）。

根据微观经济学中厂商对要素使用的原则，产业部门 i 最优化要素使用应当遵循在既定产出 QX_i 使得要素投入的成本 C_i 最小化的决策，这一决策问题可以表述为在式（12-19）的约束下使得下面的要素成本方程[式（12-20）]最小化。

$$C1_i = PKEL_iKEL_i + PND_iND_i \tag{12-20}$$

构建拉格朗日函数可得

$$L = PKEL_iKEL_i + PND_iND_i - \lambda\left(AP1\left(\beta_{keli}KEL_i^{\rho_i^q} + \beta_{ndi}ND_i^{\rho_i^q}\right)^{1/\rho_i^q} - QX_i\right) \tag{12-21}$$

对有关变量关于上面的拉格朗日函数求偏导可得到下面的一阶条件：

$$\frac{\partial L}{\partial \text{KEL}_i} = \text{PKEL}_i - \lambda \text{AP1} \frac{1}{\rho_i^q} \left(\beta_{\text{keli}} \text{KEL}_i^{\rho_i^q} + \beta_{\text{ndi}} \text{ND}_i^{\rho_i^q} \right)^{1/\rho_i^q - 1} \beta_{\text{keli}} \cdot \rho_i^q \cdot \text{KEL}_i^{\rho_i^q - 1} = 0 \quad （12\text{-}22）$$

$$\frac{\partial L}{\partial \text{ND}_i} = \text{PND}_i - \lambda \text{AP1} \frac{1}{\rho_i^q} \left(\beta_{\text{keli}} \text{KEL}_i^{\rho_i^q} + \beta_{\text{ndi}} \text{ND}_i^{\rho_i^q} \right)^{1/\rho_i^q - 1} \beta_{\text{ndi}} \cdot \rho_i^q \cdot \text{ND}_i^{\rho_i^q - 1} = 0 \quad （12\text{-}23）$$

$$\frac{\partial L}{\partial \lambda} = A \left(\beta_{\text{keli}} \text{KEL}_i^{\rho_i^q} + \beta_{\text{ndi}} \text{ND}_i^{\rho_i^q} \right)^{1/\rho_i^q} - \text{QX}_i = 0 \quad （12\text{-}24）$$

将式（12-23）和式（12-24）移项后相除可得

$$\frac{\text{PKEL}_i}{\text{PND}_i} = \frac{\lambda \text{AP1} \dfrac{1}{\rho_i^q} \left(\beta_{\text{keli}} \text{KEL}_i^{\rho_i^q} + \beta_{\text{ndi}} \text{ND}_i^{\rho_i^q} \right)^{1/\rho_i^q} \beta_{\text{keli}} \cdot \rho_i^q \cdot \text{KEL}_i^{\rho_i^q - 1}}{\lambda \text{AP1} \dfrac{1}{\rho_i^q} \left(\beta_{\text{keli}} \text{KEL}_i^{\rho_i^q} + \beta_{\text{ndi}} \text{ND}_i^{\rho_i^q} \right)^{1/\rho_i^q} \beta_{\text{ndi}} \cdot \rho_i^q \cdot \text{ND}_i^{\rho_i^q - 1}} \quad （12\text{-}25）$$

$$= \frac{\beta_{\text{keli}}}{\beta_{\text{ndi}}} \left(\frac{\text{ND}_i}{\text{KEL}_i} \right)^{1-\rho_i^q}$$

式（12-25）是部门 i 在既定最终产出 QX_i 下，要素投入成本最小化的优化条件，

$\dfrac{\beta_{\text{keli}}}{\beta_{\text{ndi}}} \left(\dfrac{\text{ND}_i}{\text{KEL}_i} \right)^{1-\rho_i^q}$ 为技术替代率，也是等产量线的斜率。同时，将式（12-25）与式（12-19）

相结合，并根据 $\sigma_i^q = 1/\left(1-\rho_i^q\right)$ 这一关系可得部门 i 对两项要素投入的需求函数：

$$\text{KEL}_i = \frac{1}{\text{AP1}} \left(\frac{\beta_{\text{keli}}}{\text{PKEL}_i} \right)^{\sigma_i^q} \left(\beta_{\text{keli}}^{\sigma_i^q} \text{PKEL}_i^{1-\sigma_i^q} + \beta_{\text{ndi}}^{\sigma_i^q} \text{PND}_i^{1-\sigma_i^q} \right)^{-1/\rho_i^q} \text{QX}_i \quad （12\text{-}26）$$

$$\text{ND}_i = \frac{1}{\text{AP1}} \left(\frac{\beta_{\text{ndi}}}{\text{PND}_i} \right)^{\sigma_i^q} \left(\beta_{\text{keli}}^{\sigma_i^q} \text{PKEL}_i^{1-\sigma_i^q} + \beta_{\text{ndi}}^{\sigma_i^q} \text{PND}_i^{1-\sigma_i^q} \right)^{-1/\rho_i^q} \text{QX}_i \quad （12\text{-}27）$$

将式（12-26）和式（12-27）同时代入式（12-20）中，可以得到部门 i 的单位产出的要素使用成本函数：

$$C_i = \frac{1}{\text{AP1}} \left(\beta_{\text{keli}}^{\sigma_i^q} \text{PKEL}_i^{1-\sigma_i^q} + \beta_{\text{ndi}}^{\sigma_i^q} \text{PND}_i^{1-\sigma_i^q} \right)^{1-1/\rho_i^q} \quad （12\text{-}28）$$

上述一阶条件求解过程解决了如何选择各要素使用量使得在既定产出水平 QX_i 的条件下实现单位成本的最小化，但对于如何选择产出水平 QX_i，使得厂商的利润水平最大化，还需要进行进一步的探究。为了进一步描述厂商的利润最大化决策，应做如下定义。

首先，参考国内外大多数环境能源可计算一般均衡模型的做法，将产业部门 i 的第 p 种污染物的排放 $\text{TD}_{p,i}$ 定义为与部门 i 的最终产品产出 QX_i 成正比关系，比例系数为 $d_{p,i}$，其可以视为部门 i 第 p 种污染物的排放密度：

$$\text{TD}_{p,i} = d_{p,i} \cdot \text{QX}_i \quad （12\text{-}29）$$

部门 i 对于第 p 种污染物的减排数量 $\text{CD}_{p,i}$ 可以定义为

$$\text{CD}_{p,i} = \text{cl}_{p,i} \cdot \text{TD}_{p,i} \quad （12\text{-}30）$$

式中，$\mathrm{cl}_{p,i}$ 为部门 i 对于第 p 种污染物减排率。因此，部门 i 的第 p 种污染物的净排放可被定义为

$$\mathrm{DE}_{p,i} = \mathrm{TD}_{p,i} - \mathrm{CD}_{p,i} \qquad (12\text{-}31)$$

再者，从政府的角度来看。本章假设政府只对生产部门征收两种税：生产间接税和环境税。政府对所有产业部门 i 生产的单件最终产品将以 tc_i 的税率从价征收间接税，对厂商排放的第 p 种污染物的净排放量以 tpe_p 的税率从量征收环境税，这一税率可以看作企业排污的价格。同时，为了体现对于新型行业的生产与厂商减排行为的鼓励与扶持，政府还将对产业部门实施生产补贴和环境补贴。其中，对于所有产业部门 i 生产的单件最终产品将以 rc_i 的补贴率进行补贴，对于厂商减排的每单位的第 p 种污染物，以 re_p 进行补贴。结合产品的单位成本函数[式（12-20）]与污染物的净排放函数[式（12-31）]，可得如下产业部门 i 的利润函数：

$$\pi_i = \left(\mathrm{PX}_i + \mathrm{rc}_i + \sum_p \mathrm{re}_p k_p \mathrm{cl}_{p,i} d_{p,i} \right) \mathrm{QX}_i - \left(C_i + \sum_p \mathrm{tpe}_p k_p d_{p,i} \left(1 - \mathrm{cl}_{p,i}\right) \right) \mathrm{QX}_i \quad (12\text{-}32)$$

式中，k_p 为污染排放数量转化为污染物当量的转换系数；式（12-32）中第一项的 QX_i 的系数可以看作部门 i 的单位收入；第二项 QX_i 的系数表示部门 i 的单位成本。部门 i 在生产过程中寻求利润最大化。因此，对式（12-32）求无条件极值，对变量 QX_i 求偏导可得一阶条件：

$$\frac{\partial \pi_i}{\partial \mathrm{QX}_i} = \left(\mathrm{PX}_i + \mathrm{rc}_i + \sum_p \mathrm{re}_p k_p \mathrm{cl}_{p,i} d_{p,i} \right) \mathrm{QX}_i - \left(C_i + \sum_p \mathrm{tpe}_p k_p d_{p,i} \left(1 - \mathrm{cl}_{p,i}\right) \right) \mathrm{QX}_i = 0 \quad (12\text{-}33)$$

整理后可得

$$\mathrm{PX}_i + \mathrm{rc}_i + \sum_p \mathrm{re}_p k_p \mathrm{cl}_{p,i} d_{p,i} = C_i + \sum_p \mathrm{tpe}_p k_p d_{p,i} \left(1 - \mathrm{cl}_{p,i}\right) \qquad (12\text{-}34)$$

其含义是厂商的单位收入应当等于其单位成本，这也表明在完全竞争市场的假设下，产业部门 i 的经济利润应当为 0。将式两边同时乘以 QX_i，整理得到产业部门 i 的最终产品价格 PX_i 合成等式：

$$\mathrm{PX}_i \mathrm{QX}_i = \mathrm{PKEL}_i \mathrm{KEL}_i + \mathrm{PND}_i \mathrm{ND}_i + \left(\sum_p \mathrm{tpe}_p k_p d_{p,i} \left(1 - \mathrm{cl}_{p,i}\right) + \mathrm{rc}_i + \sum_p \mathrm{re}_p k_p \mathrm{cl}_{p,i} d_{p,i} \right) \mathrm{QX}_i$$
$$(12\text{-}35)$$

式（12-19）、式（12-25）和式（12-35）便构成了生产模块最高层 QX_i 合成的优化关系。

（2）第二层次嵌套。第二层次嵌套主要研究资本-劳动力-能源合成要素 KEL_i 和中间投入要素 ND_i。首先将 KEL_i 看成资本-能源的合成要素 KE_i 和劳动力要素 L_i 的 CES 生产函数合成：

$$\mathrm{KEL}_i = \mathrm{AP2} \left(\beta_{\mathrm{kei}} \mathrm{KE}_i^{\rho_i^{\mathrm{kel}}} + \beta_{\mathrm{li}} L_i^{\rho_i^{\mathrm{kel}}} \right)^{1/\rho_i^{\mathrm{kel}}} \qquad (12\text{-}36)$$

式中，AP2 为该层函数技术水平；β_{kei} 为产业部门 i 资本-能源投入合成要素在生产中的份额参数；β_{li} 为劳动投入在生产中的份额参数，替代弹性 σ_i^{kel} 与参数 ρ_i^{kel} 的意义与第一

层嵌套中相关参数的意义相似，且满足 $\sigma_i^{\text{kel}} = 1/\left(1 - \rho_i^{\text{kel}}\right)$，将 KE 的价格表示为 PKE_i，将 L_i 的价格表示为 W_i，合成要素的成本方程可以写为

$$C2_i = \text{PKE}_i \text{KE}_i + W_i L_i \qquad (12\text{-}37)$$

同第一层嵌套相同，部门 i 在使用要素 KE_i 和 L_i 应当满足成本最小化原则，因此，部门 i 的决策为在式（12-36）的约束下，最小化式（12-37）。这一优化问题的拉格朗日函数一阶条件的求解过程与第一层嵌套类似，求解过程不再赘述，其应当满足优化条件：

$$\frac{\text{PKE}_i}{W_i} = \frac{\beta_{\text{kei}}}{\beta_{\text{li}}} \left(\frac{\text{KE}_i}{L_i}\right)^{1-\rho_i^{\text{kel}}} \qquad (12\text{-}38)$$

而合成要素使用的利润最大化应满足 PKEL_i 的价格合成等式：

$$\text{PKEL}_i \text{KEL}_i = \text{PKE}_i \text{KE}_i + W_i L_i \qquad (12\text{-}39)$$

式（12-36）、式（12-38）和式（12-39）构成了生产模块第二层次嵌套 KEL_i 合成使用的优化关系。

对于部门 i 的中间要素投入 ND_i 来说，按照惯例，采用列昂惕夫生产函数进行合成。因此，中间要素投入应满足下面的关系：

$$\text{UND}_{\text{oth},i} = \alpha_{\text{oth},i} \text{ND}_i \qquad (12\text{-}40)$$

式中，$\text{UND}_{\text{oth},i}$ 为生产 i 部门的产出所需要的 oth 部门的中间投入量；ND_i 为 i 部门所使用的中间投入的加总；$\alpha_{\text{oth},i}$ 为直接消耗系数，表示生产 1 单位 i 部门总的中间投入所需要的 oth 部门产品的投入数量。中间投入价格 PND_i 可以表示为以 $\alpha_{\text{oth},i}$ 为权重的加权价格：

$$\text{PND}_i = \sum_{\text{oth}} \alpha_{\text{oth},i} \text{PX}_i \qquad (12\text{-}41)$$

通过求解可以发现，式（12-41）中已经包含了在固定产出下利润最大化这一条件，因此，式（12-40）和式（12-41）构成了中间要素投入合成的优化条件。

（3）第三层次嵌套。第三层次嵌套将资本-能源合成要素 KE_i 进一步分解为资本要素 K_i 和能源投入要素 E_i，用 CES 生产函数表示这一关系则为

$$\text{KE}_i = \text{AP3}\left(\beta_{\text{ki}} K_i^{\rho_i^{\text{ke}}} + \beta_{\text{ei}} E_i^{\rho_i^{\text{ke}}}\right)^{1/\rho_i^{\text{ke}}} \qquad (12\text{-}42)$$

式中，AP3 为该层函数技术水平；β_{ki} 为产业部门 i 资本投入要素在生产中的份额参数；β_{ei} 为能源投入在生产中的份额参数；替代弹性 σ_i^{ke} 与参数 ρ_i^{ke} 满足 $\sigma_i^{\text{ke}} = 1/\left(1 - \rho_i^{\text{ke}}\right)$。$R_i$ 为部门 i 资本要素的价格，PE_i 为合成能源要素的价格，合成要素 KE_i 的总成本为

$$C3_i = R_i K_i + \text{PE}_i N_i E_i \qquad (12\text{-}43)$$

在式（12-42）的约束下，最小化式（12-43），构建拉格朗日函数，可解得要素使用的最优化条件：

$$\frac{R_i}{\text{PE}_i} = \frac{\beta_{\text{ki}}}{\beta_{\text{ei}}} \left(\frac{K_i}{E_i}\right)^{1-\rho_i^{\text{ke}}} \qquad (12\text{-}44)$$

利润最大化条件应当满足 PKE_i 的价格合成等式：

$$\text{PKE}_i\text{KE}_i = R_i\text{K}_i + \text{PEN}_iE_i \qquad (12\text{-}45)$$

式（12-43）、式（12-44）和式（12-45）构成了第三层次 KE_i 合成的优化条件。

（4）第四层次嵌套。第四层次嵌套将能源投入要素 E_i 进一步分解为化石能源要素 EH_i 和清洁能源要素 EL_i，用 CES 生产函数表示这一关系则为

$$E_i = \text{AP4}\left(\beta_{\text{ehi}}\text{EH}_i^{\rho_i^e} + \beta_{\text{eli}}\text{EL}_i^{\rho_i^e}\right)^{1/\rho_i^e} \qquad (12\text{-}46)$$

式中，AP4 为该层函数技术水平；β_{ehi} 为产业部门化石能源要素 EH_i 在生产中的份额参数；β_{eli} 为清洁能源投入 EL_i 在生产中的份额参数；替代弹性 σ_i^e 与参数 ρ_i^e 的意义与第一层次嵌套中相关参数的意义相似，且满足 $\sigma_i^e = 1/\left(1-\rho_i^e\right)$。$\text{PEH}_i$ 为部门 i 资本要素的价格，PEL_i 为合成能源要素的价格，合成要素 E_i 的总成本为

$$C4_i = \text{PEH}_i\text{EH}_i + \text{PEL}_i\text{EL}_i \qquad (12\text{-}47)$$

在式（12-46）的约束下，最小化式（12-47），构建拉格朗日函数，可解得要素使用的最优化条件：

$$\frac{\text{PEH}_i}{\text{PEL}_i} = \frac{\beta_{\text{ehi}}}{\beta_{\text{eli}}}\left(\frac{\text{EH}_i}{\text{EL}_i}\right)^{1-\rho_i^e} \qquad (12\text{-}48)$$

利润最大化条件应当满足 PEN_i 的要素合成价格等式：

$$\text{PEN}_iE_i = \text{PEH}_i\text{EH}_i + \text{PEL}_i\text{EL}_i \qquad (12\text{-}49)$$

式（12-46）、式（12-48）和式（12-49）构成了第四层次 E_i 合成的优化条件。

（5）第五层次嵌套。第五层次嵌套主要关注化石能源的合成要素 EH_i 的分解。本书将 EH_i 分解为煤炭与石油的合成要素 ECP_i 和天然气与火电的合成要素 EGE_i，CES 生产函数合成形式如下：

$$\text{EH}_i = \text{AP5}\left(\beta_{\text{ecpi}}\text{ECP}_i^{\rho_i^{eh}} + \beta_{\text{egei}}\text{EGE}_i^{\rho_i^{eh}}\right)^{1/\rho_i^{eh}} \qquad (12\text{-}50)$$

式中，AP5 为该层函数技术水平；β_{ecpi} 为产业部门 i 的煤炭与石油的合成要素 ECP_i 在生产中的份额参数；β_{egei} 为天然气与火电的合成要素 EGE_i 在生产中的份额参数；替代弹性 σ_i^{eh} 与参数 ρ_i^{eh} 的意义与第一层次嵌套中相关参数的意义相似，且满足 $\sigma_i^{eh} = 1/\left(1-\rho_i^{eh}\right)$。$\text{PECP}_i$ 为部门 i 煤炭与石油的合成要素的价格，PEGE_i 为合成能源要素的价格，合成要素 EH_i 的总成本为

$$C5_i = \text{PECP}_i\text{ECP}_i + \text{PEGE}_i\text{EGE}_i \qquad (12\text{-}51)$$

在式（12-50）的约束下，最小化式（12-51），构建拉格朗日函数，可解得要素使用的最优化条件：

$$\frac{\text{PECP}_i}{\text{PEGE}_i} = \frac{\beta_{\text{ecpi}}}{\beta_{\text{egei}}}\left(\frac{\text{ECP}_i}{\text{EGE}_i}\right)^{1-\rho_i^{eh}} \qquad (12\text{-}52)$$

利润最大化条件应当满足 PEH_i 的要素合成价格等式：

$$\text{PEH}_i\text{EH}_i = \text{PECP}_i\text{ECP}_i + \text{PEGE}_i\text{EGE}_i \qquad (12\text{-}53)$$

式（12-50）、式（12-52）和式（12-53）构成了第五层次 EH_i 合成的优化条件。

（6）第六层次嵌套。第六层次嵌套主要由两部分组成，第一部分是对煤炭与石油的合成要素 ECP_i 的分解，第二部分是对天然气与火电的合成要素 EGE_i 的分解。

①ECP_i 的分解。本书将 ECP_i 分解为煤炭 EC 与石油 EP，CES 生产函数合成形式如下：

$$\text{ECP}_i = \text{AP6}\left(\beta_{\text{eci}}\text{EC}_i^{\rho_i^{\text{ecp}}} + \beta_{\text{epi}}\text{EP}_i^{\rho_i^{\text{ecp}}}\right)^{1/\rho_i^{\text{ecp}}} \qquad (12\text{-}54)$$

式中，AP6 为该层函数技术水平；β_{eci} 为产业部门 i 煤炭 EC_i 在生产中的份额参数；β_{epi} 为石油 EP_i 在生产中的份额参数；替代弹性 σ_i^{ecp} 与参数 ρ_i^{ecp} 的意义与第一层次嵌套中相关参数的意义相似，且满足 $\sigma_i^{\text{ecp}} = 1/\left(1-\rho_i^{\text{ecp}}\right)$。$\text{PQ}_{\text{eci}}$ 为部门 i 煤炭要素的使用价格，PQ_{epi} 为石油要素的使用价格，合成要素 ECP_i 的总成本为

$$C6_i = \text{PQ}_{\text{eci}}\text{EC}_i + \text{PQ}_{\text{epi}}\text{EP}_i \qquad (12\text{-}55)$$

在式（12-54）的约束下，最小化式（12-55），构建拉格朗日函数，可解得要素使用的最优化条件：

$$\frac{\text{PQ}_{\text{eci}}}{\text{PQ}_{\text{epi}}} = \frac{\beta_{\text{eci}}}{\beta_{\text{epi}}}\left(\frac{\text{EC}_i}{\text{EP}_i}\right)^{1-\rho_i^{\text{ecp}}} \qquad (12\text{-}56)$$

利润最大化条件应当满足 PECP_i 的要素合成价格等式：

$$\text{PECP}_i\text{ECP}_i = \text{PEC}_i\text{EC}_i + \text{PEP}_i\text{EP}_i \qquad (12\text{-}57)$$

式（12-54）、式（12-56）和式（12-57）构成了第六层次 ECP_i 合成的优化条件。

②EGE_i 的分解。本书将 EGE_i 分解为天然气 EG 与火电 EE，CES 生产函数合成形式如下：

$$\text{EGE}_i = \text{AP7}\left(\beta_{\text{egi}}\text{EG}_i^{\rho_i^{\text{ege}}} + \beta_{\text{eei}}\text{EE}_i^{\rho_i^{\text{ege}}}\right)^{1/\rho_i^{\text{ege}}} \qquad (12\text{-}58)$$

式中，AP7 为该层函数技术水平；β_{egi} 为产业部门 i 天然气 EG_i 在生产中的份额参数；β_{eei} 为火电 EE_i 在生产中的份额参数；替代弹性 σ_i^{ege} 与参数 ρ_i^{ege} 的意义与第一层次嵌套中相关参数的意义相似，且满足 $\sigma_i^{\text{ege}} = 1/\left(1-\rho_i^{\text{ege}}\right)$。$\text{PQ}_{\text{egi}}$ 为部门 i 天然气要素的使用价格，PQ_{eei} 为火电要素的使用价格，合成要素 ECP_i 的总成本为

$$C7_i = \text{PQ}_{\text{egi}}\text{EG}_i + \text{PQ}_{\text{eei}}\text{EE}_i \qquad (12\text{-}59)$$

在式（12-58）的约束下，最小化式（12-59），构建拉格朗日函数，可解得要素使用的最优化条件：

$$\frac{\text{PQ}_{\text{egi}}}{\text{PQ}_{\text{eei}}} = \frac{\beta_{\text{egi}}}{\beta_{\text{eei}}}\left(\frac{\text{EG}_i}{\text{EE}_i}\right)^{1-\rho_i^{\text{ege}}} \qquad (12\text{-}60)$$

利润最大化条件应当满足 PEGE_i 的要素合成价格等式：

$$\text{PEGE}_i\text{EGE}_i = \text{PQ}_{\text{egi}}\text{EG}_i + \text{PQ}_{\text{eei}}\text{EE}_i \qquad (12\text{-}61)$$

式（12-58）、式（12-60）和式（12-61）构成了第六层次 EGE_i 合成的优化条件。

（二）贸易与产品分配模块

（1）产品分配模块。本部分将进入最终产品市场的产品分成三部分：一是国内生产并用于出口的部分，记为 QE_i；二是国内生产且用于国内销售的部分，记为 QD_i；三是从国外进口的商品，记为 QM_i。国内生产的产品 QX_i 由国内销售 QD_i 和用于出口的部分 QE_i 组成，这关系采用下面的 CET 分配函数表达：

$$QX_i = AC\left[\xi d_i QD_i^{\rho_{ei}} + \xi e_i QE_i^{\rho_{ei}}\right]^{1/\rho_{ei}} \tag{12-62}$$

式中，AC 为国内的供给与出口的转换系数；$\rho_{ei} = 1/(1-\sigma_{ei})$，$\sigma_{ei}$ 为国内供给与出口的替代弹性系数，ρ_{ei} 为国内供给与进口的替代弹性系数的相关系数；ξd_i 为商品 i 国内供给的份额参数；ξe_i 为商品 i 出口供给的份额参数。

国内供给和出口之间最优选择的必要条件：

$$\frac{PD_i}{PE_i} = \frac{\xi D_i}{\xi e_i}\cdot\left(\frac{QE_i}{QD_i}\right)^{1-\rho_{ei}} \tag{12-63}$$

定义出口产品的价格：

$$PE_i = PEW_i \cdot EXR \tag{12-64}$$

式中，PE_i 表示出口商品 i 在国内市场上的价格；PEW_i 表示进口商品 i 在国际市场上的价格；EXR 为汇率。

市场上部门 i 的产品价格定义成国内供给价格 PD_i 和出口价格 PE_i 的加权价格：

$$PX_i \cdot QX_i = PD_i QD_i + PE_i QE_i \tag{12-65}$$

式（12-62）～式（12-65）构成可计算一般均衡模型产品分配 CET 模块的核心方程。

（2）产品贸易模块。国内市场上销售部门 i 的产品 QQ_i 由国内生产且本国销售的 i 部门产品 QD_i 和从国外进口的产品 QM_i 两个部分组成。由于 QD_i 和 QM_i 具有不完全替代性，因此其合成关系采用 CES 生产函数，即 Armington 假设，具体表达形式如下：

$$QQ_i = AA\left[\xi D_i QD_i^{\rho_{mi}} + \delta m_i QM_i^{\rho_{mi}}\right]^{1/\rho_{mi}} \tag{12-66}$$

式中，AA 为国内的供给与进口的转换系数；$\rho_{mi} = 1/(1-\sigma_{mi})$，$\rho_{mi}$ 为国内供给与进口的替代弹性系数的相关系数，σ_{mi} 为国内供给与进口的替代弹性系数；ξD_i 为商品 i 国内供给的份额参数；δm_i 为商品 i 进口供给的份额参数。

需求者关于国内供给的 i 商品和从国外进口的 i 商品最优选择的必要条件：

$$\frac{PD_i}{PM_i} = \frac{\xi D_i}{\delta m_i}\cdot\left(\frac{QM_i}{QD_i}\right)^{1-\rho_{mi}} \tag{12-67}$$

定义进口产品的价格：

$$PM_i = PMW_i \cdot EXR \tag{12-68}$$

式中，PM_i 为进口商品 i 在国内市场上的价格；PMW_i 为进口商品 i 在国际市场上的价格。

国内市场上产品 i 的价格 PQ_i、国内生产产品 i 的价格 PD_i、国外进口的产品 i 的价

格 PM_i 之间的关系如 CET 模块相似，采用加权价格形式表达这一关系：

$$\text{PQ}_i \cdot \text{QQ}_i = \text{PD}_i \text{QD}_i + \text{PM}_i \text{QM}_i \qquad (12\text{-}69)$$

式（12-66）～式（12-69）构成可计算一般均衡模型 Armington 假设的核心方程。

（三）居民模块

（1）居民收入。假设居民通过提供劳务获得劳务收入 LI，同时居民拥有资本，从资本市场获取资本收入 KI，政府对居民存在转移支付 HSUB，最终获得总收入 HY。同时，居民将一部分收入按照一定的边际储蓄率 rhs 作为储蓄 HS，具体定义如下：

$$\text{LI} = W \sum_i L_i \qquad (12\text{-}70)$$

$$\text{KI} = R \sum_i K_i \qquad (12\text{-}71)$$

$$\text{HY} = \text{LI} + \text{KI} + \text{HSUB} \qquad (12\text{-}72)$$

$$\text{HS} = \text{rhs} \cdot \text{HY} \qquad (12\text{-}73)$$

（2）消费行为。在可计算一般均衡模型的构建过程中，国际上有不少学者采用扩展线性支出系统（extend linear expenditure system，ELES）型消费函数描述居民的消费行为，但鉴于国内 ELES 型消费函数的参数数据不易获取，同时为了简化处理，本章将消费者的效用函数假设为 Cobb-Douglas 型，居民对于产出部门 i 对应的产品的消费记为 HC_i，消费者的效用函数 U 则可以写成：

$$U = \text{AH} \prod_i \text{HC}_i^{\rho_{\text{hi}}} \qquad (12\text{-}74)$$

式中，AH 为转换系数；ρ_{hi} 为各种商品的消费支出占总消费支出的比重，是一个与各种商品消费份额有关的参数。

一个理性消费者在给定收入和商品价格的前提下，通过选择不同的商品消费组合实现效用最大化，居民用于消费的收入可以被定义为居民的总收入 HY 减去居民总储蓄 HS，同时根据式（12-72），可以将这一最优化问题描述成

$$\max \text{AH} \prod_i \text{HC}_i^{\rho_{\text{hi}}} \qquad (12\text{-}75)$$

$$\text{s.t.} \ \sum_i \text{PQ}_i \cdot \text{HC}_i = \text{HY} \qquad (12\text{-}76)$$

通过求解上述最优化问题可以解得马歇尔需求函数：

$$\text{HC}_i = \rho_{\text{hi}} \cdot \frac{\text{HY}}{\text{PQ}_i} \qquad (12\text{-}77)$$

式（12-70）～式（12-77）构成可计算一般均衡模型居民模块的核心方程。

（四）政府模块

（1）政府收入。本模型假设政府收入 GY 由税收收入组成，且假设只考虑生产间接税收入 INDTAX 及排污税收入 PETAX，不考虑增值税、关税、消费税等其他税收收入。同时政府将按照政府的边际储蓄率 rgs 将收入的一部分作为政府储蓄。因此，进行

如下定义：

$$\text{INDTAX} = \sum_i \text{tc}_i \text{PX}_i \text{QX}_i \qquad (12\text{-}78)$$

$$\text{PETAX} = \sum_i \sum_p \text{tpe}_p k_p d_{p,i} \left(1 - \text{cl}_{p,i}\right) \text{QX}_i \qquad (12\text{-}79)$$

$$\text{GY} = \text{INDTAX} + \text{PETAX} \qquad (12\text{-}80)$$

$$\text{GS} = \text{rgs} \cdot \text{GY} \qquad (12\text{-}81)$$

（2）政府支出。政府支出主要包括政府对各类商品 i 的消费 $\sum_i \text{GC}_i$，政府对于一般生产部门 i 的生产补贴 CSUB，以及对居民的补贴 HSUB。假设政府的消费行为与前面所述的居民消费行为完全相同，因此，进行如下的定义：

$$\text{GC}_i = \rho_{\text{gi}} \cdot \frac{\text{GY}}{\text{PQ}_i} \qquad (12\text{-}82)$$

式中，ρ_{gi} 的含义与居民需求函数的相同，表示各类商品的消费支出占政府收入的份额。

政府对厂商的生产补贴记为 CSUB，进行如下定义：

$$\text{CSUB} = \sum_i \text{rc}_i \text{QX}_i \qquad (12\text{-}83)$$

政府对厂商污染物减排的补贴 ESUB，作如下定义：

$$\text{ESUB} = \sum_i \sum_p \text{re}_p k_p d_{p,i} \text{cl}_{p,i} \text{QX}_i \qquad (12\text{-}84)$$

政府对居民的补贴 HSUB 按照政府收入 GY 的固定比重进行发放，可以定义：

$$\text{HSUB} = \text{rh} \cdot \text{GY} \qquad (12\text{-}85)$$

式中，rh 为政府对居民的补贴 HSUB 占 GY 的比重。

式（12-78）~式（12-85）构成了可计算一般均衡模型的政府模块的核心方程。

（五）投资–储蓄–存货变动模块

（1）投资–储蓄行为。首先，假设投资者的收益为 RPS，使用 Cobb-Douglas 型效用函数与投资的商品需求 INV_i 相关联，这一关系可以表达为

$$\text{RPS} = \text{AI} \prod_n \text{INV}_i^{\rho_{ii}} \qquad (12\text{-}86)$$

式中，AI 为转换系数；ρ_{ii} 为各类商品投资需求占总投资的份额。

假定一个投资者在给定总投资 TINV 和商品价格 PQ_i 的条件下通过选择不同商品的投资需求水平实现收益最大化，这一问题可以表述为

$$\max \text{RPS} = \text{AI} \prod_n \text{INV}_i^{\rho_{ii}} \qquad (12\text{-}87)$$

$$\text{s.t.} \quad \text{TINV} = \sum_i \text{PQ}_i \text{INV}_i \qquad (12\text{-}88)$$

求解这一问题可以得到投资者对于各类商品的需求函数：

$$INV_i = \rho_{ii} \frac{TINV}{PQ_i} \tag{12-89}$$

通过居民和政府模块的分析可知，总储蓄应当由居民储蓄和政府储蓄两部分构成，因此，总储蓄TSAV可以写成下面的形式：

$$TSAV = HS + GS \tag{12-90}$$

而根据宏观经济学中投资储蓄的均衡状态，意愿投资和储蓄应当相等，因此：

$$TSAV = TINV \tag{12-91}$$

（2）存货投资与存货变动。参考潘浩然（2016）的做法，投资活动对存货变动的需求量INVS按照总投资TINV的固定比例ivs算出：

$$INVS = ivs \cdot TINV \tag{12-92}$$

存货变动对商品的需求量SC_i等于按照全部存货变动支出的固定比例分配的商品存货变动支出除以商品价格计算，如下所示：

$$SC_i = \rho_{si} \cdot \frac{INVS}{PQ_i} \tag{12-93}$$

式中，ρ_{si}为商品i的存货变动占总存货的份额。

式（12-86）~式（12-93）为可计算一般均衡模型投资-储蓄-存货变动模块的核心方程。

（六）闭合模块

本书闭合模块主要基于新古典宏观闭合条件进行设置，式（12-94）~式（12-99）构成本模块：

（1）劳动市场均衡

$$\sum_i L_i = \overline{LS} \tag{12-94}$$

（2）资本市场均衡

$$\sum_i K_i = \overline{KS} \tag{12-95}$$

（3）国际收支均衡

$$\sum_i PE_i QE_i = \sum_i PM_i QM_i + INVF \tag{12-96}$$

式中，INVF为国际贸易顺差。

（4）国内产品市场均衡

非能源产品市场的均衡：

$$QQ_{oth} = \sum_{oth} UND_{oth,oth} + HC_{oth} + GC_{oth} + INV_{oth} + SC_{oth} \tag{12-97}$$

能源产品市场的均衡：

$$QQ_n = \sum_i EC_i + HC_n + GC_n + INV_n + SC_n \tag{12-98}$$

（5）汇率固定等式

$$EXR = \overline{EXR} \tag{12-99}$$

（七）福利模块

为了进一步研究绿色发展中的居民福利问题，本书单独设置福利模块，一般来说，能源环境可计算一般均衡模型的福利水平将主要取决于居民对商品的消费数量 HC_i 和污染物的减排数量 $CD_{p,i}$，定义 Cobb-Douglas 型居民福利函数：

$$EV = A\sum_i HC_i^{\rho^{ev}} \sum_i CD_{p,i}^{1-\rho^{ev}} \tag{12-100}$$

式中，A 为福利函数的转换系数；ρ^{ev} 为居民消费在居民福利中所占的份额；$1-\rho^{ev}$ 为污染减排在居民福利中所占的份额。

（八）GDP 模块

为了研究 GDP，本书单独定义名义 GDP、实际 GDP 与 GDP 价格指数：

$$RGDP = \sum_i HC_i + \sum_i GC_i + \sum_i INV_i + \left(\sum_i QE_i - \sum_i QM_i\right) \tag{12-101}$$

$$GDP_i = W_i \cdot L_i + R_i \cdot L_i + PX_i QX_i \tag{12-102}$$

$$GDP = \sum_i GDP_i \tag{12-103}$$

$$PGDP = \frac{GDP}{RGDP} \tag{12-104}$$

式（12-101）~式（12-104）中，RGDP 为实际 GDP；GDP_i 为部门 i 的名义产出；GDP 为名义 GDP；PGDP 为 GDP 价格指数。本模块式（12-101）~式（12-104）在模型外部计算，不增加额外的方程与变量。

（九）动态递归模块

为了研究绿色发展政策工具对绿色发展的长期冲击效应，本书设置动态模块。一般而言，动态模块有两种选择：一是设计消费者的跨期消费数量的选择，从而形成消费数量的动态效应；二是设置劳动、资本与技术存量的动态递归机制。考虑到消费者的跨期消费选择中存在部分参数难以估计，因此，本书选择劳动、资本与技术存量的动态递归机制。具体方程形式如下：

（1）劳动的动态递归

$$LS_t = LS_t e^{nt} \tag{12-105}$$

式中，LS_t 为第 t 期劳动要素市场上的劳动要素供给量；n 为各期劳动力的增长率。

（2）资本的动态递归

$$KS_{t+1} = \sum_i INV_i - \delta \sum_i K_i \tag{12-106}$$

式中，KS_{t+1} 为第 $t+1$ 期资本要素市场上的资本供给量；δ 为资本折旧率。

（3）技术存量的动态递归

$$A_t = A_t e^{\alpha t} \qquad (12\text{-}107)$$

式中，A_t 为第 t 期技术存量市场上的技术存量供给量；α 为技术的进步速度。

同 GDP 模块相类似，式（12-105）~式（12-107）属于在模型外部对模型各期数据进行更新的设定，本身不产生额外的方程与变量。

式（12-19）、式（12-24）、式（12-29）~式（12-31）、式（12-35）、式（12-36）、式（12-38）、式（12-40）~式（12-42）、式（12-44）~式（12-46）、式（12-48）~式（12-50）、式（12-52）~式（12-54）、式（12-56）~式（12-58）、式（21-60）~式（12-99）共计 63 个等式构成本书能源环境可计算一般均衡模型的核心方程，若按照行业部门集合 i、非能源投入集合 oth、污染物集合 p 将所有核心方程展开，本模型共计 505 个方程，505 个内生变量。中国绿色发展可计算一般均衡模型模拟流程图如图 12-2 所示。

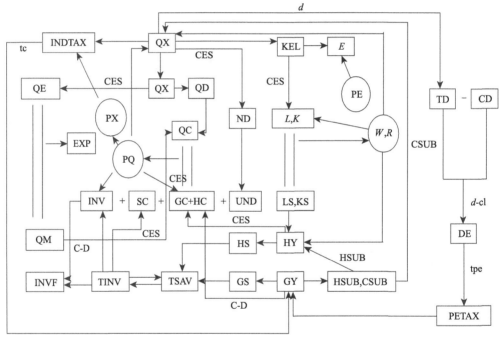

图 12-2　中国绿色发展可计算一般均衡模型模拟流程图

三、江西省绿色发展政策工具的情景模拟

（一）数据基础

（1）宏观社会核算矩阵（social accounting matrix，SAM）表。SAM 表恰好是一套连接所有经济交易（包括生产、收入分配、流通、消费、储蓄和投资等内容），对生产活动、生产要素和社会经济主体进行分解和分类的完整数据体系，它能定量描述一个经济体内部有关生产、要素收入分配、经济主体收入分配和支出的循环关系（郭正权，2011）。一般来说，SAM 表的行方向代表收入的流入，而列方向代表开支。行列的平衡关系使得

经济体在基期状态达到均衡，使得 GCE 模型可解。根据对于本书能源环境可计算一般均衡模型变量的设置，对标准 SAM 表进行改造，最终建立本书所需要的开放经济体的宏观 SAM 结构表（表 12-10）。

表 12-10　开放经济体的宏观 SAM 结构表

	活动	产出	劳动	资本	居民	政府收支	生产税	生产补贴	环境税	环境补贴	国外	投资	存货	总计
活动		国内商品									出口			国内商品
产出	中间投入				居民消费	政府消费						固定资本形成	存货投资	国内产出
劳动	劳动需求													劳动需求
资本	资本需求													资本需求
居民			居民劳动收入	居民资本收入										居民总收入
政府收支							生产税收入	减:生产补贴	环境税收入	减:环境补贴				政府总收入
生产税	生产税额													生产税总额
生产补贴	减:生产补贴													生产补贴总额
环境税	环境税额													环境税总额
环境补贴	减:环境补贴													环境补贴总额
国外		进口												总进口
储蓄					居民储蓄	政府储蓄					国外储蓄			总储蓄
存货												存货投资总额		总存货
总计	部门支出	国内商品供给	劳动供给	资本供给	居民总支出	政府总支出	生产税总额	生产补贴总额	环境税总额	环境补贴总额	总出口	总投资	存货总额	

表 12-10 中，"活动"账户主要包括各行业的生产厂商，"产出"账户主要核算最终产品的流通分配活动，"劳动"与"资本"主要用于核算生产要素的流通与分配，"居民"账户主要核算居民的收支活动。为了更好地研究市场型建设工具，本书将标准 SAM 表的"政府"账户拆分成"政府收支""生产税""生产补贴""环境税""环境补贴"五个子账户，"政府收支"子账户的功能相当于标准 SAM 表中的"政府"账户，用户核算政府所有的收支活动，"生产税""生产补贴""环境税""环境补贴"四个子账户用于专项核算生产税收入、生产补贴开支、环境税收入、环境补贴开支。"国外"账户主要用于核算进出口活动，"投资–储蓄"账户用于核算所有的储蓄活动与投资活动，"存货"账户专门用于核算存货的变动。

宏观 SAM 表数据来源：中间投入矩阵数据、国内商品、居民消费、居民储蓄、政府消费、政府储蓄、进出口、固定资本、存货投资、劳动需求、资本需求、劳动收入、资本收入以及生产间接税数据均直接来源于 2012 年江西省投入产出表，而生产补贴数据来源于《江西统计年鉴（2013）》中的政府开支有关数据，并根据当年各产业产出，计算各产业产出占总产出的比重，将生产补贴拆分至各行业。污染物排放有关数据来源于《中国环境统计年报（2013）》中江西省的相关数据。而环境税则根据 2012 年江西省公布的排污费征收标准以及由各类污染物的净排放量计算而得。环境补贴有关数据来源于《江西统计年鉴（2013）》中政府对生态环境保护的开支项，并根据各行业的污染物去除量将其拆分至各行业。

（2）微观 SAM 表。微观 SAM 是依据行业部门将宏观 SAM 中的"活动"与"产出"项按产业部门进行展开，以满足可计算一般均衡模型中产业部门相关变量的数据需求。根据行业部门的划分，以及 2012 年的江西省投入产出表结构，建立本书所需要的微观 SAM 结构表（表 12-11）。

微观 SAM 表主要包括两部分：第一部分是左下方的中间消耗矩阵部分，其主要用于核算行业之间的中间产品投入的流动，第二部分是右上方的以各行业最终产品为主对角线的对角矩阵，其主要用于核算各部门在市场流通的最终产品的数量。

微观 SAM 表数据来源：中间消耗矩阵数据与各部门的最终产量数据由 2012 年江西省投入产出表中的行业部门数据按行业部门划分进行分类加总而得。

（3）SAM 表的调平。将微观 SAM 表代入宏观 SAM 表左上方的行与列方向上的"产出"与"投入"账户可以得到本书研究最终所需的 SAM 表，其是一个 29×29 的矩阵。为了满足 SAM 行列平衡的性质，使得可计算一般均衡模型在初始状态下有解，需要对 SAM 表进行调平处理。

常用的 SAM 表调平方法有 RAS 法、直接系数熵法、交叉系数熵法等，但这些方法完全依赖于数据自身提供的信息量进行调平，其调平过程往往缺乏经济学解释，最后的调平结果往往和原始数据差异较大，数据失真较为严重。因此，本书采用"一步一标"法，对 SAM 进行手动调平。其主要步骤是：将所有的行合计或列合计固定并作为参照，将目标数与参照数求差，并找出目标行或目标列的最大值，将这一最大值减去目标数与参照数的差，然后以此类推，最终使整个 SAM 表调平。"一步一标"法的优势在于其能使得在 SAM 表数据被调平之后，所有数值的变动百分率达到最小，使得 SAM 表调平后的数据不过度失真。

（4）参数的校准。本模型参数的估计包括替代弹性系数和份额参数。

替代弹性系数。模型中需要标定的替代弹性系数主要有 CES 生产函数、Armington 函数与 CET 函数。生产函数的替代弹性的大小决定了各种投入要素或产品之间的相互替代难易程度，从而对各种外部冲击政策甚至整个经济系统所产生的影响有决定性的作用。如果生产函数中各种投入品之间的替代弹性大，企业易于针对外来冲击调整各种投入品，且调整成本比较小，外来冲击对经济系统造成的影响就比较小（宣晓伟，2002）。目前关于可计算一般均衡模型中生产函数、贸易函数中的替代弹性系数，一般通过计量经济学方法或者咨询相关专家取得。目前国内已经有不少学者在这方面做了一些大量的研究，本部分直接参考郭正权（2011）的研究结果并做调查（表 12-12 ~ 表 12-14）。

表 12-11 开放经济体的微观 SAM 结构表

		活动								产出							
		农林牧渔	轻工业	重工业	服务业	煤炭	石油	天然气	火电	清洁能源	农林牧渔	轻工业	重工业	服务业	煤炭	石油	天然气	火电	清洁能源
活动	农林牧渔										商品1								
	轻工业											商品2							
	重工业												商品3						
	服务业													商品4					
	煤炭														商品5				
	石油															商品6			
	天然气																商品7		
	火电																	商品8	
	清洁能源																		商品9
产出	农林牧渔																		
	轻工业																		
	重工业																		
	服务业	中间消耗矩阵																	
	煤炭																		
	石油																		
	天然气																		
	火电																		
	清洁能源																		

表 12-12　CES 生产函数替代弹性

类别	农业	重工业	轻工业	服务业	化石能源	清洁能源
σ_i^q	0.3	0.3	0.3	0.3	0.3	0.3
σ_i^{kel}	0.8	0.8	0.8	0.8	0.8	0.8
σ_i^{ke}	0.6	0.6	0.6	0.6	0.6	0.6
σ_i^e	0.9	0.9	0.9	0.9	0.9	0.9

表 12-13　Armington 函数替代弹性

类别	农业	重工业	轻工业	服务业	化石能源	清洁能源
σ_{mi}	3.0	3.0	3.0	2.0	3.0	1.1

表 12-14　CET 函数替代弹性

类别	农业	重工业	轻工业	服务业	化石能源	清洁能源
σ_{ei}	4.0	4.0	4.0	3.0	4.0	0.5

（1）份额参数估计。包括可计算一般均衡模型中 CES 生产函数、Armington 函数、CET 函数的份额参数、技术系数。CES 生产函数参数标定，对于第一层次嵌套，根据 KEL_i 和 ND_i 要素使用一阶条件[式（12-24）]以及 $\beta_{keli}+\beta_{ndi}=1$ 这一关系，可以解得 β_{keli} 和 β_{ndi} 的校准表达式：

$$\beta_{keli}=\frac{\beta_{keli}KEL_i^{1-\rho_i^q}}{\beta_{keli}KEL_i^{1-\rho_i^q}+\beta_{ndi}ND_i^{1-\rho_i^q}} \tag{12-108}$$

$$\beta_{ndi}=\frac{\beta_{keli}KEL_i^{1-\rho_i^q}}{\beta_{keli}KEL_i^{1-\rho_i^q}+\beta_{ndi}ND_i^{1-\rho_i^q}} \tag{12-109}$$

同理，根据其他层次各要素使用的一阶条件以及份额参数的关系，其他层级生产函数的份额参数以及 CET 函数、Armington 函数的国内生产国内消费以及进出口的份额参数校准表达式为

$$\beta_{kei}=\frac{\beta_{kei}KE_i^{1-\rho_i^{kel}}}{\beta_{kei}KE_i^{1-\rho_i^{kel}}+\beta_{li}L_i^{1-\rho_i^{kel}}} \tag{12-110}$$

$$\beta_{li}=\frac{\beta_{li}L_i^{1-\rho_i^{kel}}}{\beta_{kei}KE_i^{1-\rho_i^{kel}}+\beta_{li}L_i^{1-\rho_i^{kel}}} \tag{12-111}$$

$$\beta_{ki}=\frac{\beta_{ki}K_i^{1-\rho_i^{ke}}}{\beta_{ki}K_i^{1-\rho_i^{ke}}+\beta_{ei}E_i^{1-\rho_i^{ke}}} \tag{12-112}$$

$$\beta_{ei}=\frac{\beta_{ei}E_i^{1-\rho_i^{ke}}}{\beta_{ki}K_i^{1-\rho_i^{ke}}+\beta_{ei}E_i^{1-\rho_i^{ke}}} \tag{12-113}$$

$$\beta_{ehi}=\frac{\beta_{ehi}EH_i^{1-\rho_i^e}}{\beta_{ehi}EH_i^{1-\rho_i^e}+\beta_{eli}EL_i^{1-\rho_i^e}} \tag{12-114}$$

$$\beta_{\mathrm{eli}} = \frac{\beta_{\mathrm{eli}}\mathrm{EL}_i^{1-\rho_i^e}}{\beta_{\mathrm{ehi}}\mathrm{EH}_i^{1-\rho_i^e} + \beta_{\mathrm{eli}}\mathrm{EL}_i^{1-\rho_i^e}} \qquad (12\text{-}115)$$

$$\beta_{\mathrm{ecpi}} = \frac{\beta_{\mathrm{ecpi}}\mathrm{ECP}_i^{1-\rho_i^{\mathrm{eh}}}}{\beta_{\mathrm{ecpi}}\mathrm{ECP}_i^{1-\rho_i^{\mathrm{eh}}} + \beta_{\mathrm{egei}}\mathrm{EGE}_i^{1-\rho_i^{\mathrm{eh}}}} \qquad (12\text{-}116)$$

$$\beta_{\mathrm{egei}} = \frac{\beta_{\mathrm{egei}}\mathrm{EGE}_i^{1-\rho_i^{\mathrm{eh}}}}{\beta_{\mathrm{ecpi}}\mathrm{ECP}_i^{1-\rho_i^{\mathrm{eh}}} + \beta_{\mathrm{egei}}\mathrm{EGE}_i^{1-\rho_i^{\mathrm{eh}}}} \qquad (12\text{-}117)$$

$$\beta_{\mathrm{eci}} = \frac{\beta_{\mathrm{eci}}\mathrm{EC}_i^{1-\rho_i^{\mathrm{ecp}}}}{\beta_{\mathrm{eci}}\mathrm{EC}_i^{1-\rho_i^{\mathrm{ecp}}} + \beta_{\mathrm{epi}}\mathrm{EP}_i^{1-\rho_i^{\mathrm{ecp}}}} \qquad (12\text{-}118)$$

$$\beta_{\mathrm{epi}} = \frac{\beta_{\mathrm{epi}}\mathrm{EP}_i^{1-\rho_i^{\mathrm{ecp}}}}{\beta_{\mathrm{eci}}\mathrm{EC}_i^{1-\rho_i^{\mathrm{ecp}}} + \beta_{\mathrm{epi}}\mathrm{EP}_i^{1-\rho_i^{\mathrm{ecp}}}} \qquad (12\text{-}119)$$

$$\beta_{\mathrm{egi}} = \frac{\beta_{\mathrm{egi}}\mathrm{EG}_i^{1-\rho_i^{\mathrm{ege}}}}{\beta_{\mathrm{egi}}\mathrm{EG}_i^{1-\rho_i^{\mathrm{ege}}} + \beta_{\mathrm{eei}}\mathrm{EE}_i^{1-\rho_i^{\mathrm{ege}}}} \qquad (12\text{-}120)$$

$$\beta_{\mathrm{eei}} = \frac{\beta_{\mathrm{eei}}\mathrm{EE}_i^{1-\rho_i^{\mathrm{ege}}}}{\beta_{\mathrm{egi}}\mathrm{EG}_i^{1-\rho_i^{\mathrm{ege}}} + \beta_{\mathrm{eei}}\mathrm{EE}_i^{1-\rho_i^{\mathrm{ege}}}} \qquad (12\text{-}121)$$

$$\xi d_i = \frac{\mathrm{PD}_i \cdot \mathrm{QD}_i^{1-\rho_{\mathrm{mi}}}}{\mathrm{PD}_i \cdot \mathrm{QD}_i^{1-\rho_{\mathrm{mi}}} + \mathrm{QE}_i^{1-\rho_{\mathrm{mi}}} \cdot \mathrm{PE}_i} \qquad (12\text{-}122)$$

$$\xi e_i = \frac{\mathrm{QE}_i^{1-\rho_{\mathrm{mi}}} \cdot \mathrm{PE}_i}{\mathrm{PD}_i \cdot \mathrm{QD}_i^{1-\rho_{\mathrm{mi}}} + \mathrm{QE}_i^{1-\rho_{\mathrm{mi}}} \cdot \mathrm{PE}_i} \qquad (12\text{-}123)$$

$$\xi D_i = \frac{\mathrm{PD}_i \cdot \mathrm{QD}_i^{1-\rho_{\mathrm{mi}}}}{\mathrm{PD}_i \cdot \mathrm{QD}_i^{1-\rho_{\mathrm{mi}}} + \mathrm{PM}_i \cdot \mathrm{QM}_i^{1-\rho_{\mathrm{mi}}}} \qquad (12\text{-}124)$$

$$\delta m_i = \frac{\mathrm{PM}_i \cdot \mathrm{QM}_i^{1-\rho_{\mathrm{mi}}}}{\mathrm{PD}_i \cdot \mathrm{QD}_i^{1-\rho_{\mathrm{mi}}} + \mathrm{PM}_i \cdot \mathrm{QM}_i^{1-\rho_{\mathrm{mi}}}} \qquad (12\text{-}125)$$

（2）技术系数估计。各层 CES 生产函数、CET 函数、Armington 函数中的技术系数的校准主要基于份额参数和 CES 生产函数表达式进行，基于式（12-108）～式（12-125）以及各层的 CES 生产函数可得各技术系数的校准表达式：

$$\mathrm{AP1} = \frac{\mathrm{QX}_i}{\left(\beta_{\mathrm{keli}}\mathrm{KEL}_i^{\rho_i^q} + \beta_{\mathrm{ndi}}\mathrm{ND}_i^{\rho_i^q}\right)^{1/\rho_i^q}} \qquad (12\text{-}126)$$

$$\mathrm{AP2} = \frac{\mathrm{KEL}_i}{\left(\beta_{\mathrm{kei}}\mathrm{KE}_i^{\rho_i^{\mathrm{kel}}} + \beta_{\mathrm{li}}L_i^{\rho_i^{\mathrm{kel}}}\right)^{1/\rho_i^{\mathrm{kel}}}} \qquad (12\text{-}127)$$

$$\mathrm{AP3} = \frac{\mathrm{KE}_i}{\left(\beta_{\mathrm{ki}}K_i^{\rho_i^{\mathrm{ke}}} + \beta_{\mathrm{ei}}E_i^{\rho_i^{\mathrm{ke}}}\right)^{1/\rho_i^{\mathrm{ke}}}} \qquad (12\text{-}128)$$

$$AP4 = \frac{E_i}{\left(\beta_{ehi}EH_i^{\rho_i^e} + \beta_{eli}EL_i^{\rho_i^e}\right)^{1/\rho_i^e}} \tag{12-129}$$

$$AP5 = \frac{EH_i}{\left(\beta_{ecpi}ECP_i^{\rho_i^{eh}} + \beta_{egei}EGE_i^{\rho_i^{eh}}\right)^{1/\rho_i^{eh}}} \tag{12-130}$$

$$AP6 = \frac{ECP_i}{\left(\beta_{eci}EC_i^{\rho_i^{ecp}} + \beta_{epi}EP_i^{\rho_i^{ecp}}\right)^{1/\rho_i^{ecp}}} \tag{12-131}$$

$$AP7 = \frac{EGE_i}{\left(\beta_{egi}EG_i^{\rho_i^{ege}} + \beta_{eei}EE_i^{\rho_i^{ege}}\right)^{1/\rho_i^{ege}}} \tag{12-132}$$

$$AC = \frac{QX_i}{\left(\xi d_i QD_i^{\rho_{ei}} + \delta e_i QE_i^{\rho_{ei}}\right)^{1/\rho_{ei}}} \tag{12-133}$$

$$AA = \frac{QQ_i}{\left(\xi d_i QD_i^{\rho_{mi}} + \delta m_i QM_i^{\rho_{mi}}\right)^{1/\rho_{mi}}} \tag{12-134}$$

将表 12-11 中各变量的数据以及表中的替代弹性数据代入式（12-108）～式（12-125）可以计算出各份额参数的数据，再将份额参数数据代入式（12-126）～式（12-134）可计算得技术系数数据。

（二）情景设计

可计算一般均衡模型可以模拟并分析不同情景下，政策冲击或其他条件变化对整个经济系统的影响。为了分别探究单一政策以及组合政策工具分别带来的政策工具效应，结合可计算一般均衡模型的特征，本节设计四个单一政策工具情景：环境技术标准情景、环境税情景、环境补贴情景、生产补贴情景，以及两个组合政策工具情景：市场建设型组合工具情景、规制管控-市场建设型组合工具情景。同时，为了剔除系统本身的"自然响应"，在各类政策情景的基础上，设置不带任何政策冲击的基准情景。

1）环境技术标准情景

环境技术标准是各国政府较为常用的规制管控（命令-控制）型政策工具。目前，我国现行的环保标准根据性质、内容、适用范围和作用可以分成"三级五类"："三级"包括国家标准、地方标准和环保行业标准；"五类"包括环境质量标准、污染物排放（控制）标准、环境监测方法标准、环境标准样品标准和环境基础标准五类。从江西省地方来看，其环境标准体系大致也可归纳为上述的"五类"。2015 年，工业和信息化部联合财政部发布了《工业领域煤炭清洁高效利用行动计划（2015—2020）》，其要求以地区为单位清洁高效利用煤炭，提升区域煤炭清洁高效利用整体水平，同时，工业和信息化部将会同有关部门加快制定焦化、工业炉窑、煤化工、工业锅炉等领域煤炭清洁高效利用技术标准和规范。2016～2018 年，环境保护部又颁发了《船舶水污染物排放控制标准》（GB 3552—2018）、《钢铁工业烧结机烟气脱硫工程技术规范湿式石灰石/石灰-石膏法》

（HJ 2052—2016）、《火电厂污染防治可行技术指南》（HJ 2301—2017）等多项环境技术标准。可见，虽然环境技术标准是一种较为古老的规制管控型政策工具，但当前仍有较为广泛的运用。基于上述观点，同时考虑政策工具是否较易量化为政策变量，本章将以环境技术标准作为规制管控型政策工具的代表进行模拟，探究环境技术标准对绿色发展的影响。

环境技术标准的本质是对厂商在生产过程中产生的污染物数量设置上限以及对厂商各类污染物的减排技术标准做出规定，从而达到限制厂商排入自然环境系统中的污染物数量的目的。从能源环境可计算一般均衡模型的角度来看，对厂商在生产过程中产生的污染物数量设置上限规定可以量化为对于各类污染物的排放密度参数 $d_{p,i}$ 的降低，对厂商各类污染物的减排技术标准做出规定则可以量化为厂商对各类污染物的减排率 $\mathrm{cl}_{p,i}$ 的提高。因此，环境技术标准情景应通过对参数 $d_{p,i}$ 和 $\mathrm{cl}_{p,i}$ 的调整实现。为了对比在不同的排放密度及减排率的变动下，模型中其他内生变量的响应有何不同，环境技术标准情景下设五个子情景分别进行模拟：①排污密度参数 $d_{p,i}$ 降低 1%，同时减排率 $\mathrm{cl}_{p,i}$ 提高 1%；②排污密度参数 $d_{p,i}$ 降低 2%，同时减排率 $\mathrm{cl}_{p,i}$ 提高 2%；③排污密度参数 $d_{p,i}$ 降低 3%，同时减排率 $\mathrm{cl}_{p,i}$ 提高 3%；④排污密度参数 $d_{p,i}$ 降低 4%，同时减排率 $\mathrm{cl}_{p,i}$ 提高 4%；⑤排污密度参数 $d_{p,i}$ 降低 5%，同时减排率 $\mathrm{cl}_{p,i}$ 提高 5%。

2）环境税情景

环境税最早起源于 1964 年的法国，后盛行于西方发达国家，且取得了较为显著的效果。环境税的优势在于其可以较好地发挥市场机制的作用，其相当于给外部不经济制定一个负价格，以污染物的排放量作为负价格的基础，从而制定环境税税率，对于理性的经济人来说，会使得其污染控制的边际成本等于支出的污染税费，从而起到控制企业排污的作用。国内与其对应的是排污费这一概念，排污费率大致相当于环境税的税率。鉴于环境税自身的优势且在国外已取得了良好的成效，国内也开始考虑引入环境税工具。2008 年初，我国相关部委即开始联手研究环境税开征工作，2010 年 7 月，环境税征收方案初稿出炉，2013 年开征的时间表初步确定，2016 年全国人民代表大会常务委员会首次审议《中华人民共和国环境保护税法（草案）》。《中华人民共和国环境保护税法（草案）》拟将现行的"排污费"改为"环保税"，规定应税污染物包括"大气污染物、水污染物、固体废物和噪声"，并在附录中给出了不同污染物的单位污染当量的参考税率，同时规定，各省可以根据本省实际情况制定具体的征收细则。2018 年 1 月 1 日起，《中华人民共和国环境保护税法》正式开始实施，江西省目前也已经完成了本省环境税征收的征收细则的制定工作。由此可见，环境税在今后会成为江西省乃至全国绿色发展市场建设型政策工具体系中十分重要的一环。因此，本节将环境税作为政策情景之一，模拟开征环境税对绿色发展的影响。鉴于环境税于 2018 年 1 月 1 日起正式开征，而本书基准年设置为 2012 年，环境税的相关数据缺失，因此，本章的环境税基准年税率仍将参照原有的排污费的征收标准进行设置。排污费各类征收项目的收费标准可参见江西省生态环境厅公布的排污费征收标准（表 12-15）。

表 12-15　江西省排污费征收标准

征收项目	收费标准
废水排污费	0.7 元/当量
废气排污费	0.6 元/当量
噪声排污费	招标分贝数不同，标准不同，详见《排污费征收标准管理办法》
危险废物排污费	1000 元/t

资料来源：江西省生态环境厅官方网站，http://sthjt.jiangxi.gov.cn/。

环境税相当于外部不经济的一个负价格，是厂商排污的边际成本。因此，按照本书能源环境可计算一般均衡模型对于污染物产生及净排放的机制[式（12-29）~ 式（12-31）]，征收环境税相当于在各项产品的最终价格 PX_i 上增加一个环境税率，具体形式见 PX_i 的合成价格等式[式（12-35）]。为了对比在不同的环境税率的变动下，模型中其他内生变量的响应有何不同，环境税情景下设五个子情景分别进行模拟：①环境税率 tpe_p 提高 10%；②环境税率 tpe_p 提高 20%；③环境税率 tpe_p 提高 30%；④环境税率 tpe_p 提高 40%；⑤环境税率 tpe_p 提高 50%。

3）环境补贴情景

环境补贴是指政府在经济主体意识上的偏差或资金上的私有制不能有效进行环保投资的情况下，为了解决环保问题，或是出于政治、经济原因而对企业进行各种补贴，以帮助企业进行环保设备、环保工艺改进的一种政府行为。环境补贴是当前政府常用的一种市场建设型政策工具，主要存在排污削减设备补贴和污染减排补贴两种类型。绿色补贴制度是我国目前有效治理环境污染、建设资源节约型和环境友好型社会的需要，也是目前我国对外贸易中提高企业竞争力、应对绿色壁垒的有效措施。从江西省对于环境补贴工具的运用来看，江西省在"十二五"期间，累计投入节能减排资金 113 亿元，支持淘汰落后产能奖励、工业企业清洁生产补助、主要污染物减排、污水处理营运奖励、分类支持城镇污水处理设施配套管网建设等；建立全流域生态补偿机制，投入环境保护资金 18 亿元，支持"五河"（赣江、抚河、信江、饶河、修河）和东江源头生态环境保护区奖励、省级自然保护区环境保护奖励、农村环境综合整治、省级重点污染源治理工程"以奖代补"、试点优质湖泊水污染防治资金、赣州市东江流域环境整治试点等项目，并计划在"十三五"期间，进一步加大重点生态功能区转移支付力度，逐步扩大补偿范围，提高补偿标准，创新补偿机制。重点支持"净空""净水""净土"行动。实施重点行业脱硫脱硝、除尘设施改造升级、机动车尾气污染和工地扬尘防治等工程，建立大气污染跨区域联防联控机制。加强污水处理设施建设和运营管理，对城镇污水处理厂污水处理达标排放实施奖励政策。由此可见，环境补贴工具的运用是江西省推进绿色发展，实施生态文明建设中关键的一环。因此，本书将设置环境补贴情景，模拟环境补贴工具对于江西省绿色发展的政策效应。

环境补贴实质是对于环境保护行为实施的奖励，是对经济主体实施环境保护行为的机会成本进行的补偿。基于本书能源环境可计算一般均衡模型的基本设定，环境补贴主要是通过对单位产品产生的污染物的减排 $d_{p,i}cl_{p,i}$ 按特定的环境补贴率 re_p 实现的，从而对厂商的减排行为起到鼓励作用。为了对比在不同的环境补贴率的变动下，模型中其他内生变量的响应有何不同，环境税情景下设五个子情景分别进行模拟：①环境补贴率 re_p 提高 10%；②环境补贴率 re_p 提高 20%；③环境补贴率 re_p 提高 30%；④环境补贴率 re_p 提高 40%；⑤环境补贴率 re_p 提高 50%。

4）生产补贴情景

生产补贴制度是一种与生产税相对应的市场建设型制度，它是协调分配关系的经济杠杆，是发挥财政分配机制作用的特定手段。目前，国内对于新能源、高新行业都实行不同程度的补贴政策。例如，2015 年财政部制定了《可再生能源发展专项资金管理暂行办法》，对可再生能源行业实施专项资金补贴；同年发布《节能减排补助资金管理暂行办法》，对企业节能减排实施专项补贴；而江西省财政厅在 2016 年 7 月发布的《江西省财政"十三五"规划纲要》中指出要综合运用产业投资基金、股权投资、财政贴息、金融激励、事后补助等方式推动工业的转型升级，积极支持现代服务业的发展；2017 年发布的《江西省"十三五"能源发展规划》中明确指出加大财政对本省能源特别是可再生能源开发利用的支持力度。由此来看，不论是全国范围还是在江西省，积极运用财政补贴手段支持现代服务业、节能减排行业与清洁能源行业的发展是生产型财政补贴的一个重要发展方向。因此，本书设置生产补贴情景，研究加大对服务业、清洁能源等现代绿色行业的补贴力度对绿色发展的影响。

生产补贴与环境补贴的作用机制大体类似，是通过对有关产品价格的补偿，实施对特定行业生产行为的鼓励，达到对特定行业扶持。本书能源环境可计算一般均衡模型主要通过在最终产品的价格 PX_i 中减去一个生产补贴率 rc_p 实现。为了对比在不同的生产补贴率的变动下，模型中其他内生变量的响应有何不同，环境税情景将下设五个子情景分别进行模拟：①生产补贴率 rc_i 提高 10%；②生产补贴率 rc_i 提高 20%；③生产补贴率 rc_i 提高 30%；④生产补贴率 rc_i 提高 40%；⑤生产补贴率 rc_i 提高 50%。

5）市场建设型组合工具情景

在现实中，环境税与环境补贴、生产补贴等市场建设型绿色发展政策工具往往配合使用。政府通过征收税费获取收入，再通过转移支付与补贴的形式将收入再分配，实现有关的政策目标。从政策工具的分类来说，环境税与补贴都属于绿色发展政策工具中市场建设型政策工具中的财税工具，而财税工具是市场建设型工具中发展最为成熟、应用最广且可操作性最强的政策工具。因此，将财税工具的组合作为市场建设型政策工具的代表，探究组合市场建设型政策工具的政策效应，设置环境税与补贴的组合情景进行模拟。

为了对比在不同的政策变量的变动下，模型中其他内生变量的响应有何不同，环境与补贴组合情景下设五个子情景分别进行模拟：①环境税率 tpe_p、环境补贴率 re_p、生产补贴率 rc_i 同时提高 10%；②环境税率 tpe_p、环境补贴率 re_p、生产补贴率 rc_i 同时提高 20%；③环境税率 tpe_p、环境补贴率 re_p、生产补贴率 rc_i 同时提高 30%；④环境税率 tpe_p、环境补贴率 re_p、生产补贴率 rc_i 同时提高 40%；⑤环境税率 tpe_p、环境补贴率 re_p、生产补贴率 rc$_i$ 同时提高 50%。

6）规制管控–市场建设型组合工具情景

1）～4）分别探究了环境技术标准、环境税、环境补贴、生产补贴单一政策工具的政策效应，5）探究了市场建设型组合工具的政策效应。然而，如果将环境技术标准的规制管控型政策工具与以绿色财税工具为典型的市场建设型政策工具相组合，其政策效应又如何？对于绿色发展的推动效应能否达到 1+1>2 的效果？为了对此进行探究，设置能源环境技术标准–环境税–补贴的组合情景，并对此进行模拟。

为了对比在不同的生产补贴率的变动下，模型中其他内生变量的响应有何不同，规制管控–市场建设型组合工具情景下设五个子情景分别进行模拟：①排污密度参数 $d_{p,i}$ 降低 1%，减排率 cl$_{p,i}$ 提高 1%，同时，环境税率 tpe$_p$、环境补贴率 re$_p$、生产补贴率 rc$_i$ 提高 10%；②排污密度参数 $d_{p,i}$ 降低 2%，减排率 cl$_{p,i}$ 提高 2%，同时，环境税率 tpe$_p$、环境补贴率 re$_p$、生产补贴率 rc$_i$ 提高 20%；③排污密度参数 $d_{p,i}$ 降低 3%，减排率 cl$_{p,i}$ 提高 3%，同时，环境税率 tpe$_p$、环境补贴率 re$_p$、生产补贴率 rc$_i$ 同时提高 30%；④排污密度参数 $d_{p,i}$ 降低 4%，减排率 cl$_{p,i}$ 提高 4%，同时，环境税率 tpe$_p$、环境补贴率 re$_p$、生产补贴率 rc$_i$ 提高 40%；⑤排污密度参数 $d_{p,i}$ 降低 5%，减排率 cl$_{p,i}$ 提高 5%，同时，环境税率 tpe$_p$、环境补贴率 re$_p$、生产补贴率 rc$_i$ 提高 50%。

（三）模拟结果

可计算一般均衡模型的求解可以基于 GAMS 平台运用非线性规划问题和混合互补问题等方法直接求解非线性方程组，但此类求解大型非线性方程组的方法在动态求解过程中可能会出现不稳定的情况。因此，本书在上机求解之前，对能源环境可计算一般均衡模型方程组进行对数线性化处理，将非线性方程组转化为关于各变量的增量百分比的线性方程组，进而转化为矩阵方程进行求解，以使动态求解过程更加稳定。在求解之前对转换后的矩阵方程的系数矩阵的秩进行检查，发现其满秩，符合求解条件。

从当前对绿色发展的基本认识来说，绿色发展包括经济绿色化、绿色产业、资源环境承载力、绿色福利等方面。因此，本章主要关注绿色发展政策工具及其组合对 GDP 的冲击、对产业结构的影响、污染物净排放的影响以及对绿色福利水平的影响四个方面。将各情景下的政策冲击变量值代入方程，基于 MATLAB 2015a 平台进行计算并删除部分异常值，并将各类政策情景下各变量的变化值与基准情景进行比较，最终可得出不同类型的绿色发展政策工具及其组合对绿色发展的中长期政策冲击效应。

1）环境技术标准情景

按照上一部分的环境技术标准情景的设置，本情景主要通过 $d_{p,i}$ 的降低及 cl$_{p,i}$ 的提高来实现。从理论传导机制来说，$d_{p,i}$ 的降低及 cl$_{p,i}$ 的提高首先将对厂商的污染物排放[式（12-29）]、减排[式（12-30）]以及净排放[式（12-31）]产生影响，将使得污染物的总排放 TD$_{p,i}$、污染物的减排数量 CD$_{p,i}$、污染物的净排放 DE$_{p,i}$ 下降，同时，DE$_{p,i}$ 的变动将影响厂商的最终产品价格 PX$_i$ 合成等式[式（12-35）]中厂商应交的环境税额

$\sum_p \text{tpe}_p k_p d_{p,i}\left(1-\text{cl}_{p,i}\right)\text{QX}_i$ 和厂商获得的环境补贴额 $\sum_p \text{re}_p k_p \text{cl}_{p,i} d_{p,i}\text{QX}_i$，从而对产品的最终价格 PX_i 造成影响，进而对产出 QX_i 产生影响，而 QX_i 的变动将改变产品的 CET 分配与 Armington 条件，造成国内消费者的产品消费 HC_i 的变动，改变居民总支出与居民储存 HS 的关系，最终影响居民的绿色福利 EV 的变动。将江西省 2012 年的 SAM 数据代入模型，可以得出以下结果。

（1）GDP 变动。①实际 GDP。实际 GDP 的模拟结果如图 12-3 所示。从图 12-3 中可以看出，环境技术标准情景的各子情景下，实际 GDP 在第 13～16 期存在一个较快的增长过程。在其余各期中，在 2%子情景下，实际 GDP 在第 30 期和第 43 期有两个增长过程，其增长幅度分别为 3.00%和 4.15%；5%子情景在快速增长之后，在第 18 期快速下跌 4.75%，同时，在第 40～50 期先增长 2.73%和 1.85%再下跌 4.71%；而在其余子情景下，实际 GDP 变动总体平稳。②名义 GDP。剔除实际 GDP 的变动后，名义 GDP 的变动主要反映政策工具对于总体价格水平的冲击。从图 12-4 中可以看出，各子情景下，名义 GDP 波动幅度较大，其中在 4%子情景下，名义 GDP 的增长最为明显，其从第 18 期开始出现了多次增长过程，最大增幅为 5.85%。显然，4%子情景使得价格水平的上涨幅度最大。而其余子情景均使得名义 GDP 出现多次上升下降的过程。

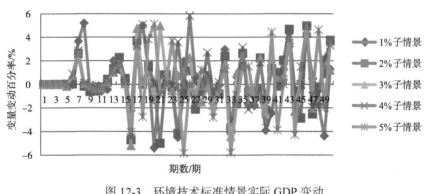

图 12-3　环境技术标准情景实际 GDP 变动

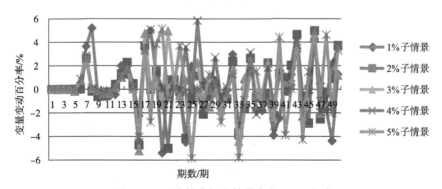

图 12-4　环境技术标准情景名义 GDP 变动

综上所述，环境技术标准情景中，2%子情景使得实际 GDP 增长较快，4%子情景使价格水平的上涨幅度最大。其余子情景下，实际 GDP 变动较小，而价格水平则出现大幅的上下波动。可以看出，在各类子情景中，2%子情景对于拉动 GDP 最为有效。

（2）产业结构变动。①服务业。从图 12-5 中可以看出，环境技术标准情景下，各子情景服务业的产值比重在第 16 期出现大幅下降，其下降幅度大约为 4.7%。在第 19 期以后，1%、2%、5%子情景在剩余各期服务业产值比重均出现了几次增长过程，其中，5%子情景增长次数最多，且总体增幅最大；3%子情景变化相对平稳；而 4%子情景下服务业产值比重出现两次小幅下降。②清洁能源业。从图 12-6 中可以看出，在环境技术标准的各子情景清洁能源业产值比重在第 16 期均出现了大幅增长，其中 2%子情景下增幅达到最大为 4.94%。随后在第 22 期，各子情景下的清洁能源业比重均出现了一定程度的下降，降幅约为 3%。而在其余各期，1%子情景在第 10 期出现了较大幅度下降，2%子情景出现多次小幅上升，3%子情景变动较为平稳，4%子情景在第 28 期出现了下降，5%子情景则多次反复出现上升下降过程。

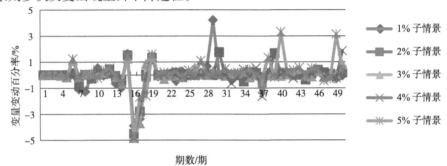

图 12-5　环境技术标准情景服务业产出比重变动

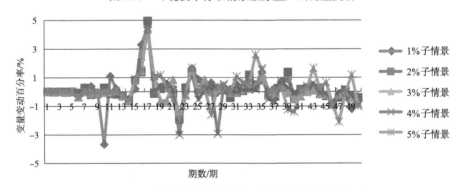

图 12-6　环境技术标准情景清洁能源业产出比重变动

综上所述，从产业结构的变动上来说，实施环境技术标准的 2%子情景对清洁能源业的扶持效果较为显著，而 5%子情景则对服务业产出比重的提高较为有利。

（3）污染物净排放变动。由于篇幅所限，本节对于污染物的净排放的分析将重点关注工业废水、二氧化硫、固体垃圾三种主要的工业污染的变动。①工业废水净排放。从图12-7 中可以看出，环境技术标准下，工业废水的净排放在第 3 期和第 16 期出现了大幅下降，其每次下将幅度为 2%～2.5%，而在随后各期出现上下波动的态势。②二氧化硫净排放。从图 12-8 中可以看出，二氧化硫净排放在第 1 期就出现明显的减少，同时在第 16

期出现较大降幅,为 2% ~ 2.5%,随后其呈现上下波动的态势。③固体垃圾净排放。从图 12-9 中可以看出,固体垃圾的净排放变动总体相对平稳。而在 3%子情景下,其出现了几次小幅下降过程;在 4%情景下,其不降反升,并在第 17 期出现 4.81%的最大增幅。

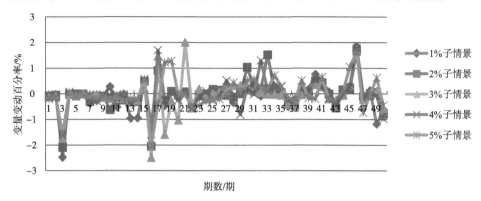

图 12-7　环境技术标准情景工业废水净排放变动

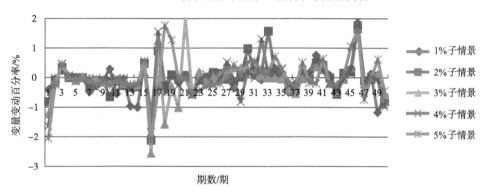

图 12-8　环境技术标准情景二氧化硫净排放变动

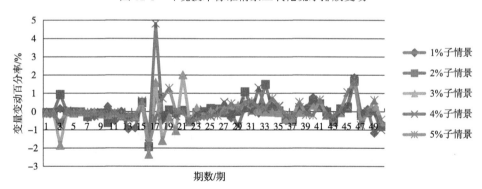

图 12-9　环境技术标准情景固体垃圾净排放变动

从总体上来看,环境技术标准 1%与 3%子情景对于三类污染物的减排较为有效,而 2%与 4%子情景减排效果较差。

（4）绿色福利变动。从图 12-10 中可以看出,在环境技术标准工具的冲击下,绿色福利水平在第 14 期与第 16 ~ 18 期出现了较为显著的下降过程,其中第 16 ~ 18 期降幅最大，为 4%～6%。而之后各子情景下绿色福利水平虽有一定程度的回升，但其幅度较小。因此从整体上来看，环境技术标准情景对于绿色福利的提升效果不明显。

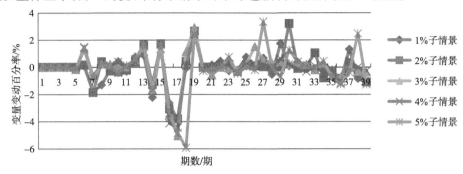

图 12-10　环境技术标准情景绿色福利水平变动

2）环境税情景

本情景主要通过环境税率 tpe_p 的提高来实现。从理论传导机制来说，tpe_p 的变动主要影响厂商的最终产品价格 PX_i 合成等式 [式（12-35）] 中厂商应交的环境税额 $\sum_p \mathrm{tpe}_p k_p d_{p,i}(1-\mathrm{cl}_{p,i})\mathrm{QX}_i$，从而对产品的最终价格 PX_i 造成影响，进而对产出 QX_i 产生影响，而 QX_i 的变动将改变产品的 CET 分配与 Armington 条件，造成国内消费者的产品消费 HC_i 的变动，改变居民总支出与居民储存 HS 的关系，最终影响居民的绿色福利 EV 的变动。同时，由于税收收入的改变，环境税会对政府收入 GY 与政府储蓄 GS 产生影响。将江西省 2012 年的 SAM 数据代入模型，可以得出以下结果。

（1）GDP 变动。①实际 GDP。从图 12-11 中可以看出，在环境税情景下，实际 GDP 在第 16 期出现大幅上升，其增幅约为 5.17%。在随后各期，在 10% 子情景下，实际 GDP 在第 19 期出现大幅上涨 4.04%，在第 43 期出现大幅下跌 5.84%；在 20% 子情景下则呈现多次上升和下降过程；在 30% 和 50% 子情景下，实际 GDP 变动总体平稳；在 40% 子情景下，实际 GDP 在第 20 期下跌 4.95%。②名义 GDP。从图 12-12 中可以看出，环境税工具对于名义 GDP 的冲击较大，使得名义 GDP 在各子情景下呈现大规模的上下振荡，其中 30% 子情景的变动相对小。结合图 12-11 分析可知，环境税会对价格水平造成较大程度的冲击。

综上所述，环境税容易造成整体价格水平的波动。综合实际 GDP 和名义 GDP 两方面来看，环境税的 30% 子情景对宏观经济指标的提升最为有效。

（2）产业结构变动。①服务业。从图 12-13 中可以看出，在环境税情景下，服务业产出比重在第 13～19 期出现了大幅度的上下波动，其中 50% 子情景下达到最大增幅 4.08%。而随后各期中，10% 子情景的变动较为平缓，20%、30% 子情景出现了多次小幅

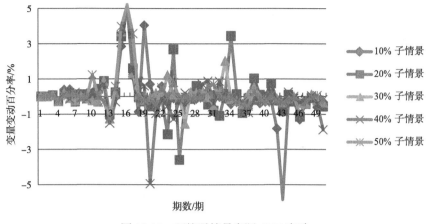

图 12-11　环境税情景实际 GDP 变动

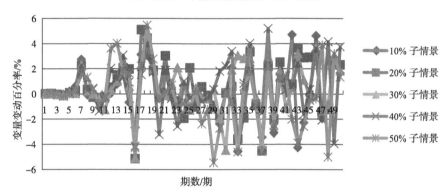

图 12-12　环境税情景名义 GDP 变动

上下波动，40%子情景在第 47 期出现次大增幅 3.83%。②清洁能源业。从图 12-14 中可以看出，环境税情景下，清洁能源业产出比重在第 17 期出现最大增幅，其值约为 5%，而在第 22 期，出现了小幅下跌。在其余各期，10%、40%子情景清洁能源业产出变动相对平稳，20%子情景在第 34 期出现了 3.09%的增幅，30%子情景在第 31 期、第 33 期、第 44 期出现了几次下降，50%子情景在第 12 期出现了 2.89%的增幅。

从对产业结构的影响上来看，环境税 50%子情景对于服务业产值比重和清洁能源业产出比重的提升均较为有利。

（3）污染物净排放变动。①工业废水净排放。从图 12-15 中可以看出，在环境税情景下，工业废水净排放总体呈现平稳的振荡过程。其中，在 40%子情景下，工业废水净排放在第 47 期出现了最大的降幅，为 4.71%左右。②二氧化硫净排放。从图 12-16 中可以看出，二氧化硫净排放的变动规律较为类似，但其在第 1~3 期存在一个较为明显的增长过程。③固体垃圾净排放。从图 12-17 中可以看出，固体垃圾净排放在 20%子情景下出现了三次小幅度下降过程，40%子情景在第 47 期达到最大跌幅 4.57%，50%子情景在第 15~17 期出现较大幅度的上下波动，10%和 30%子情景变动相对平稳。

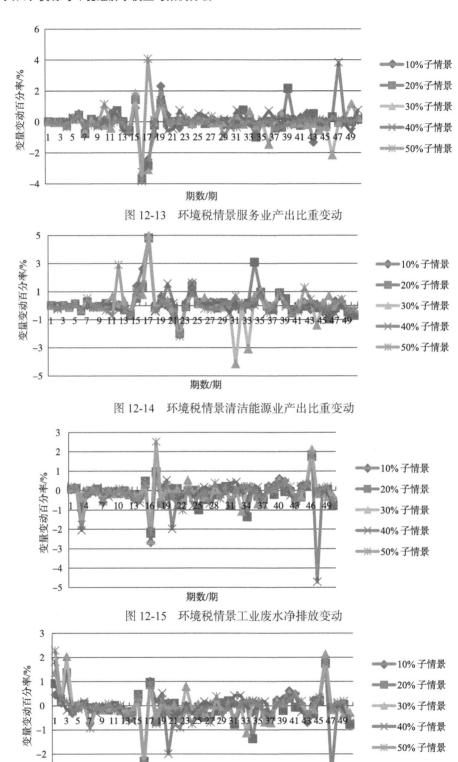

图 12-13　环境税情景服务业产出比重变动

图 12-14　环境税情景清洁能源业产出比重变动

图 12-15　环境税情景工业废水净排放变动

图 12-16　环境税情景二氧化硫净排放变动

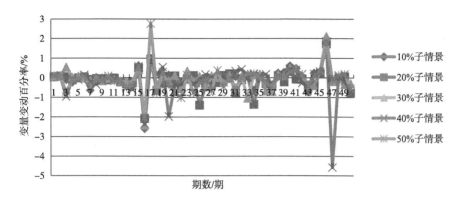

图 12-17 环境税情景固体垃圾净排放变动

综上所述，40%子情景对于三类污染物的减排最为有利，20%子情景虽也能起到减排作用，但其减排幅度较小。

（4）绿色福利变动。从图 12-18 中可以看出，环境税情景下，绿色福利水平在第15～19期出现大幅振荡，其中50%子情景先下降3.50%，而后在第17期出现4.65%的增幅。在第46期绿色福利水平出现了一个增长过程，其涨幅约为4%。而在其余各期，10%子情景下，绿色福利水平在第22期出现最大增幅5.84%；50%与20%子情景分别在第10期与第32期出现了2.31%和3.80%的增幅，并在第19期增长3.50%左右；在30%和40%子情景下，绿色福利水平则分别在第36期、第47期、第49期出现了降低，每次降幅在2%～4%。

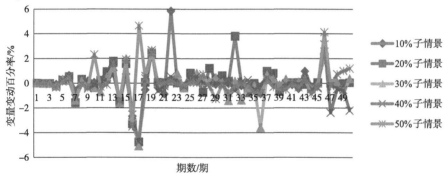

图 12-18 环境税情景绿色福利水平变动

综上所述，环境税10%子情景与20%子情景对于绿色福利水平的提升较为有效。

3）环境补贴情景

本情景主要通过环境补贴率 re_p 的提高来实现。从理论传导机制来说，re_p 的变动主要影响厂商的最终产品价格 PX_i 合成等式[式（12-35）]中厂商获得的环境补贴额 $\sum_p \text{re}_p k_p \text{cl}_{p,i} d_{p,i} \text{QX}_i$，从而对产品的最终价格 PX_i 造成影响，进而对产出 QX_i 产生影响，而 QX_i 的变动将改变产品的 CET 分配与 Armington 条件，造成国内消费者的产品消费 HC_i 的变动，改变居民总支出与居民储存 HS 的关系，最终影响居民的绿色福利 EV 的变动。同时，环境补贴会增加政府开支 ESUB，减少政府储蓄 GS。将江西省 2012 年的 SAM 数据代入模型，可以得出以下结果。

（1）GDP 变动。①实际 GDP。从图 12-19 中可以看出，在环境补贴 10%、30%、50%子情景下，实际 GDP 在第 14～15 期呈现了较为显著的上涨，其涨幅在 4.8%～5%，而在其余各期的变动相对平稳。在 20%子情景下，实际 GDP 在第 14～18 期出现了两次增长过程，其涨幅分别为 3.17%和 1.53%；同时也出现了两次小幅下跌过程，在第 37 期出现了最大涨幅 4.68%。在 40%子情景下，实际 GDP 分别在第 34 期和第 42 期出现两次增长，而在第 40 期和第 47 期出现了两次下跌，其中第 40 期为最大跌幅 5.33%。②名义 GDP。从图 12-20 中可以看出，环境补贴情景对名义 GDP 的扰动在第 1～13 期较小，而在第 13 期之后，其对名义 GDP 的冲击十分剧烈，造成名义 GDP 大幅度的上下波动，同时可以看出，其上涨幅度略大于下跌幅度。因此环境补贴工具会使得总体价格水平大幅度地提升。

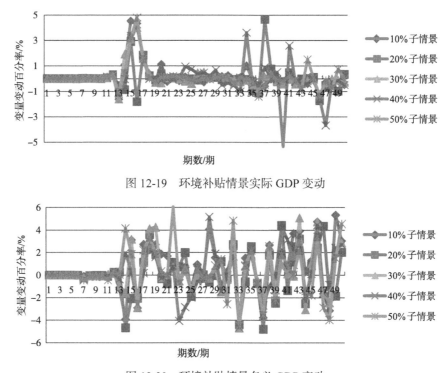

图 12-19　环境补贴情景实际 GDP 变动

图 12-20　环境补贴情景名义 GDP 变动

综上所述，环境补贴的 10%、30%、50%均对于实际 GDP 具有一定的提升效果，但从名义 GDP 的角度来看，环境补贴的各子情景效果均不理想。

（2）产业结构变动。①服务业。从图 12-21 中可以看出，环境补贴情景下，服务业产出比重除在第 13～18 期出现较大幅度的波动，在其余各期变动相对平稳。而在第 13～18 期，20%子情景服务业产出比重出现了两次下降和一次大幅上升过程，其增幅和减幅大致相抵，而其余子情景，下跌幅度明显大于上涨幅度。因此，环境补贴工具对于服务业产出比重的提升效果不明显。②清洁能源业。从图 12-22 中可以看出，在所有子情景下，清洁能源业的产出比重总体上是上升的，虽然存在几次下降过程，但幅度较小，其中，在 30%子情景下，清洁能源业产值比重在第 14 期达到了最大增幅。

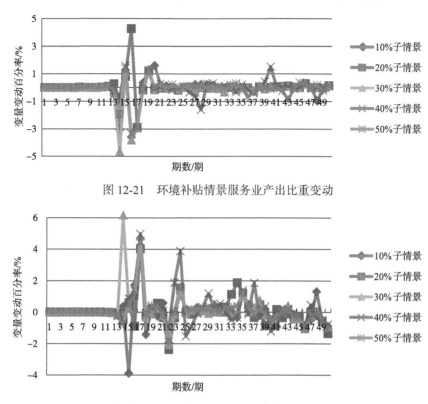

图 12-21　环境补贴情景服务业产出比重变动

图 12-22　环境补贴情景清洁能源业产出比重变动

　　总体而言，环境补贴工具对于服务业产出比重的提升效果不明显，而对于清洁能源业产出比重的提升具有一定的效果，其中 30%子情景效果最为理想。

　　（3）污染物净排放变动。从图 12-23～图 12-25 中可以看出，在环境补贴情景下，三类污染物的净排放在 20%情景下，均在第 16 期和第 46 期出现了增长过程。在 40%子情景下则出现了四次增长过程，特别是二氧化硫和固体垃圾净排放出现了较大幅度的增长。50%子情景下三类污染物的净排放则呈现上下波动态势。10%和 30%子情景下，三类污染物的净排放变化幅度不大。因此，总体来看，环境补贴工具对于污染物的减排效应不理想。

　　（4）绿色福利变动。从图 12-26 中可以看出，在环境补贴工具的冲击下，绿色福利水平在第 13～19 期呈现大幅度的上下波动，且总体来看，其下降幅度大于上涨幅度。而在最后 15 期，在各子情景下，绿色福利水平也出现了一个上下波动的过程。因此，总体来说，环境补贴工具对于绿色福利水平的提升效果不理想。

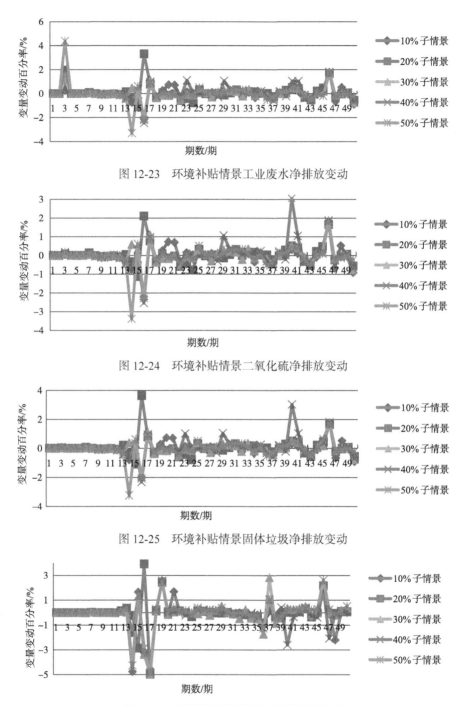

图 12-23　环境补贴情景工业废水净排放变动

图 12-24　环境补贴情景二氧化硫净排放变动

图 12-25　环境补贴情景固体垃圾净排放变动

图 12-26　环境补贴情景绿色福利水平变动

4）生产补贴情景

本情景主要通过生产补贴率 rc_i 的提高来实现。从理论传导机制来说，rc_i 的变动主要影响厂商的最终产品价格 PX_i 合成等式[式（12-35）]中厂商获得的生产补贴额

$\sum\limits_{p} \mathrm{rc}_i \mathrm{QX}_i$，从而对产品的最终价格 PX_i 造成影响，进而对产出 QX_i 产生影响，而 QX_i 的变动将改变产品的 CET 分配与 Armington 条件，造成国内消费者的产品消费 HC_i 的变动，改变居民总支出与居民储存 HS 的关系，最终影响居民的绿色福利 EV 的变动。同时，生产补贴会增加政府开支 CSUB，减少政府储蓄 GS。将江西省 2012 年的 SAM 数据代入模型，可以得出以下结果。

（1）GDP 变动。模拟结果发现，不论实际 GDP 还是名义 GDP，在生产补贴情景下，均与基准情景的变动规律一致，生产补贴工具对于 GDP 指标没有产生冲击效应。

（2）产业结构变动。①服务业。从图 12-27 中可以看出，在生产补贴情景下，服务业产出比重在第 13 期出现了大幅下跌，其跌幅达 4.29%。而后在第 34 期出现了一定的上升，其增幅为 2.09%。在其余各期，服务业产出比重呈现小幅度的上下波动的态势。生产补贴工具对于服务业产出比重的提升效果不明显。②清洁能源业。从图 12-28 中可以看出，生产补贴情景下，清洁能源业产出比重在第 13 期和第 20 期出现两次较为明显的下降过程，跌幅分别为 2.85% 和 2.23%。在第 45 期、第 48 期和第 49 期出现了两次明显的上升过程，增幅分别为 1.98%、2.70% 和 3.53%。总体来看，生产补贴情景下，清洁能源业产出的上升幅度略大于下降幅度，表明生产补贴工具对于清洁能源业产出比重的提升有一定的效果，但作用相对有限。

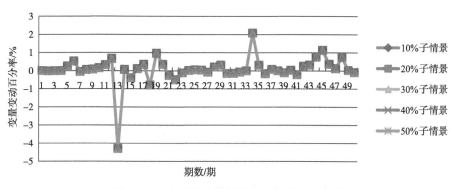

图 12-27　生产补贴情景服务业产出比重变动

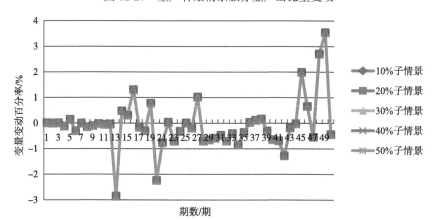

图 12-28　生产补贴情景清洁能源业产出比重变动

综上所述，生产补贴工具对于服务业产出比重的提升基本没有效果，而对清洁能源业产出比重的提升具有一定的效果，但十分有限。

（3）污染物净排放变动。从图 12-29 ~ 图 12-31 可以看出，在生产补贴情景下，三类污染物的净排放分别在第 13 期和第 49 期大幅增长，其增幅分别约为 4.90% 和 2.77%。而在其余各期，三类污染物的净排放呈现小幅振荡的态势。显然，生产补贴工具不但不能抑制污染物的排放，反而会使污染物的排放增加。

（4）绿色福利变动。从图 12-32 中可以看出，生产补贴工具使得绿色福利水平呈现上下波动的趋势，其中有四次上升过程和六次较为明显的下降过程，其中最大增幅为 3.34%，最大跌幅为 1.60%。总体来看，其上升幅度与下降幅度大致相抵。因此，生产补贴对于绿色福利的提升作用不明显。

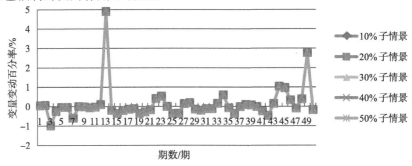

图 12-29　生产补贴情景工业废水净排放变动

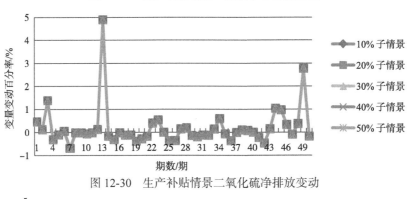

图 12-30　生产补贴情景二氧化硫净排放变动

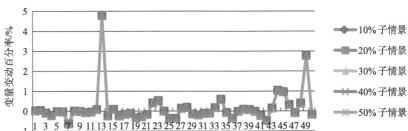

图 12-31　生产补贴情景固体垃圾净排放变动

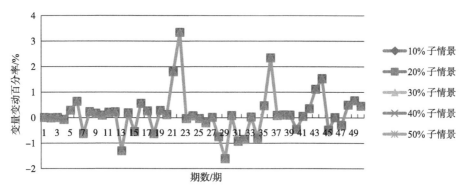

图 12-32　生产补贴情景绿色福利水平变动

5）市场建设型组合工具情景

市场建设型组合工具通过同时增加环境税率 tpe_i、环境补贴 re_p、生产补贴 re_i 实现，其理论传导机制即环境税、环境补贴、生产补贴三种工具传导机制的叠加组合。运用江西省 2012 年的 SAM 表数据可得出以下结果。

（1）GDP 变动。①实际 GDP。从图 12-33 中可以看出，市场建设型组合工具情景在不同子情景下，实际 GDP 在第 25~30 期均出现了不同程度的下跌。其中，在 30% 和 50% 子情景下跌程度较大，其跌幅分别为 7.08% 和 5.67%。而在其余各期，实际 GDP 在 10% 子情景下，分别在第 20 期上升 2.74%、第 48 期上升 7.06%，在第 36 期和第 40 期小幅下降；而在 20% 子情景下，实际 GDP 在第 35~39 期出现连续增长过程，其最大增幅可达 6%；在 40% 子情景下，实际 GDP 虽在第 27 期小幅下降 2.5%，但在第 32 期和第 40 期小幅上升，其增幅分别为 3.71%、3.89%；在 50% 情景下，实际 GDP 出现了多次下降过程，最大降幅为 5.67%。②名义 GDP。从图 12-34 中可以看出，市场建设型组合工具使得名义 GDP 在第 7 期之后呈现大幅度的上下波动。其中，在 30% 子情景下，名义 GDP 的波动幅度最大；而 40% 子情景下，名义 GDP 出现多次下降，且下降幅度大于上升幅度。

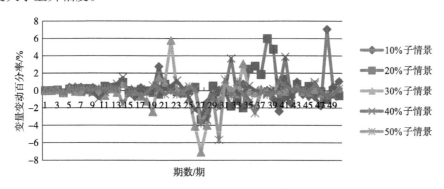

图 12-33　市场建设型组合工具情景实际 GDP 变动

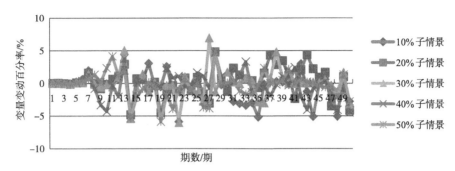

图 12-34 市场建设型组合工具情景名义 GDP 变动

综合对比实际 GDP 和名义 GDP 两方面可以发现，市场建设型组合工具的 40%子情景对于 GDP 指标的变动最为有利。

（2）产业结构变动。①服务业。从图 12-35 中可以看出，市场建设型组合工具情景的 20%和 30%子情景下，服务业产出比重出现了多次上下波动，且总体跌幅超过了涨幅。在 10%、40%与 50%子情景下，服务业产出比重出现了多次下降过程。显然，市场建设型组合工具对于服务业产出比重的提升效果不明显。②清洁能源业。从图 12-36 中可以看出，市场建设型组合工具使得清洁能源业产出比重呈现上下波动态势，其中在 20%与 30%子情景下，其波动幅度较大。但总体而言，清洁能源业产出比重的变动程度不大。

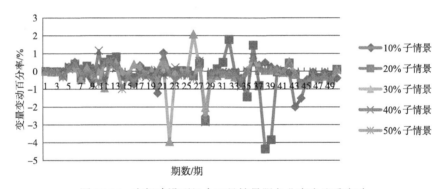

图 12-35 市场建设型组合工具情景服务业产出比重变动

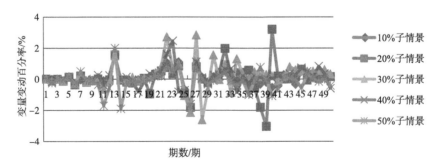

图 12-36 市场建设型组合工具情景清洁能源业产出比重变动

综上所述，市场建设型组合工具对于两类产业产出的提升作用均十分有限，其对产业结构的优化能力不足。

（3）污染物净排放变动。①工业废水净排放。从图 12-37 中可以看出，工业废水净排放在第 3 期出现了小幅下降。在之后的各期，在 30%子情景下，工业废水净排放第 22 期和第 28 期出现了两次较为明显的下降过程，其跌幅分别为 5.17%和 3.84%；在 20%子情景下，工业废水净排放在第 38 期和第 39 期之间出现了连续下降过程，其降幅为 3.73%和 4.39%，但在第 40 期，出现了 2.54%小幅度回升；而其余子情景下，工业废水净排放变动相对平稳。②二氧化硫净排放。从图 12-38 中可以看出，二氧化硫净排放在第 1~5 期出现了小幅上升过程，其增幅在 1%~2%，其余各期的变化规律与工业废水大致类似。③固体垃圾净排放。从图 12-39 中可以看出，固体垃圾净排放的变化规律总体与工业废水相似。

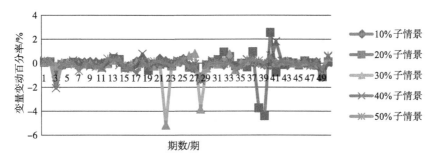

图 12-37　市场建设型组合工具情景工业废水净排放变动

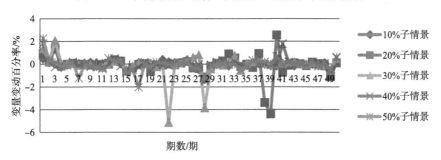

图 12-38　市场建设型组合工具情景二氧化硫净排放变动

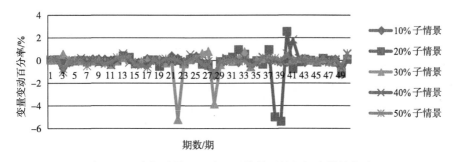

图 12-39　市场建设型组合工具情景固体垃圾净排放变动

从三类污染物的排放来看，市场建设型组合工具情景下的 20%与 30%子情景均有显著的效果，而 30%子情景的减排效果最佳。

（4）绿色福利变动。从图 12-40 中可以看出，市场建设型组合工具下的 20%、30%、

40%子情景均使得绿色福利水平呈现多次增长过程。其中，在20%子情景下，绿色福利有三次较为明显的上升过程，但在第35期与第37~39期存在两次小幅下降的过程；在30%子情景下，绿色福利在第26期与第33期有两次明显的上升过程，其增幅分别为4.81%和4.89%，但在其余各期，绿色福利有多次小幅下降过程；40%子情景下，绿色福利在第10期、第34期、第41期有三次较为明显的上升过程，其最大增幅为4.89%；50%子情景下，绿色福利则存在多次波动。

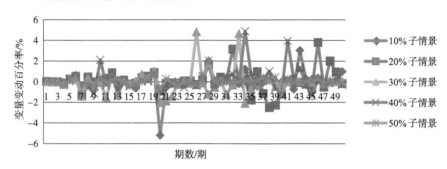

图12-40　市场建设型组合工具情景绿色福利水平变动

综上所述，市场建设型组合工具下的40%子情景对于绿色福利的提升最为有效。

6）规制管控-市场建设型组合工具情景

规制管控-市场建设型组合工具通过同时减少各类污染物排放密度 $d_{p,i}$，增加各类污染物的减排率 $cl_{p,i}$、环境税率 tpe_i、环境补贴 re_p 以及生产补贴 re_i 实现，其理论传导机制即环境技术标准、环境税、环境补贴、生产补贴四种政策工具的传导机制的叠加组合。运用江西省2012年的SAM表数据可计算得出以下结果。

（1）GDP变动。①实际GDP。从图12-41中可以看出，规制管控-市场建设型组合工具对于实际GDP的扰动程度相对小。其中，在子情景1下，实际GDP在第34期和第35期连续两期大幅增长，其涨幅分别为5.98%和5.71%；而在子情景2下，实际GDP在第42期出现大幅下降，其降幅为6.18%；在子情景3与子情景4下，实际GDP的变动程度总体较小；在子情景5下，实际GDP总体上有所下降。②名义GDP。从图12-42中可以看出，规制管控-市场建设型组合工具对于名义GDP的扰动程度较大。其中，子情景1与子情景5的波动较大，且子情景1对名义GDP由较为明显的提升作用，而子情景5对于名义GDP的上升有一定的抑制作用；子情景2在第28期和第39期存在两次小幅上升过程，但在第19期、第21~23期、第42~43期存在三次连续下降的过程，最大降幅可达6.18%，且总体降幅大于增幅，对名义GDP存在一定的拉低作用；子情景3在第19~21期存在一个连续上升过程，但在其余各期出现了多次下降，总体增幅与降幅大致抵消，其对名义GDP的影响不大；而在子情景4下名义GDP的总体变化幅度较小，对于名义GDP的冲击较小。

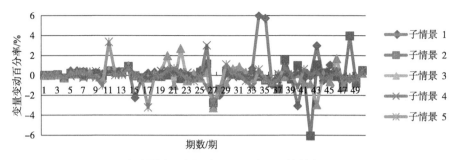

图 12-41　规制管控-市场建设型组合工具情景实际 GDP 变动

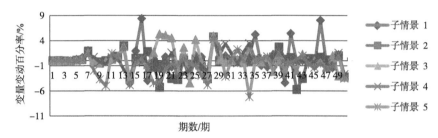

图 12-42　规制管控-市场建设型组合工具情景名义 GDP 变动

综上所述，规制管控-市场建设型组合工具的子情景 1 虽然可以起到推动实际 GDP 增长的作用，但同时其也会拉动价格水平上升，并造成价格大幅波动。而其余子情景对于实际 GDP 的拉动作用不显著，同时会造成价格水平大幅度波动。可以看出，规制管控-市场建设型组合工具对于 GDP 指标的推动效果不理想。

（2）产业结构变动。①服务业。从图 12-43 中可以看出，规制管控-市场建设型组合工具情景的子情景 1 使得服务业产出的比重在第 34 期和第 40 期出现显著的上升，其涨幅分别为 6.89% 和 3.46%；子情景 2 使得服务业产出比重在第 42 期出现较为明显的下降；在子情景 3 下，服务业产出比重在第 21 期出现最大增幅 7.62%；而在子情景 4 与子情景 5 下，服务业产出比重的变化幅度总体较小。②清洁能源业。从图 12-44 中可以看出，规制管控-市场建设型组合工具子情景 3 使得清洁能源业产出比重在第 20 期先小幅下降 3.17%，而后在第 21 期出现大幅增长，其增幅可达 7.83%；而在子情景 5 下，清洁能源业产出比重在第 19 期先出现大幅增长，增幅达 6.83%，而后在第 26 期出现大幅下跌，跌幅达 4.98%；而其余子情景下，清洁能源业产出比重总体变化幅度较小。

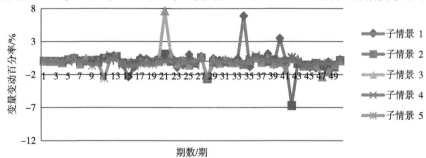

图 12-43　规制管控-市场建设型组合工具情景服务业产出比重变动

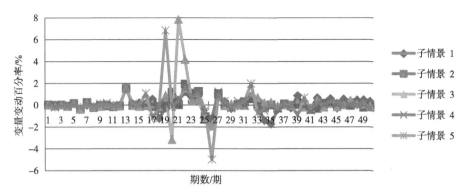

图 12-44   规制管控–市场建设型组合工具情景清洁能源业产出比重变动

综合对服务业和清洁能源业两方面考虑，规制管控–市场建设型组合工具下的子情景 3 对于产业结构的优化作用最为理想。

（3）污染物净排放变动。①工业废水净排放。从图 12-45 中可以看出，在子情景 1 下，工业废水净排放在第 15 期、第 23 期、第 35 期出现多次下降过程，其中，第 35 期为最大跌幅，其幅度为 3.16%，在第 40 期虽有所回升，但其幅度仅为 1.26%；在子情景 2 下，工业废水净排放在第 42 期达到了最大跌幅 3.26%，在其余时期变化较为平稳；在子情景 3 下，工业废水净排放减少幅度有限，反而在第 21 期达到最大增幅 2.96%；在子情景 4 与子情景 5 下，工业废水净排放在第 3 期有所下降，降幅约为 2%，而在其余各期，子情景 4 使得工业废水净排放在第 25 期上升了 1.14%，子情景 5 使得工业废水净排放上下波动。②二氧化硫净排放。从图 12-46 中可以看出，二氧化硫净排放在子情景 1 下出现了多次下降，并在第 35 期达到了最大降幅 3.16%；在子情景 2 与子情景 3 下，二氧化硫净排放在第 3 期和第 21 期出现上升，最大增幅为子情景 3 下的第 21 期，可达 2.39%；在子情景 4 与子情景 5 下，二氧化硫净排放的变动幅度总体不大。③固体垃圾净排放。从图 12-47 中可以看出，固体垃圾净排放在子情景 1 下的第 35 期达到了较大降幅 3.16%；在子情景 2 下，固体垃圾净排放在第 42 期达到了最大降幅 3.77%；在子情景 3 下，固体垃圾净排放在第 21 期达到最大增幅 4.39%；而在子情景 4 与子情景 5 下，固体垃圾净排放出现一定程度的上下波动，但总体变化幅度有限。

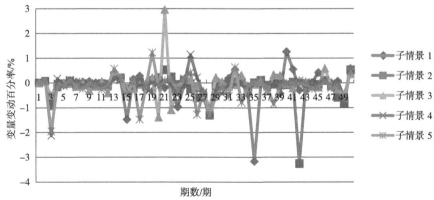

图 12-45   规制管控–市场建设型组合工具情景工业废水净排放变动

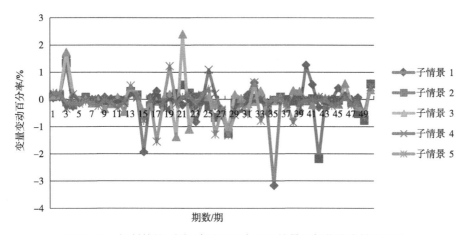

图 12-46　规制管控-市场建设型组合工具情景二氧化硫净排放变动

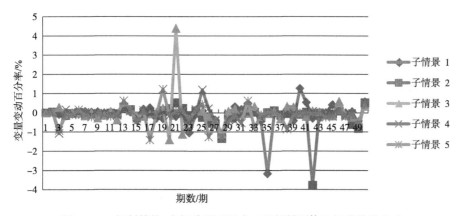

图 12-47　规制管控-市场建设型组合工具情景固体垃圾净排放变动

综合三类污染物的减排效应来说，规制管控-市场建设型组合工具下的子情景 1 对于三类污染物排放的抑制作用最明显，而子情景 3 对于污染物的排放不但不会产生抑制作用，反而会使得其出现反弹。

（4）绿色福利变动。从图 12-48 中可以看出，规制管控-市场建设型组合工具对于绿色福利的冲击作用较为明显，使得其上下波动。其中，在子情景 1 下，绿色福利水平在第 28 期、第 34 期、第 39 期、第 40 期、第 43 期出现显著提升，其最大增幅在第 34 期，其值为 5.12%，而在第 15 期和第 35 期出现明显下降，其下降幅度均在 3.15%左右，总体而言，在子情景 1 下，绿色福利水平上升幅度超过了下降幅度；在子情景 2 下，绿色福利水平在第 42 期出现最大跌幅 4.43%；在子情景 3 下，绿色福利水平虽在第 21 期出现了 4.87%的上升，但在其余时期出现了多次小幅下降，总体来看，上升幅度与下降幅度大致相同；在子情景 4 下，绿色福利水平的变动总体较小；而子情景 5 下，绿色福利水平出现较大幅度的上下振荡。

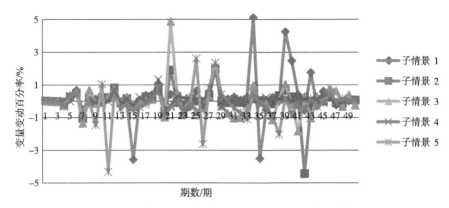

图 12-48　规制管控-市场建设型组合工具情景绿色福利水平变动

综上所述，规制管控-市场建设型组合工具下的子情景 1 对于绿色福利水平的提升较为有效，但其对绿色福利水平的提升效应具有十分明显的时间滞后性。

（四）结论

本书以江西省为例，基于其 SAM 表中的有关数据，分别对环境技术标准、环境税、环境补贴、生产补贴、市场建设型组合工具、规制管控-市场建设型组合工具六种政策工具或组合在不同的情景方案下进行模拟研究，最终得出以下结论。

（1）从各项政策工具情景来说，①在环境技术标准情景下，1%子情景与3%子情景对于污染物的减排最为有效，5%子情景对于服务业产出比重的提升具有一定的效果，2%子情景对于清洁能源业产出比重的提升较为有效，所有子情景对于绿色福利水平的提高效果均不明显。②在环境税情景下，10%和20%子情景对于绿色福利水平的提升较为有效，30%子情景对于 GDP 指标的提升有明显的效果，40%子情景对于污染物的排放具有明显的抑制作用，50%子情景对于产业结构的优化具有显著的促进效应。③在环境补贴情景下，10%、30%、50%子情景对于实际 GDP 的提升具有效果，30%子情景对于清洁能源业产出比重的提升有一定的作用，而对于名义 GDP、服务业产出比重的提升、污染物的减排、绿色福利水平的提升等方面，环境补贴工具效果均不明显。④在生产补贴情景下，不论何种子情景，清洁能源业的产出比重均能得到较为有效的提升，而对于 GDP 指标、服务业产出比重的提升、污染物的减排、绿色福利水平的提升等方面，生产补贴工具没有效果，并且还会造成污染物排放的升高。⑤在市场建设型组合工具情景下，30%子情景的污染物减排效应最为明显，40%子情景对于 GDP 指标和绿色福利水平的提升较为有效，但市场建设型组合工具对产业结构的优化没有明显效果。⑥在规制管控-市场建设型组合工具情景下，子情景 1 的污染物减排效应最明显，同时对于绿色福利水平的提升具有促进作用，而子情景 3 对于产业结构的优化具有较为良好的效果，但其会造成污染物排放的明显反弹。

（2）将不同类型的政策工具进行比较，可以发现：①对于 GDP 指标来说，环境税工具是最优选择。②对于产业结构的优化和绿色福利水平的提升，规制管控-市场建设型组合工具最具效果。③对于污染物的减排来说，市场建设型组合工具最有力。④环境税工具在 GDP 指标、产业结构的优化、污染物减排、绿色福利水平的提升方面均具有良好的效果，且其带来负面效应较小，属于一种功能较为全面的绿色发展政策工具。⑤补贴型工具的政策效果普遍不理想，特别是生产补贴工具会造成污染物排放的反弹。⑥组合型政策工具的政策效应并不是单一型政策工具效应的简单叠加，不同类型政策工具在组合之后，其效果可能会出现强化或抵减。

（3）从政策冲击的时间效应来看，绿色发展政策工具的政策效应往往具有十分明显的时间滞后性。在大多数情景下，政策效应的显现会滞后 5～10 期，部分情景滞后甚至可达 30～40 期。

（4）从产业部门的产出变动来看，市场建设型政策工具对于清洁能源业的发展能起到更加积极的政策效应，而服务业产出对于市场建设型政策工具的反应较为不灵敏，在部分子情景下其产出出现了负增长，这表明目前江西省的服务业还处于相对低端的水准，"现代化"与"绿色化"程度低，在提供劳务的过程中易产生环境外部不经济的现象，因此，市场建设型工具对于服务业的产出容易产生"挤出效应"。

（5）从区域个体来说，江西省绿色发展政策工具的可计算一般均衡模型模拟的部分结果与全国总体的模拟结果差距较大，这表明不同地区在绿色发展过程中所面临的决策问题与政策决策环境相差较大。因此，公共政策的决策往往需要根据该区域实际的经济、社会、文化、自然等多方面因素灵活调整。

第十三章 绿色发展效率评估方法与案例

第一节 绿色发展效率问题

一、绿色发展效率

萨缪尔森对"效率"的解释较为权威，即"在经济生产过程中，如果在不缩减其中任何一种生产物品的情况下，也不用增加其中任何一种生产物品，则说明整个生产活动的运行是有效率的"。随着发展过程中环境污染和能源短缺问题日益凸显，国内外学者逐渐将环境和资源因素纳入效率分析框架，意味着效率更强调经济与资源环境协调发展，这与我国绿色发展理念相切合。因此，本节从投入产出角度理解绿色发展效率，即实现发展的经济利益最大化，环境污染和能源消耗最小化。基于绿色发展效率的内涵，本书从时间、空间、产业三个维度把握全国、地带和典型城市绿色发展效率，以期全方位把握绿色发展效率。

二、绿色发展效率的不同维度

（一）绿色发展效率的时间维度

绿色发展效率在时间上具有阶段性特征。综合国内外研究，本书发现绿色全要素生产率能较好地体现绿色发展效率时间维度上的含义，原因有三：第一，绿色全要素生产率是指总产出与综合要素投入之间的比率，内涵为实现发展的经济利益最大化，环境污染和能源消耗最小化，符合绿色发展效率的内涵；第二，绿色全要素生产率分析属于一种动态分析，能够反映绿色增长绩效的动态变化，符合本部分研究绿色发展效率时间维度规律的要求；第三，绿色全要素生产率可分解为技术进步和效率变动，通过数理推导按照要素来源分解技术进步，可进一步用于绿色发展技术路线图研究。因此，本书拟用全要素生产率分析框架来分析绿色发展效率多维度的时间阶段性规律。

（二）绿色发展效率的空间维度

绿色发展效率在空间上是非均质的，绿色发展效率在空间上表现出明显的空间分异特征，尽管国内外学者主要研究绿色发展效率在空间上的差异，但现有的研究大多以静态空间结构表征绿色发展效率的空间分异，以"均质空间"为逻辑前提，探索"均质空间"上要素的空间分异规律，而标准差椭圆分析能避免"均质空间"的假设，充分考虑研究对象的空间区位的信息（赵璐和赵作权，2014）。因此，本书拟用标准差椭圆分析模型探究绿色全要素生产效率的空间维度特征，以期把握多维度绿色发展效率空间分异规律。

（三）绿色发展效率的产业维度

绿色发展效率在产业维度上也是非均质的，国内外学者从各个角度衡量产业维度绿色发展效率。创新价值链理论可打开创新过程的"黑箱"，将绿色技术创新过程分为绿色技术研发和绿色成果转化两个阶段，本书拟采用创新价值链的分析框架研究绿色发展效率的产业维度特征，原因如下：第一，基于创新价值链的绿色技术创新效率是绿色技术创新投入和产出效率之间的比率，追求创新投入最小化、期望产出最大化、非期望产出最小化，其本质符合绿色发展效率的内涵；第二，创新驱动发展和绿色发展是国家重要战略，而绿色技术创新要以产业为载体才能实现，因此，基于创新价值链的视角研究产业绿色发展效率符合国家战略要求；第三，基于绿色创新价值链研究绿色发展效率，可打开技术创新的"黑箱"，将技术创新过程划分为绿色技术研发和成果转化两个阶段，从而更好地分析中国绿色发展产业价值链图谱。

第二节　绿色发展效率评估方法与模型

一、时间维度采用的方法与模型

对中国绿色发展效率的时间维度分析采用曼-肯德尔（Mann-Kendall）方法和序列SBM-Luenberger模型：①Mann-Kendall方法。Mann-Kendall方法是一种时间序列趋势的非参数检验方法，该方法不需要样本遵从一定的分布，也不受少数异常值的干扰，具有测度范围宽、随机作用小的优点。本书采用Mann-Kendall方法进行中国绿色全要素生产率变动的阶段划分。Mann-Kendall方法是根据时间序列 $\{X_1, X_2, \cdots, X_n\}$ 构造标准正态分布的统计变化量UF和UB，若UF或UB的值大于0，则表明时间序列呈上升趋势；小于0则表明呈下降趋势。有文献表明，如果在给定的显著性水平临界直线下，UF或UB相交于一点，则该点为突变点。②序列SBM-Luenberger模型。全要素生产率是衡量效率的重要指标，本部分基于全要素生产率的分析框架测度绿色效率。绿色全要素生产率主要有两种方法：参数估计与非参数估计。参数估计主要是运用随机前沿法（杨振兵等，2016；王奇等，2012），将环境要素及能源要素纳入具体的生产函数，构建超越对数生产函数，从而测算全要素生产率。但参数估计法存在估计的模糊性问题，因而有学者采用非参数估计（李斌等，2013），通过采用考虑非期望产出的非径向非角度 SBM（slack-based measure）效率测度模型及结合 ML（Malmquist-Luenberger）生产率指数来测算分行业的绿色技术效率和绿色全要素生产率。但是运用当期样本数据构造生产技术前沿时，由于未考虑历史数据的信息，测算结构容易产生技术长期大规模倒退的反常现象（庞瑞芝和李鹏，2011），序列生产边界能有效解决这个问题。因此，综合借鉴各学者的处理方式（王兵等，2014；刘瑞翔和安同良，2012；李兰冰和刘秉镰，2015；董敏杰等，2012），构建序列 SBM- Luenberger 模型，具体公式如下：

$$\mathrm{IE}^{t,k}\left(x^{t,k}, y^{t,k}; g_x, g_y\right) = \max_{s_x s_y s_b} \frac{\dfrac{1}{N}\sum_{n=1}^{N} S_{n,x}^{t,k} + \dfrac{1}{M+I}\left(\sum_{m=1}^{M}\dfrac{S_{m,y}^{t,k}}{y_m^{t,k}} + \sum_{i=1}^{I}\dfrac{S_{i,b}^{t,k}}{b_i^{t,k}}\right)}{2} \quad (13\text{-}1)$$

$$\mathrm{s.t.} \sum_{k=1}^{K} Z^{t,k} X_n^{t,k} + S_{n,x}^{t,k} = X_n^{t,k}; \sum_{k=1}^{K} Z^{t,k} y_m^{t,k} + S_{m,y}^{t,k} = X_m^{t,k}; \sum_{k=1}^{K} Z^{t,k} b_i^{t,k} + S_{i,b}^{t,k} = X_m^{t,k};$$
$$\sum_{k=1}^{K} Z^{t,k} = 1, Z^{t,k} \geqslant 0, S_{n,x}^{t,k} \geqslant 0, S_{m,y}^{t,k} \geqslant 0, S_{i,b}^{t,k} \geqslant 0 \quad (13\text{-}2)$$

$$\mathrm{IE}^t = \underbrace{\frac{1}{2N}\sum_{n=1}^{N}\frac{S_{n,x}^{t,k}}{g_{n,x}^{t,k}}}_{\mathrm{IE}_x} + \underbrace{\frac{1}{2(M+I)}\sum_{m=1}^{M}\frac{S_{m,y}^{t,k}}{g_{m,y}^{t,k}}}_{\mathrm{IE}_y} + \underbrace{\frac{1}{2(M+I)}\sum_{i=1}^{I}\frac{S_{i,b}^{t,k}}{g_{i,b}^{t,k}}}_{\mathrm{IE}_b} \quad (13\text{-}3)$$

$$\mathrm{GSSL}_t^{t+1} = \frac{1}{2}\left\{\left[\mathrm{IE}_t(t) - \mathrm{IE}_t(t+1)\right] + \left[\mathrm{IE}_{t+1}(t) - \mathrm{IE}_{t+1}(t+1)\right]\right\} \quad (13\text{-}4)$$

基于松弛量效率损失测度法，将 SBM 测度法与方向距离函数相结合，构建考虑投入、合意产出及非合意产出的效率损失函数[式（13-1）和式（13-2）]。其中，$\mathrm{IE}^{t,k}$ 为 t 时期、k 个生产单元的效率损失值；X 为投入向量；y 为合意产出；b 为非合意产出；三种向量包含的总量为 N、M、I；n、m、i 分别表示向量 N、M、I 中的元素；S 为松弛向量；Z 为权重。本书考察的是规模报酬可变的全要素生产率，因此需要约束条件：$\sum_{k=1}^{K} Z^{t,k} = 1$。然后，进一步将效率的损失值分解为投入的损失、合意产出的损失，以及非合意产出的效率损失[式（13-3）]。t 期和 $t+1$ 期之间的绿色 Luenberger 指标可表示为式（13-4）。

进一步将绿色全要素生产率变动（GSSL）分解为绿色效率变动（GSSLEC）和绿色技术变动（GSSLTC），见式（13-5）。最后，根据 SBM 方向距离函数和 Luenberger 生产指标的特点，进一步从要素层面分解绿色全要素生产率变动、绿色效率变动以及绿色技术进步[式（13-5）～式（13-8）]。

$$\mathrm{GSSL}_t^{t+1} = \mathrm{IE}_t(t) - \mathrm{IE}_{t+1}(t+1) + \frac{1}{2}\left\{\left[\mathrm{IE}_{t+1}(t+1) - \mathrm{IE}_t(t+1)\right] + \left[\mathrm{IE}_{t+1}(t) - \mathrm{IE}_t(t)\right]\right\} \quad (13\text{-}5)$$

$$\mathrm{GSSL}_t^{t+1} = \mathrm{GSSL}_{g,t}^{t+1} + \mathrm{GSSL}_{y,t}^{t+1} + \mathrm{GSSL}_{b,t}^{t+1} \quad (13\text{-}6)$$

$$GSSLEC_t^{t+1} = GSSLEC_{g,t}^{t+1} + GSSLEC_{y,t}^{t+1} + GSSLEC_{b,t}^{t+1} \qquad (13\text{-}7)$$

$$GSSLTC_t^{t+1} = GSSLTC_{g,t}^{t+1} + GSSLTC_{y,t}^{t+1} + GSSLTC_{b,t}^{t+1} \qquad (13\text{-}8)$$

二、空间维度采用的方法与模型

对中国绿色发展效率的空间维度分析采用基于标准差椭圆分析模型，能充分考虑空间区位信息，揭示绿色发展效率的中心性、展布性、密集性、方位和形状（图 13-1）。

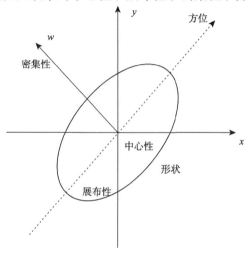

图 13-1　标准差椭圆分析模型

三、产业维度采用的方法与模型

对中国绿色发展效率的产业维度分析基于创新价值链理论，可打开绿色技术创新的"黑箱"，将绿色技术创新过程分解为绿色技术研发和绿色成果转化两个阶段（图 13-2）。运用数据包络分析（data envelopment analysis，DEA）模型分阶段测算绿色技术研发和绿色技术转化两个阶段的效率，同时将环境因素纳入技术创新过程分析框架。

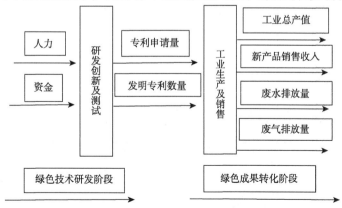

图 13-2　创新价值链视角下工业技术创新过程

DEA 模型由 Farrell（1957）提出，经过长时间的发展，DEA 模型可分为投入导向、产出导向和非导向。投入导向是在产出一定的情况下，尽可能减少各项投入；产出导向是在投入一定的情况下，尽可能增加各项产出；非导向则同时考虑两个方面进行度量。本书分析的重点在于测算绿色技术创新效率，进一步探讨各阶段的效率值，从而对产业技术路线图进行分析，并不需要进一步做投影分析，三个导向模型都适用于分析目的，根据现有研究成果（罗良文和梁圣蓉，2016；钱丽等，2015），选取投入导向的 DEA 模型，也就是说从管理角度考虑，把尽可能减少投入作为提升绿色技术创新效率的途径之一。

基于规模报酬是否可变的假设，可将 DEA 模型分为 CCR 模型和 BCC 模型。CCR 模型由 Charnes 等（1978）提出，基于规模报酬不变的假设，测算的结果称为综合技术效率。本书采用规模报酬不变假设，测算技术创新效率值。

$$\max \sum_{r=1}^{q} \alpha_r y_{rk}$$

$$\text{s.t.} \max \sum_{r=1}^{q} \alpha_r y_{rj} - \sum_{i=1}^{m} \beta_i x_{ij} \leqslant 0$$

$$\sum_{i=1}^{m} \beta_i x_{ik} = 0$$

$$\alpha \geqslant 0, \beta \geqslant 0, i=1,2,\cdots,m; r=1,2,\cdots,q; j=1,2,\cdots,n \qquad (13\text{-}9)$$

式中，一共需要测量 n 个决策单元（decision-making unit，DMU）的技术效率，为 $\text{DMU}_j (j=1,2,\cdots,n)$，每个 DMU 有 m 种投入，即 $x_i (i=1,2,\cdots,m)$；q 种产出，记为 $y_r (r=1,2,\cdots,q)$。产出的权重表示为 $\alpha_r (r=1,2,\cdots,q)$。

非期望产出的处理方法。企业技术成果转化过程中，往往会伴随着非期望产出，本书将非期望产出负向标准化，非期望产出就转为普通期望产出，此处理方法符合企业实际技术创新过程，而且操作性强。

第三节　案例分析

一、数据来源及数据处理

（一）全国层面数据来源和数据处理

分别从时间维度、产业维度和空间维度来分析全国层面的绿色发展效率：

（1）时间维度。根据数据的可得性，基于 1994~2015 年的面板数据进行分析，研究对象为全国 29 个省（自治区、直辖市），其中西藏由于数据缺失过多，不予以考虑。香港、澳门、台湾地区部分指标数据未公布，不予考虑。此外，由于重庆在 1997 年成为直辖市,为了统一口径,按照常用处理方式,1997年之后,将四川和重庆市的数据合并。需要说明的是,序列 SBM-Luenberger 模型属于动态跨期模型,全国层面绿色全要素生产率和技术进步的研究区间为1994~2015年,所有投入产出的基础数据主要来源于《中国统计年鉴》、《中国能源统计年鉴》、《中国环境统计年鉴》以及《新中国六十年统计资料汇编》,缺失数据用插值法补齐。具体投入产出变量处理及解释如下。

第一,投入变量。投入包括三种生产要素:资本存量、劳动力和能源。资本存量测算采用永续盘存法(单豪杰,2008),基本公式为

$$K_t = I_t / P_t + (1-\delta_t)K_{t-1} \tag{13-10}$$

式中,K_t为t年资本存量;K_{t-1}为$t-1$年的资本存量;I_t为固定资产投资;P_t为固定资产投资价格指数;δ_t为资本折旧率。I_t以中国资本形成总额表示,并利用固定资产投资价格指数换算为以 1994 年为基期的不变价格固定资产投资,指标数据来自《中国统计年鉴》。各省(自治区、直辖市)资本折旧率统一取 10.96%。

第二,劳动力投入用就业人员指标表示,就业人员指十五周岁及十五周岁以上人口中从事一定的社会劳动并取得劳动报酬或经营收入的人口。能源投入选取各省(自治区、直辖市)折合为标准煤的能源消费量作为衡量指标。

第三,合意产出。选取地区生产总值作为合意产出,根据各省(自治区、直辖市)GDP 指数构造以 1994 年为基期的 GDP 平减指数进行平滑缩减。

第四,非合意产出。将环境因素纳入全要素生产率分析框架主要有两种方式:一是将环境因素作为投入要素进行处理(杨振兵等,2016),二是用参数估计法将环境因素作为非合意产出处理(王兵等,2014;李兰冰和刘秉镰,2015)。由于第二种方式与实际生产情况相似,本书选取第二种处理方式,即将环境因素作为非合意产出处理。具体来说,将环境因素细化为水环境和大气环境。水环境用工业废水排放量表征,而大气环境用二氧化硫排放量来表征。

(2)产业维度。将除西藏、香港、澳门、台湾地区以外的全国 30 个省(自治区、直辖市)作为考察样本,考察区间为 2000~2015 年,工业技术创新过程中的投入、产出等数据来源于对应年份的《工业企业科技活动统计年鉴》、《中国统计年鉴》和《中国环境统计年鉴》。值得注意的是,《工业企业科技活动统计年鉴》是从 2006 年开始统计的,但《工业企业科技活动统计年鉴(2006)》中包含了 2000~2005 年工业企业投入产出的数据。另外,《工业企业科技活动统计年鉴(2012)》的统计口径由之前的大中型企业转变为规模以上工业企业,大中型企业为同时满足从业人员年平均人数在 300 人及以上、年主营业务收入在 3000 万元及以上、资产总计 4000 万元及以上的工业企业,而规模以上企业为年主营业务收入在 2000 万元及以上的工业企业,也就是说规模以上企业包含大中型企业。国内学者往往忽视这个问题,如黄奇等(2015)测算工业技术创新效率忽视了统计口径不一致的问题。本书基于创新价值链考察产业维度的绿色发展创新效率,并对其进行技术路线图分析,并不在于度量技术创新投入产出"量"的变化。因此,为了保证数据的延续性,基于本书研究目的,综合考虑 2008~2010 年和 2011~2012 年的数据信息,以 2008~2009 年、2009~2010 年和 2011~2012 年三个时间段的平均变化率作

为 2010~2011 年的变化率，再以 2010 年数据作为初始值，根据 2010~2015 年数据变化率，将 2000~2010 年和 2011~2015 年的数据处理为相同的统计口径。

基于创新价值链理论，根据数据的可得性和完整性，工业绿色技术研发与绿色成果转化具体投入产出指标如下。

第一，研发投入。工业的研发投入主要包含两个方面：人力投入和资金投入。人力资本选取科学研究与试验发展（research and development，R&D）人员全时当量来衡量，R&D 人员全时当量包含 R&D 项目的管理人员和服务人员，可以较客观地反映工业企业技术创新人力投入（罗良文和梁圣蓉，2016；钱丽等，2015）。资金投入则选取 R&D 内部支出和新产品开发经费的指标（汪锦等，2012）。由于资金投入具有时滞性和累积性，R&D 内部支出和新产品开发经费均采用存量指标。以 R&D 内部支出为例，采用永续盘存法计算存量指标：

$$K_{it} = (1-\delta)K_{i(t-1)} + I_{it} \qquad (13-11)$$

式中，K_{it} 和 $K_{i(t-1)}$ 为第 i 个省的 t 年和 $t-1$ 年的工业企业 R&D 资本存量；δ 为资本折旧率，根据 Wang 和 Szirmai（2008）的估算，采用 15%；I_{it} 为第 i 个省（自治区、直辖市）t 年的工业企业 R&D 经费支出，用研发价格指数将名义 R&D 经费支出平减至基期 2000 年。研发价格指数采用朱有为和徐康宁（2006）的处理方式，即研发价格指数=0.75×工业出厂品价格指数+0.25×消费者价格指数。R&D 经费基期的计算公式为

$$K_{i2000} = \frac{I_{i2000}}{g_i + \delta}, g_i = \sqrt[14]{\frac{I_{i2013}}{I_{i2000}}} - 1 \qquad (13-12)$$

式中，g_i 为 2000~2013 年工业 R&D 经费实际支出平均增长率。

第二，中间产出。中间产出用专利申请量和发明专利拥有量来表示，专利申请量可反映工业企业技术创新活动的活跃程度，发明专利拥有量则可衡量科研产出和实际应用水平。

第三，成果转化产出。成果转化产出主要分为期望产出和非期望产出，期望产出主要是表现工业企业技术创新过程的经济效应，本书选取工业总产值和新产品销售收入来衡量，并利用 2002 年工业品出厂价格指数来平减新产品销售收入，利用工业 GDP 指数平减工业总产值。非期望产出主要是表现工业企业技术创新过程的环境效应，为了避免信息重叠，选取具有代表性的单位工业 GDP 废水排放量和单位工业 GDP 废气排放量两个指标作为非期望产出。需要强调的是，工业绿色技术创新投入转化为产出具有时滞性，本书按照前人的处理方式，取滞后期为两年，即绿色技术研发投入、中间产出、成果转化产出的数据选取区间为 2000~2013 年、2001~2014 年及 2002~2015 年。

（3）空间维度。基于标准差椭圆分析模型探究绿色全要素生产率空间分异特征，数据来源与时间维度的数据来源相同。

（二）地带性层面数据来源和数据处理

以下分别从样本分类和数据来源做说明。

（1）样本分类。将全国 30 个省（自治区、直辖市）①划为三大地带，具体的划分如下：东部包括北京、天津、河北、辽宁、上海、江苏、浙江、福建、山东、广东、海南 11 个省（直辖市）；中部包括山西、吉林、黑龙江、安徽、江西、河南、湖北、湖南 8 个省；西部包括内蒙古、广西、四川、重庆、贵州、云南、陕西、甘肃、青海、宁夏、新疆 11 个省（自治区、直辖市）。

（2）数据来源。所有投入产出的基础数据来源及数据处理与全国层面相同，绿色技术研发与绿色成果转化具体投入产出指标也与全国层面相同。

（三）城市层面数据来源和数据处理

以下分别从样本选取和数据来源做说明。

（1）样本选取。以生态文明先行示范城市为例，探寻地级市层面的绿色发展效率。2014 年 6 月 5 日，国家发展和改革委员会、财政部、国土资源部、水利部、农业部、国家林业局六部门发布国家生态文明先行示范区建设名单，确定张家口市等 27 个地级市（地级行政区、自治州）城市为国家生态文明先行示范城市（表 13-1）。这些城市分别处于东、中、西部三个区域，生态优势明显，因而其在绿色发展效率方面可研究空间非常广阔。通过对这些城市绿色发展效率的经验研究，可综合把握绿色发展效率，进而为其他地区绿色发展提供经验借鉴。

表 13-1　国家生态文明先行示范区地级市（地级行政区、自治州）层面建设名单

承德市（冀）	张家口市（冀）	十堰市（鄂）	宜昌市（鄂）
四平市（吉）	延边朝鲜族自治州（吉）	梅州市（粤）	韶关市（粤）
延安市（陕）	镇江市（苏）	成都市（川）	雅安市（川）
杭州市（浙）	丽水市（浙）	鄂尔多斯市（内蒙古）	巴彦淖尔市（内蒙古）
黄山市（皖）	玉林市（桂）	定西市（甘）	甘南藏族自治州（甘）
淄博市（鲁）	临沂市（鲁）	山南地区（藏）	林芝地区（藏）
郑州市（豫）	南阳市（豫）	伊春市（黑）	

（2）数据来源。基于 2003～2015 年的城市面板数据进行分析，西藏的山南地区和林芝地区、甘肃的甘南藏族自治州和吉林的延边朝鲜族自治州缺失数据过多，为了数据可得性和完整性，暂不把这四个地级市纳入考察对象。需要说明的是，延续前文的分析框架，序列 SBM-Luenberger 模型属于动态跨期模型，研究区间为 2004～2015 年。所有投入产出的原始数据来源于对应年份的《中国城市统计年鉴》、各省（自治区、直辖市）统计年鉴以及各地级市《国民经济和社会发展统计公报》，缺失数据用插值法补齐，具体投入产出变量处理及解释如下：第一，投入变量。投入包括资本投入、劳动力和能源这三种生产要素。资本投入选取固定资产投资额作为资本投入，劳动力投入则用年末单位从业人员数来表征，能源投入则用工业用电量来表征。第二，合意产出。选取地区生产

---

① 其中西藏由于数据缺失过多，香港、澳门、台湾地区部分指标数据未公布，不予以考虑。

总值作为合意产出，构造以 2003 年为基期的 GDP 平减指数进行平滑缩减。第三，非合意产出。本书将环境因素作为非合意产出处理，并且将环境因素细化为水环境和大气环境。水环境用工业废水排放量表征，而大气环境用工业二氧化硫排放量表征。

同理，为了数据可得性和完整性，产业维度的研究对象为 23 个国家生态文明先行示范城市，考察区间为 2013～2015 年，工业技术创新过程中的投入、产出等数据来源于《工业企业科技活动统计年鉴》、各省（自治区、直辖市）统计年鉴、各地市科技局以及各地级市《国民经济和社会发展统计公报》，缺失数据用插值法处理。结合创新价值链，工业绿色技术研发与绿色成果转化具体投入产出指标如下：第一，研发投入。城市层面工业的研发投入主要包含人力投入和资金投入两个方面。人力资本选取 R&D 人员全时当量来衡量，鉴于统计口径，借鉴李琳和张佳（2016）的处理方式，基于各省级工业 R&D 人员全时当量，以各地级市的工业生产总值占全省生产总值的比重作为权重进行推算。资金投入则选取 R&D 内部支出作为衡量指标，基于本节第一部分中资本存量的计算方法，测算省级工业 R&D 内部资本存量，再借鉴李琳和张佳（2016）的处理方式进行处理。第二，中间产出。城市层面中间产出选取专利申请量和专利授权量来表示。第三，成果转化产出。城市层面成果转化主要分为期望产出和非期望产出，选取工业总产值来衡量期望产出，由于地级市层面并没有工业 GDP 指数这个指标，采用各地级市对应省级层面工业 GDP 指数平减工业总产值。非期望产出表征工业技术创新过程中的环境效应，结合地级市层面的统计指标，选取具有代表性的单位工业总产值废水排放量和单位工业总产值二氧化硫排放量作为非期望产出。需要说明的是，由于考察期间较短，典型城市的工业技术创新不考虑工业绿色技术创新投入转化为产出的时滞性。

二、实证分析

（一）中国绿色发展效率时间维度分析

1. 阶段划分

分别按照全国层面、地带性层面和城市层面来分析研究期的阶段。

（1）全国层面的阶段性划分。全国绿色全要素生产率变动存在阶段性差异，采用标准差方法来衡量全国层面绿色全要素生产率差异。可以发现，1994～2015 年，中国绿色全要素生产率存在差异性，但差异程度呈现下降的趋势。进一步运用 Mann-Kendall 方法检测 1994～2015 年中国绿色全要素生产率变动的突变点（图 13-3）。首先，对 1994～2015 年中国全要素生产率标准差进行趋势检验，测算 Z 值为–3.67，Z 值为负表示减少的趋势，印证了绿色全要素生产率的差异程度呈现下降的趋势。$|Z| > 2.32$，通过了 99% 的显著性检验，因此中国绿色全要素生产率在时间维度存在突变点。其次，构建两个服从标准正态分布的时间序列 UF 和 UB，绘制两条曲线来判别时间突变点。如果 UF 和 UB 两条曲线出现交点，并且交点在临界直线之间，那么交点对应的时间即为突变开始的时间，并给定显著性水平 $\alpha=0.01$，即 $U_{0.01}=2.58$ 或–2.58（图 13-3）。从图 13-3 可知，UF 和 UB 两条曲线在置信线区间存在交点，交点位置为 2003 年和 2009 年。因此，可将 1994～

2015 年划分为三个阶段，即 1994～2003 年、2004～2009 年和 2010～2015 年。

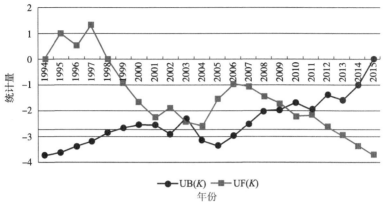

图 13-3　1994～2015 年中国绿色全要素生产率差异 Mann-Kendall 曲线

置信线为 $\alpha=0.01$ 显著性水平临界值；K 表示资本存量

（2）东中西三大地带阶段性划分。运用 Mann-Kendall 方法检测 1994～2015 年三大地带的 Z 值分别为-2.31、2.65、4.11，分别通过 95%、99% 和 99% 的显著性检验（图 13-4～图 13-6），即证明三大地带绿色全要素生产率在时间维度存在突变点。给定显著性水平 $\alpha=0.01$，即 $U_{0.01}=2.58$ 或 -2.58，三大地带都通过了显著性水平检验，三大地带时间突变点各有不同。具体来说，东部交点位置在 1997 年、2004 年、2010 年，可将东部划分为四个阶段，即 1994～1997 年、1998～2004 年、2005～2010 年、2011～2015 年；中部交点位置在 1999 年和 2007 年，可将中部划分为三个阶段，即 1994～1999 年、2000～2007 年、2008～2015 年；西部交点位置在 2003 年和 2010 年，可将西部划分为 1994～2003 年、2004～2010 年和 2011～2015 年。

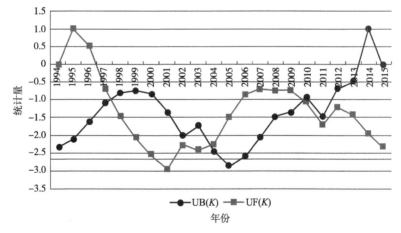

图 13-4　1994～2015 年东部绿色全要素生产率差异 Mann-Kendall 曲线

置信线为 $\alpha=0.01$ 显著性水平临界值

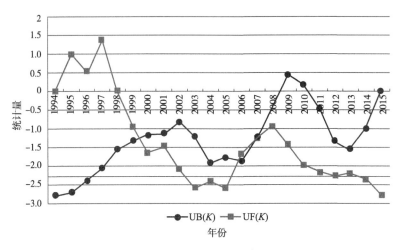

图 13-5　1994～2015 年中部绿色全要素生产率差异 Mann-Kendall 曲线

置信线为 $\alpha=0.01$ 显著性水平临界值

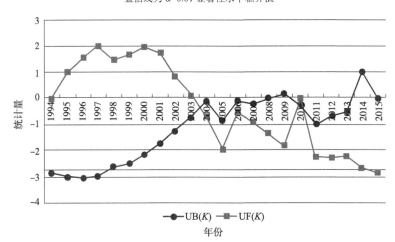

图 13-6　1994～2015 年西部绿色全要素生产率差异 Mann-Kendall 曲线

置信线为 $\alpha=0.01$ 显著性水平临界值

（3）城市阶段性划分。用 Mann-Kendall 方法检测 2004～2015 年城市层面绿色全要素生产率变动的突变点（图 13-7），测算 Z 值为 1.29，$|Z|>1.28$，通过了 90% 的显著性检验，中国城市层面绿色全要素生产率在时间维度存在突变点。给定显著性水平 $\alpha=0.01$，即 $U_{0.01}=2.58$ 或 -2.58（图 13-7）。从图 13-7 可知，UF 和 UB 两条曲线在置信线区间存在交点，交点位置为 2013 年，可将 2004～2015 年划分为两个阶段，即 2004～2013 年和 2014～2015 年。

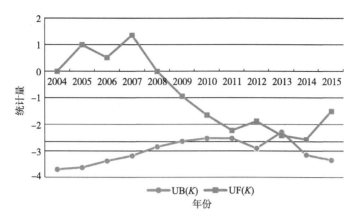

图 13-7　2004～2015 年中国城市层面绿色全要素生产率差异 Mann-Kendall 曲线

置信线为 $\alpha=0.01$ 显著性水平临界值

2. 绿色全要素生产率演进的阶段性特征

分别从全国层面、地带性层面和城市层面分析。

（1）全国层面。将 1994～2015 年全国层面的绿色全要素生产率变动划分为三个阶段，结合绿色发展实际情况和绿色全要素生产率演进情况，将三个阶段划分为启动期、发展期和调整期（图 13-8）。可以发现：第一，启动期（1994～2003 年）阶段特征。绿色全要素生产率增速均值为 2.34%，整个阶段呈 W 形分布。第二，发展期（2004～2009 年）阶段特征。绿色全要素生产率增速均值为 3.11%，整个阶段呈 N 形分布。第三，调整期（2010～2015 年）阶段特征。绿色全要素生产率增速均值为 2.40%，整个阶段呈 W 形分布。第四，从整个阶段来看，1994～2015 年，绿色全要素生产率增速呈现整体先上升后下降趋势。具体来说，三个阶段的绿色全要素生产率增速均值分别为 2.34%、3.11% 和 2.40%，这个结果与王兵和刘光天（2015）测算的结果相类似，但低于匡远凤和彭代彦（2012）的结果，究其原因，除了测算的指标和时期的差异，更重要的是匡远凤和彭代彦（2012）将环境因素作为投入要素处理，此处理方法不符合生产过程的实际情况，导致最终结果与本书有所不同。

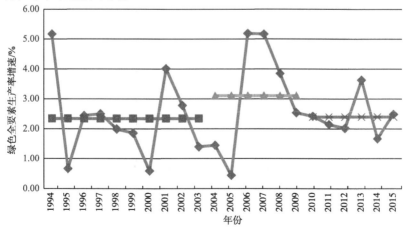

图 13-8　1994～2015 年中国绿色全要素生产率演进阶段性特征分析

（2）地带性层面。中国三大地带间绿色全要素生产率呈现显著的阶段差异，同理，可将三大地带绿色发展阶段划分为启动期、发展期和调整期，但各地区每个阶段所处时期呈现显著差异性（图13-9）。可以发现：第一，启动期的阶段特征。根据阶段划分结果和绿色全要素生产率演进情况，东中西三地区启动期的时间分别为1994~1997年、1994~1999年和1994~2003年，绿色全要素生产率增速均值依次为8.27%、–0.28%和0.38%。东部地区绿色全要素生产率增速一枝独秀，尤其是北京、天津、江苏三省（直辖市）绿色全要素生产率的增速保持在10%以上，而且东部地区启动期的时间较短，中西部地区全要素生产率增速放缓，启动期时间较长。第二，发展期的阶段特征。东中西三地区发展期的时间段分别为1998~2010年、2000~2007年和2004~2010年，绿色全要素生产率增速均值依次为6.13%、–1.77%和–0.20%。需要说明的是，结合绿色全要素生产率演进情况和阶段划分，为了便于分析，将东部地区的1998~2004年和2005~2010年两个时间段统一为发展期。东部地区绿色全要素生产率增速继续保持优势，中西部地区全要素生产率呈现略微下降的趋势。第三，调整期的阶段特征。东中西三地区调整期的时间段分别为2011~2015年、2008~2015年和2011~2015年，绿色全要素生产率增速均值依次为5.58%、1.46%和0.41%。在整个调整期内，三大地带受金融危机的持续性影响导致绿色发展全要素生产率增速下降，而在2011~2012年，三大地带的政府以"保增长"为目标，同时，扎实推进资源环境政策的落实，全要素生产率呈现上升趋势。第四，从整个阶段来看，1994~2015年，三个地带下降趋势类似全国绿色全要素生产率的趋势，主要原因在于发展的边际效应递减规律及绿色发展制度未能持续有效驱动绿色全要素生产率的提升。东部地区的绿色全要素生产率一直保持着高位，中西部地区的绿色全要素生产率则处于落后趋势。

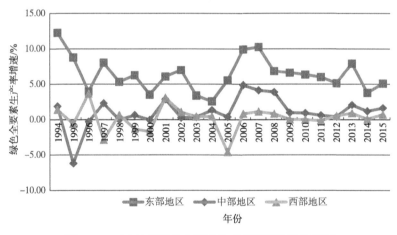

图13-9　三大地带绿色全要素生产率演进阶段性特征

（3）城市层面。为了便于分析，以23个国家生态文明先行示范城市为例，可将典型城市绿色发展阶段划分为平稳增长期（2004~2012年）和波动发展期（2013~2015年）（表13-2）。可以发现：第一，平稳增长期的阶段特征。国家生态文明先行示范城市整体上呈现平稳波动特征，大体上波动范围为–5%~5%，绿色全要素生产率演进排名前五位的为鄂尔多斯市、黄山市、定西市、成都市和镇江市，排名后五位的是延安市、十堰市、伊春市、巴彦淖尔市和梅州市。第二,波动发展期的阶段特征。国家生态文明先行示范城市呈现较大波动,且绿色全要素生产率差异显著。该阶段绿色全要素生产率的排名有别于原先的排名,绿色全要素生产率演进排名前五位的为巴彦淖尔市、伊春市、成都市、黄山市和四平市,排名后五位的是雅安市、郑州市、延安市、鄂尔多斯市和梅州市。第三,从整个阶段来看,2004~2015 年,大部分城市绿色全要素增速呈现相似的波动规律,但地区间的差距显著。从绿色全要素排名可知,资源消耗型城市(如巴彦淖尔市等)实行绿色发展战略,除了提高资源的使用效率,更为重要的是寻找与自身禀赋相适应的发展助推器,摆脱过度依赖于资源的发展模式,尽可能避免"鄂尔多斯式"的"资源诅咒"现象。以旅游为主的城市(如黄山市、伊春市等)贯彻绿色发展战略,可最大化发挥生态资源优势。大城市除了存在规模效应的优势(如成都市、镇江市),在绿色发展过程中也会遇到环境污染与经济发展不相适应和企业创新能力不足等一系列问题(如郑州市)。

表 13-2　2004~2015 年国家生态文明先行示范城市绿色全要素生产率演进及排名情况

城市	2004~2012 年		2013~2015 年	
	绿色全要素生产率增速均值/%	排名	绿色全要素生产率增速均值/%	排名
巴彦淖尔市	-0.73	22	25.21	1
成都市	3.39	4	14.77	3
承德市	1.68	11	0.64	16
定西市	10.69	3	3.34	9
鄂尔多斯市	16.93	1	-2.01	22
杭州市	1.15	15	3.08	10
黄山市	11.59	2	13.87	4
丽水市	2.06	9	2.90	11
临沂市	2.54	7	0.49	17
梅州市	-2.39	23	-19.02	23
南阳市	1.64	12	3.50	8
韶关市	1.33	14	2.63	12
十堰市	0.00	20	0.39	18
四平市	1.57	13	11.01	5
雅安市	2.68	6	0.10	19
延安市	0.45	19	-0.55	21
伊春市	-0.33	21	17.06	2
宜昌市	0.92	18	7.23	6
玉林市	1.73	10	4.02	7
张家口市	0.94	17	2.30	13
镇江市	2.98	5	0.84	15
郑州市	1.14	16	-0.01	20
淄博市	2.22	8	2.29	14

（二）中国绿色发展效率空间维度分析

1. 全国层面绿色全要素生产率演进的空间特征

沿用绿色全要素生产率表征绿色发展效率，运用标准差椭圆分析绿色全要素生产率演进的空间特征（主要参数见表 13-3），可以得出以下结论。

（1）全国层面绿色全要素生产率重心总体向西北小幅度移动，西北部省（自治区、直辖市）绿色全要素生产率改进速率加快，对中国全要素生产率总体分布格局的影响作用增大。

（2）绿色全要素生产率空间分布范围总体呈现扩大的趋势，短半轴由 1994 年的 924.8km 增加至 2015 年的 964.4km，长半轴由 1994 年的 1223.7km 增加至 2015 年的 1281.2km，椭圆面积由 1994 年的 355.51 万 km² 增加至 2015 年的 388.15 万 km²。可见，位于椭圆外围的省（自治区、直辖市）全要素生产率改进速率增快，其对椭圆内部拉动作用增强。

（3）空间密集水平呈现下降的趋势，密集指数由 1994 年的 0.082 下降至 2015 年的 0.077。可见，绿色发展的集聚效应有所减缓，中国的绿色发展有均衡发展的趋势，但均衡发展速率不高。

（4）空间分布方位角在波动中增加，方位角由 1994 年的 62.48° 增加至 2009 年的 75.32°，随后下降至 2015 年的 71.66°。但总体来说，绿色全要素生产率标准差椭圆在空间上表现为顺时针旋转。可见，中国东南地区绿色全要素生产率呈现良好的发展态势，东南地区显著影响中国绿色发展效率的空间格局。

（5）绿色全要素生产率形状指数在 0.75 左右波动，总体呈现圆化形态。可见，绿色发展较好的地区集中分布在东西方向。

表 13-3　1994 ~ 2015 年中国绿色全要素生产率标准差椭圆参数

年份	中心性指标		展布性指标			密集性指标	方位指标	形状指标
	经度	纬度	短半轴/km	长半轴/km	椭圆面积/万 km²	密集指数	方位角/（°）	形状指数
1994	112.725°E	33.346°N	924.8	1223.7	355.51	0.082	62.48	0.756
2003	112.291°E	33.524°N	965.4	1283.4	389.22	0.076	71.37	0.752
2009	112.199°E	33.303°N	956.7	1251.5	376.12	0.079	75.32	0.764
2015	112.333°E	33.493°N	964.4	1281.2	388.15	0.077	71.66	0.753

2. 地带性层面绿色全要素生产率演进的空间特征

由三大地带绿色全要素生产率演进的空间特征（主要参数见表 13-4）可以发现：①三大地带绿色全要素生产率重心移动幅度不大，且方向各异，东部重心总体在东北方向小幅波动，中部重心由西南转向东北，西部向西北移动。②三大地带空间分布范围波动趋势有所差异，东部空间分布范围呈现先扩张后收缩的趋势，中部范围在波动中呈现先收缩后扩张的趋势，西部呈现扩张的趋势。可见，东部绿色发展主体地区辐射能力没有持续性，中部和西部主体地区辐射能力呈现提高趋势。③三大地带空间密集水平呈现不同的变化趋势，东部地区和中部地区密集水平变化不大，西部地区密集水平呈现下降的趋势。可见，中国绿色发展集聚效应减缓主要的原因是西部地区处于均衡发展的趋势。④三大地带方位变化幅度不大，且方向各异，东部呈现先顺时针后逆时针旋转的趋势，中部地区先逆时针后顺时针旋转，西部地区则逆时针旋转。⑤三大地带形态各异，东部地区和中部地区呈现扁平化趋势，而西部地区则呈现圆化趋势。可见，东部和中部绿色发展质量较好的区域愈发集中在南北方向，西部地区则集中在东西方向。

表 13-4　1994～2015 年三大地带绿色全要素生产率标准差椭圆参数

地区	年份	中心性指标		展布性指标			密集性指标	方位指标	形状指标
		经度	纬度	短半轴/km	长半轴/km	椭圆面积/万 km²	密集指数	方位角/(°)	形状指数
东部地区	1994	117.675°E	32.345°N	357.9	1110.3	124.817	0.088	14.204	0.322
	1997	117.669°E	32.449°N	360.2	1121.3	126.863	0.084	14.470	0.321
	2010	117.720°E	32.403°N	355.7	1101.7	123.094	0.091	14.343	0.323
	2015	117.687°E	32.367°N	358.0	1106.5	124.433	0.088	14.130	0.324
中部地区	1994	117.008°E	35.026°N	369.0	1226.5	142.156	0.055	40.018	0.301
	1999	117.073°E	35.132°N	368.2	1235.5	142.893	0.055	40.104	0.298
	2007	116.588°E	34.491°N	375.0	1156.5	136.208	0.056	39.974	0.324
	2015	117.113°E	35.142°N	366.5	1243.1	143.093	0.056	·40.025	0.295
西部地区	1994	104.241°E	33.147°N	855.0	954.6	256.408	0.040	122.620	0.896
	2003	103.491°E	33.420°N	841.9	1096.6	290.046	0.037	116.111	0.768
	2010	103.513°E	33.400°N	841.5	1095.7	289.650	0.038	116.332	0.768
	2015	103.510°E	33.411°N	842.1	1096.1	289.953	0.038	116.301	0.768

3. 城市层面绿色全要素生产率演进的空间特征

由国家生态文明先行示范城市绿色全要素生产率演进的空间特征（主要参数见表 13-5）可以发现：①国家生态文明先行示范城市重心向东北移动，经度由 2004 年的 114.10°E 增至 2015 年的 114.27°E，纬度由 2004 年的 33.79°N 增至 2015 年的 34.26°N。②空间分布范围总体呈现扩大的趋势，短半轴由 2004 年的 733km 增加至 2015 年的 744km，长半轴由 2004 年的 1031km 增加至 2015 年的 1090km，椭圆面积由 2004 年的 237.44 万 km² 增加至 2015 年的 254.89 万 km²。③密集水平呈现下降的趋势，密集指数由 2004 年的 0.098 00 下降至 2015 年的 0.094 96。④空间分布方位角小幅度增加，在空间上表现为顺时针小幅度旋转。⑤国家生态文明先行示范城市绿色全要素生产率形态朝扁平化趋势发展，绿色发展较好的地区逐渐集中于东西方向。

表 13-5　2004～2015 年国家生态文明先行示范城市绿色全要素生产率标准差椭圆参数

年份	中心性指标		展布性指标			密集性指标	方位指标	形状指标
	经度	纬度	短半轴/km	长半轴/km	椭圆面积/万 km²	密集指数	方位角/(°)	形状指数
2004	114.10°E	33.79°N	733	1 031	237.44	0.098 00	47.05	0.71
2013	114.20°E	33.94°N	736	1 048	242.26	0.095 02	47.06	0.70
2015	114.27°E	34.26°N	744	1 090	254.89	0.094 96	47.15	0.68

（三）中国绿色发展效率产业维度分析

1. 全国层面工业绿色技术创新效率特征

以工业为例，基于创新价值链的视角，探寻中国产业维度绿色发展效率特征（图13-10）。可以发现：①中国工业绿色技术创新效率均值为0.27，整体呈现先增后减，再增后减的趋势。具体来说，2002～2015年，中国工业绿色技术创新效率保持较低水平波动，考察期内效率均值为0.27，效率低可能与污染废弃物排放有关。②2002～2015年，第一个高点是2007年，这可能是与创新型国家战略推进有关，区域创新环境不断改善，企业管理制度不断完善，但2007～2011年，效率持续性下降，可能与创新战略执行的持续性不强有关。第二个高点是2014年，原因可能是中国共产党第十八次全国代表大会召开以来，创新战略再次摆在了国家发展全局的位置。可见，建立创新战略执行的长效机制是提升中国工业技术创新效率的重要途径。

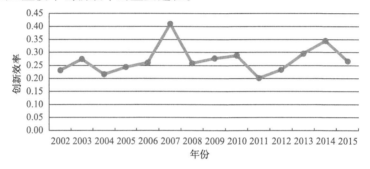

图13-10　2002～2015年中国工业绿色技术创新效率

2. 地带性工业绿色技术创新效率特征

基于创新价值链的视角，探寻三大地带工业绿色技术创新效率（图13-11）。可以发现：①三大地带呈现趋同的波动规律，但区域差异显著。具体来说，东中西三个地区绿色技术创新效率均值依次为0.28、022和0.30，三大地带呈现类似的先增后减，再增后减的趋势。②与以往的研究"东部高于中西部"的结论不相吻合。探究原因，本书是从创新价值链视角评价工业绿色技术创新效率，东部地区在工业技术研发的资金和人才方面有显著的优势，相对应的期望产出也具有明显的优势，但西部地区以更少的投入取得了技术积累，并实现科技转化，从投入产出角度来看，更为有效。同时，本书与考察期有关，在2002～2010年西部地区工业技术创新效率最高，但在2010～2015年东部地区的工业技术创新效率实现赶超。可见，东部地区工业技术创新效率增速加快可能与产业转移有关，东部高污染、高能耗的产业转移到了中西部。

3. 城市层面工业绿色技术创新效率特征

以23个国家生态文明先行示范城市为例，基于创新价值链的视角，探寻国家生态文明先行示范城市工业绿色技术创新效率（表13-6）。可以发现：①国家生态文明先行示范城市工业绿色技术创新效率呈现显著差异性，工业技术创新效率前五名的是成都市、杭州市、郑州市、镇江市和宜昌市，排名后五名的为延安市、黄山市、丽水市、韶关市和梅州市。②工业绿色技术创新效率较高的城市集中于大城市（如成都市、杭州市和郑

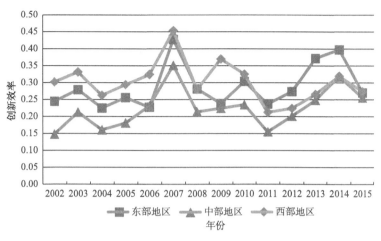

图 13-11   2002～2015 年三大地带工业绿色技术创新效率

州市等），其经济发展良好，科研设备完善，人才储备充足，工业绿色技术创新效率与地区禀赋相适应。而以旅游为主的城市（如黄山市、丽水市等），由于其工业基础薄弱，创新配套设施不完善，优秀科研人员缺失，工业技术创新效率自然而然比较低。值得注意的是，资源消耗型城市（如延安市），工业绿色技术创新效率排名靠后，说明该类型城市创新驱动战略实施效果不好，这也是其绿色全要素生产率排名靠后的原因之一。而韶关市和梅州市身处发达省份广东，但工业技术创新效率较低，其原因有所不同：韶关市作为广东省的重工业城市，工业基础雄厚，但其非期望产出位居前列，导致工业技术创新效率较低；梅州市工业基础薄弱，科研配套设施相对不够完善，也无法引入更多的科研机构，导致梅州市工业技术创新效率偏低。

表 13-6   2013～2015 年国家生态文明先行示范城市工业绿色技术创新效率评价及排名

城市	均值	排名	城市	均值	排名
巴彦淖尔市	0.032	14	十堰市	0.026	18
成都市	1.000	1	四平市	0.042	9
承德市	0.034	12	雅安市	0.029	17
定西市	0.031	15	延安市	0.026	19
鄂尔多斯市	0.034	11	伊春市	0.031	16
杭州市	0.359	2	宜昌市	0.062	5
黄山市	0.022	20	玉林市	0.052	7
丽水市	0.014	21	张家口市	0.032	13
临沂市	0.061	6	镇江市	0.107	4
梅州市	0.012	23	郑州市	0.342	3
南阳市	0.036	10	淄博市	0.044	8
韶关市	0.013	22			

第五篇

资源对经济约束模型与案例分析

第十四章　水土资源对经济约束研究

第一节　水土资源约束问题

一、自然资源分类

自然资源属于自然物，其特点是可被人类利用，从而为人类提供物质和精神上的满足。例如，人类把原先的荒地开发为耕地，利用耕地种植农作物，生产粮、棉、油等，满足人们衣食等物质需要，其就可以被称为土地资源；人类利用自然界的水力进行发电，而电能满足了人类对能源的需要，其就可以被称为水能资源；人类利用金属矿物冶炼各种金属材料，制造机器设备，其就可以被称为矿产资源。如同土地、水力、矿产等物质，只有在被人类利用时，给人们带来物质、能量等各种效益时，才能称其为自然资源。按照自然资源是否可再生，可分为不可再生资源和可再生资源（图14-1）。不可再生资源一般分为两类：一类是随着使用过程而消耗掉的不可回收资源，如石油、天然气、煤炭、核能等能源矿产资源；另一类是在一次使用过程完成后，可再次利用的可回收资源，如铜、铁等非能源矿产资源。可再生资源则可按是否存在临界性，分为临界性资源和非临界性资源，临界性资源是指资源本身是可再生的，但当资源的使用量超过一个临界限度，即资源消耗过度破坏了其自身循环过程，使其无法恢复，就会由原本流动性资源变为类似矿产的储存性资源，如土壤、森林、动物、蓄水层中的水等；非临界性资源是指以人类存在的时间为尺度来看，其资源量是无穷无尽的，不会因人类的使用而耗竭，包括太阳能、潮汐能、风能、空气等（朱迪·丽丝，2002）。

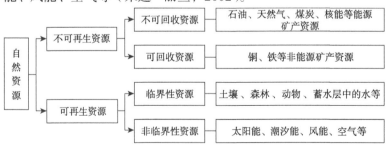

图 14-1　自然资源的分类及其转换

二、资源约束的概念

（一）资源约束的定义

约束理论（theory of constraints，TOC）是以色列物理学家、企业管理顾问 Goldratt（1990）于 20 世纪 80 年代在他开创的优化生产技术（optimized production technology，OPT）基础上发展起来的企业管理理论。该理论基本理念是限制系统实现企业目标的因素并不是系统的全部资源，仅仅是其中某些被称为"瓶颈"的资源；任何企业都必然存在一个约束（也称"瓶颈"），束缚着企业的有效产出，因此一个企业要提高绩效就要找出这些约束，然后充分利用约束资源并试图打破约束；系统中的每一件事情都不是孤立存在的，一个组织的行为由于自身或外界的作用而发生变化，尽管有许多关联的原因，但总存在一个最关键的约束，找出最关键的约束加以解决，可以起到事半功倍的效果；而最关键的约束被打破以后，企业又面临新的约束，如此不断反复，持续改进（方创琳等，2008）。根据约束理论，任何系统都存在一个或者多个约束，如果没有约束，系统的产出将是无限的。现实当中任何系统都不能无限地产出，区域经济系统也不例外，同样要受到资源环境的约束。

目前国内外大部分的学者都一致认为区域经济增长的资源约束是资源的稀缺性导致的，即自然资源的供给量或质量和生态环境承载力不能满足区域经济增长的需求量。但本书却认为，从约束理论的内涵和外延出发，任何事物都有数量和质量的差异，也就是说，任何事物在数量和质量上都存在"缺一不可"和"过犹不及"两种状态，而这两种状态都应该是产生约束的原因。由于资源在区域经济增长过程中具有不可替代的作用，因此，区域经济增长中的资源约束也应该体现为"缺一不可"和"过犹不及"两种状态。因此，资源约束是指在区域经济增长过程中，由自然资源的供给数量减少、质量下降、开发利用难度提高以及资源禀赋优越，所引起的自然资源供不应求、供给过剩以及生态环境恶化等，对区域经济增长形成制约的过程和现象。可见，资源约束有两种：一是资源短缺导致区域经济增长进程减慢的"资源尾效"（resources drag）和资源过剩导致区域经济增长进程减缓的"资源诅咒"（resources curse）。

（二）资源约束的分类

本书所说的资源约束在形式上应该包括两种（岳利萍，2007）：一种是自然资源短缺即供不应求引起的自然资源对区域经济增长的约束；另一种是自然资源禀赋优越即资源过剩引起的自然资源对区域经济增长的约束。虽然这两种资源约束导致的结果均是阻碍地区经济增长过程，但在实质和产生的原因上却存在显著的差异。资源短缺引发的对区域经济增长的约束是指区域经济增长所需要的资源供不应求,对发展形成的刚性制约，其表现为：一是短期内区域发展中面临的国内外资源供应紧缺；二是国内外资源供给对长远区域经济增长所形成的潜在约束。而资源禀赋优越引发的区域经济增长的约束是指资源丰饶导致的对区域发展要素的吸引和控制，对发展形成的制约，其表现为：一是收入分配不均；二是人力资本投资不足；三是产业结构畸形（岳利萍，2007；王智辉，2008）。

　　资源约束对区域经济增长的限制作用体现在以下两个方面：一方面，资源约束制约着区域经济增长的规模和成长速度。资源总量约束决定区域经济增长的规模和成长速度，而个别的资源短缺所造成的资源约束会使短期区域发展受到抑制，常常会成为短期区域经济增长的"瓶颈"，但从长期看，经过结构调整和资源的替代选择，个别资源的短缺不会影响区域经济增长的规模和成长速度，这种属于数量控制型约束。另一方面，各种资源在结构上的特点或不平衡性形成了资源的结构约束。资源环境的模式是以动态的方式描述城市发展的结构，资源约束限制着区域经济增长模式的选择范围，一定的资源约束条件决定着一定的区域规模模式，这种属于质量控制型约束。

　　从导致两种约束的原因入手，可以看出破解两种约束的途径也不尽相同（图 14-2）。资源短缺引发的数量控制型约束主要表现为短期区域经济增长进程受到限制，因此，可以通过增加资源供给数量达到缓解资源对区域发展束缚的目的；而资源过剩引发的质量控制型约束主要表现为短期区域经济增长进程较快，但长期增长将可能停滞或后退，其引发的原因较为复杂，所以破解这种约束的方式和方法也相应较为复杂。

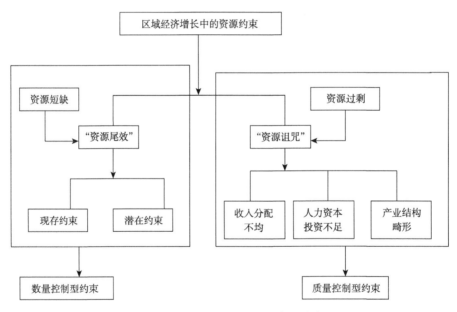

图 14-2　区域经济增长中的资源约束

三、水土资源约束问题

（一）水资源约束

　　水是城市经济发展的必需品，它对城市经济发展的影响是广泛的，不仅影响城市居民的身体健康、生活质量，还影响城市的生产方式和工业规模。因此，水成为影响城市布局的主要因素之一。尤其在干旱、半干旱地区，水几乎成为城市经济发展的唯一因素。水是影响城镇布局的主要因素，这些城镇生存和发展都依赖于河水的供给，河流是这些城镇存在的生命线。河流是水资源的一个重要来源，城市的发生、发展与其有着密切联系。在城市发展的不同阶段，河流的作用不同：在古代，城市河流主要是为城市提供稳定的水源和肥沃的土地；在近代城市经济发展阶段，河流除提供水源外，随着水上交通工具的发展，河流成为城市物资运输的重要通道；在现代工业化阶段，河流成为水源、动力源、交通运输通道、污染净化场所，此外河流还是减弱城市"热岛效应"、市民亲近自然的场所。

淡水作为水资源的重要组成部分，尽管淡水仅占水资源总量的 2.5%，约为 0.35 亿 m^3，但淡水资源数量的多寡与分布却很大程度上决定了城市的规模和空间布局。因此，淡水资源的质和量必须满足城市居民生活及工农业生产的要求。在质方面，水质取决于地球化学循环，但受人类活动的干扰，它的品质高低对城市生命体及城市工业生产和生活方面具有重大影响。水中各种微量元素及其含量、氧的浓度及各种盐分是维持城市生命体循环不可缺少的因素，某些元素的缺失或浓度失衡将对生命体产生不利影响。在城市工业生产和生活方面，水中酸碱度是衡量其对城市工业设备影响的重要因素，酸碱度过高将对城市基础设施工程结构体及设备产生腐蚀而影响其稳定性和使用寿命，进而增加生产过程的成本，会在一定程度上减缓经济增长的速度。可见，水质对不同利用对象的敏感程度不同。因此，不同的水资源利用类型对水质要求可以不同，即可以执行不同的水质标准。然而，随着工业化进程的加快，工业"三废"及生活垃圾的大量排放，含硫酸盐、磷酸盐、重金属离子、氰化物及有机络合物等废水及大量 CO_2、SO_2、N_xO_y 等的排放使水质受到严重污染，在显性方面，致使生态环境恶化；在隐性方面，则通过全球生物地球化学循环对人类的生存和城市发展产生制约。在量方面，从全球范围看，全球表面淡水资源总量为 145.4 万 km^3，年均降雨总量为 11.03 万 km^3；河流总水量为 3.88 万 km^3。由于人口剧增，工业化、城市化进程加快，人类用水每消耗 $600m^3$，其中生活消费 $140m^3$，占 23.3%；废水排放 $460m^3$，占 76.7%。21 世纪世界水资源委员会研究指出，全球范围内的水资源正在出现紧缺。就中国而言，中国淡水资源总量为 28 214.4 亿 m^3，居世界第六位，但人均淡水资源总量仅为世界平均水平的 1/4。在淡水资源构成中，全国水利工程供水总量 5000 亿 m^3，占全国水资源总量的 17.7%，其中，农业用水占 88%，城市用水占 12%。目前，全国年需淡水总量为 6000 亿~6500 亿 m^3，且按年均 0.9%速率递增。由于受水资源区域分布不均等的限制，加上水资源的严重污染，沿海和一些工业城市的水资源出现了严重不足。2004 年有 300 多座城市不同程度缺水，110 座城市严重缺水，日缺水量达 1600 万 m^3，人均水资源缺口达 $150m^3$，用水量缺口达 58 亿 m^3。全国工农业因水造成的年经济损失估计达 2000 亿元，城市经济发展将受淡水资源的严重制约。

（二）土地资源约束

表土层厚度、肥力、结构及工程地质特性对土地使用类型具有不同的制约机制。对农业和水源用地而言，地层中表土层的厚度、土壤颗粒结构、矿物质及有机质含量、保水性等对农作物生长有很大影响，黄土和黏性土等对作物的适宜性也是不同的，在众多的因素中，表土层厚度、肥力和气候是控制因素。在我国现有的耕地资源中，一、二、三等地的比例大约为 10∶9∶6，土壤层厚度和肥力不足的低产地还占有较高的比例，这将对第一产业的发展产生巨大的制约。在土地的量上，960 万 km² 的国土面积，总量居世界第三位；耕地面积只占 10.4%，居世界第四位，但人均土地及耕地不到世界平均水平的 1/3 和 2/5。可见，从社会经济发展的需求看，我国土地和耕地面积并不富余，总体上正面临着严峻的土地资源约束。

《全国国土规划纲要（2016—2030 年）》数据显示，一是城镇化重速度轻质量问题严重。改革开放以来，我国城镇化进程加快，常住人口城镇化率由 1978 年的 17.9% 提高到 2015 年的 56.1% 左右，但城镇化粗放扩张，产业支撑不足。2000～2015 年，全国城镇建成区面积增长了约 114%，远高于同期城镇人口 59% 的增幅。部分城市承载能力减弱，水土资源和能源不足，环境污染等问题凸显。二是产业低质同构现象比较普遍。产业发展总体上仍处在过度依赖规模扩张和能源资源要素驱动的阶段，产业协同性不高，缺乏核心竞争力，产品附加值低，在技术水平、盈利能力和市场影响力等方面与发达国家存在明显差距。同时，区域之间产业同质化严重，部分行业产能过剩严重。三是基础设施建设重复与不足问题并存。部分地区基础设施建设过于超前，闲置和浪费严重。中西部偏远地区基础设施建设相对滞后，卫生、医疗、环保等公共服务和应急保障基础设施缺失。四是城乡区域发展差距仍然较大。城乡居民收入比由 20 世纪 80 年代中期的 1.86∶1 扩大到 2015 年的 2.73∶1，城乡基础设施和公共服务水平存在显著差异。2014 年，东部地区人均 GDP 分别为中部、西部和东北地区的 1.75 倍、1.79 倍和 1.28 倍，东部地区国土经济密度分别为中部、西部和东北地区的 2.81 倍、18.80 倍和 5.34 倍。一方面，城市化质量的参差不齐阻碍了我国经济的发展；另一方面，城市化作为耕地侵占的一个重要驱动力，城市化导致我国耕地大量被挤占，并不富余的人均耕地面积会制约我国经济进一步发展。自然资源部统计数据显示：截至 2014 年底，全国共有农用地 6.45 亿 hm²，其中耕地 1.35 亿 hm²，林地 2.53 亿 hm²，牧草地 2.20 亿 hm²，建设用地 0.37 亿 hm²。2014 年，全国因建设占有、灾毁、生态退耕、农业结构调整等原因减少耕地面积 35.47 万 hm²，通过土地整治、农业结构调整等增加耕地面积 35.96 万 hm²，年内净增加耕地面积 0.49 万 hm²，尽管耕地面积在 2014 年有少量的增长，但是从历史数据来看，耕地面积一直处于减少状态，耕地面积从 2009 年的 1.453 8 亿 hm² 减少到 2012 年的 1.451 5 亿 hm²。而从耕地质量来看，根据第二次全国土地调查的耕地治理等别成果显示，全国耕地平均质量等别为 9.96 等，总体偏低。优等地面积仅占全国耕地评定总面积的 2.9%；高等地面积占全国耕地评定总面积的 26.5%；中等地和低等地分别占全国耕地评定总面积的 52.9% 和 17.7%，在全国耕地面积中占大部分。

对于城市用地而言，表土层的工程地质特性对城市建设将产生很大制约。因受自然地理环境控制，世界特殊土地呈现类型多、分布广且具有区域性分布规律等特征。例如，滨海及内陆静水还原环境全新世沉积形成的大量软黏土，因其具有高裂隙性、高含水量、低强度、高压缩性和触变性，以及海黏土的弱絮凝结构和固/液可逆变化等特征，因此软黏土层流变特性强、侧压大、承载力低及稳定性差，容易造成深基坑变形破坏并对周围建筑物和地下管线工程等造成破坏，严重影响工业与民用建筑、水利水电工程、矿山工程及道路管线工程等的建设和运营。处于滨海静水与动力沉积交替带的混合软黏土，因沙砾、黏土及有机质混合堆积，淤泥与粗砂比高，其工程地质特性对城市用地的限制与软黏土相似。我国沿河、沿海流域的城市群如长三角、珠江三角洲、环渤海湾西海岸及内陆沼泽地区地表组成多为第四系堆积物，厚度一般在100m以上，最上层多属全新统堆积物，多为粉砂、软黏土地层或混合软黏土，地基承载力较低，地基处理难度大。上海、武汉、南京、天津及深圳蛇口的深基坑变形破坏及对周围建筑物等的破坏就是实证。

第二节　水土资源约束理论模型

一、模型假设

第一，假设市场处于一个封闭但自由竞争的经济环境中。第二，假设消费者具有同质性且具有无限时间观念，无弹性提供劳动力。第三，假设消费者普遍为风险厌恶者。第四，假设整个经济社会是理性的，生产者追求利润最大化，消费者追求效用最大化。第五，假设经济生产规模报酬不变。

二、模型分析

所有消费者都是理性的，且决策条件是相同的，其标准的固定弹性效用函数为

$$U(c) = \int_0^\infty \frac{c^{1-\sigma}-1}{1-\sigma} e^{-\rho t} dt \tag{14-1}$$

式中，t为时间；c为个人的瞬时消费；$\rho>0$，表示消费者的主观时间偏好率；$\sigma \geq 0$，表示边际效用弹性，是跨期代替弹性的倒数。

假设消费者的消费决策受他自己的预算约束。消费者有两项收入：资本收入ω_k与工资收入ω_l，资本收入这里只假定为物质资本收入，不包含人力资本；ω_r为资源租金收入。那么消费者预算的动态约束方程为

$$\dot{k} = \omega_k K + \omega_r R + \omega_l - c \tag{14-2}$$

消费者最优规划为

$$\max \int_0^\infty \frac{c^{1-\sigma}-1}{1-\sigma} e^{-\rho t} dt \tag{14-3}$$

根据最优控制理论，构建现值哈密顿（Hamilton）函数：

$$H = \frac{c^{1-\sigma}-1}{1-\sigma} - \lambda(\omega_k K + \omega_r R + \omega_l - c) \tag{14-4}$$

式中，c和r的一阶线性条件为

$$c^{-\sigma} = \lambda, \; -\dot{\lambda} + \rho\lambda = \lambda\omega_k \tag{14-5}$$

则可以导出拉姆齐法则（Ramsey rule）法则，也就是人均消费的增长率为

$$g_c = \frac{\omega_k - \rho}{\sigma} \qquad (14\text{-}6)$$

假设厂商通过物质资本 K、劳动力总量 L、自然资源 R 的投入来实现产出，经济体规模报酬不变的生产函数：

$$Y = AK^\alpha L^\beta R^\gamma \qquad (14\text{-}7)$$

式中，α、β 和 γ 分别为资本、劳动力和资源弹性；A 为技术水平；K 为资本存量；L 为劳动力总量；R 为资源投入量。其输入量的分布状况取决于要素成本 $\omega_k, \omega_l, \omega_r$ 的大小。

生产部门追求利润最大化的行为满足：

$$\max F = \max\left[Y - \omega_k K - \omega_l L - \omega_r R\right] \qquad (14\text{-}8)$$

在竞争性市场中厂商追求利润最大化的条件为

$$\omega_k = \alpha AK^{\alpha-1} L^\beta R^\gamma = \frac{\alpha Y}{K} \qquad (14\text{-}9)$$

$$\omega_l = \beta AK^\alpha L^{\beta-1} R^\gamma = \frac{\beta Y}{L} \qquad (14\text{-}10)$$

$$\omega_r = \gamma AK^\alpha L^\beta R^{\gamma-1} = \frac{\gamma Y}{R} \qquad (14\text{-}11)$$

在均衡情况下，各要素的成本是一致的，结合式（14-9）和式（14-11）有

$$\frac{K}{R} = \frac{\alpha}{\gamma} \qquad (14\text{-}12)$$

式中，$\dfrac{K}{R}$ 为每单位自然资源的资本配置率；而 γ 表示对资源的依赖程度，从式（14-12）可以看出，当其他因素不变的情况下，对资源依赖程度越高，经济发展中的资本配置效率反而越低，这暗示"资源诅咒"可能存在。

结合式（14-9）、式（14-10）和式（14-11）得

$$\frac{K}{L} = \frac{\alpha}{\beta} \qquad (14\text{-}13)$$

$$\frac{L}{R} = \frac{\beta}{\gamma} \qquad (14\text{-}14)$$

经济主体决策的结果是使各要素的收益基本一致，因此可以推导出均衡条件下的资本收入满足：

$$\omega_l = \omega_r = \omega_k = \frac{\omega_l + \omega_r + \omega_k}{3} \qquad (14\text{-}15)$$

将式（14-9）、式（14-10）和式（14-11）代入式（14-15）中得

$$\omega_k = \frac{1}{3}Y\left(\frac{\alpha}{K} + \frac{\beta}{L} + \frac{\gamma}{R}\right) \qquad (14\text{-}16)$$

结合式（14-6）和式（14-16），可得

$$g_c = \frac{1}{\sigma}\left[\frac{1}{3}Y\left(\frac{\alpha}{K}+\frac{\beta}{L}+\frac{\gamma}{R}\right)-\rho\right] \qquad (14\text{-}17)$$

在均衡情况下，人均消费增长速度等于产出增长速度，那么可以通过考察人均消费增长速度与自然资源之间的关系来探讨产出增长速度与自然资源之间的关系，人均消费增长对自然资源求偏导得

$$\frac{\partial g_c}{\partial R} = \frac{1}{3\sigma}Y\left[\frac{\alpha\gamma}{KR}+\frac{\beta\gamma}{LR}+\frac{\gamma(\gamma-1)}{R^2}\right] \qquad (14\text{-}18)$$

人均消费增长对自然资源求二次偏导得

$$\frac{\partial^2 g_c}{\partial R^2} = \frac{Y}{3\sigma}\frac{\gamma(\gamma-1)}{R^3}\left[\frac{R\alpha}{K}+\frac{R\beta}{L}+\gamma-2\right] \qquad (14\text{-}19)$$

结合式（14-12）、式（14-13）、式（14-14）和（14-19）得

$$\frac{\partial^2 g_c}{\partial R^2} = \frac{Y\gamma(\gamma-1)(3\gamma-2)}{3\sigma R^3} \qquad (14\text{-}20)$$

三、结果讨论

在均衡状态下，产出增长速度等于人均消费增长速度，即 $g_Y = g_c$（g_Y 表示总产出），那么 $g_y = g_c > 0$ 成立（g_y 表示人均产出），也就是 $\frac{1}{3}Y\left(\frac{\alpha}{K}+\frac{\beta}{L}+\frac{\gamma}{R}\right) > \rho$ 成立。从式（14-20）可以看出：①当 $\gamma = \frac{2}{3}$ 时，$\frac{\partial^2 g_c}{\partial R^2} = 0$，也就是 $\frac{\partial g_c}{\partial R} > 0$ 且为常数，g_c 随 R 线性增长；当 $\gamma > \frac{2}{3}$ 时，$\frac{\partial^2 g_c}{\partial R^2} > 0$，$g_c$ 与 R 呈 U 形关系；②当 $0 < \gamma < \frac{2}{3}$ 时，$\frac{\partial^2 g_c}{\partial R^2} < 0$，$g_c$ 与 R 呈倒 U 形关系。也就是当 $\gamma \neq \frac{2}{3}$ 时，经济增长与资源投入之间为非线性关系，并且在两侧分别表现为"资源尾效"和"资源诅咒"状态，也就是两者之间存在动态转换关系。

第三节　案 例 分 析

案例：长江经济带经济增长中的"资源尾效"和"资源诅咒"转换

（一）模型方法

（1）面板平滑转换回归（panel smooth transition regression，PSTR）模型。为了进一步证实"资源尾效"如何向"资源诅咒"转换或"资源诅咒"如何向"资源尾效"

转换，首先要测度出资源弹性的大小，再利用面板平滑转换回归模型来实证经济增长与资源投入之间的转换机制。面板平滑转换回归模型是由面板门限回归（panel threshold regression，PTR）模型进一步拓展而来，也可以说面板平滑转换回归模型是面板门限回归模型的一般形式（Gonzalez et al.，2005）。包含线性和非线性机制的基本面板平滑转换回归模型一般如下所示：

$$y_{it} = \mu_i + \beta_0 x_{it} + \beta_1 x_{it} g q_{it}; \gamma, c + u_{it}$$

$$g q_{it}; \gamma, c = \left(1 + \exp\left(-\gamma \prod_{k=1}^{m}(q_{it} - c_k)\right)\right)^{-1}, \gamma > 0, c_1 \leqslant c_2 \cdots c_m \qquad （14-21）$$

式中，y_{it} 为被解释变量；x_{it} 为解释变量向量；μ_i 为个体固定效应；u_{it} 为误差项。转换函数 $g q_{it}; \gamma, c$ 是一个 Logistic 函数，该函数是关于转换变量 q_{it} 的且值域介于 0 和 1 之间的连续平滑的有界函数。转换函数中的 q_{it} 为转换变量，斜率参数 γ 决定转换函数的转换速度，$c = (c_1, c_2 \cdots, c_m)$ 为位置参数 m 的向量，决定转换函数的转换发生的阈值。当 $\gamma > 0$ 时，$c_1 \leqslant c_2 \cdots c_m$ 保证了模型能够被识别，一般只需要考虑 $m=1$ 和 $m=2$ 就足够了。而当 $m=1$ 时，x_{it} 的系数随着转换变量 q_{it} 的增加在 β_0 和 $\beta_0 + \beta_1$ 之间单调变换，该模型描述了从一种区制到另一种区制的平滑转换过程，这也就是一般意义上的两区制面板平滑转换回归模型。当 $m=2$ 时，该模型就成为三区制的面板平滑转换回归模型，转换函数关于 $(c_1 + c_2)/2$ 对称，并取得最小值，处于中间区制状态，当 q_{it} 较低或较高时，处于两个相同的外区制状态。

根据生产函数方程[式（14-7）]，用水资源和土地资源代替该式的资源投入，并对两边取对数得到式（14-22），用于测度水土资源的弹性。

$$\ln Y_{it} = \alpha_0 + \alpha_1 \ln K_{it} + \alpha_2 \ln L_{it} + \alpha_3 \ln W_{it} + \alpha_4 \ln T_{it} + \varepsilon_{it} \qquad （14-22）$$

式中，Y_{it} 为第 t 年 i 地区的总产出；K_{it} 为第 t 年 i 地区的资本存量；L_{it} 为第 t 年 i 地区的劳动力总量；W_{it} 为第 t 年 i 地区的水资源投入量；T_{it} 为第 t 年 i 地区的土地资源投入量；α_0、α_1、α_2、α_3 为各自变量系数参数；ε_{it} 为误差项。在测度出资源弹性之后，通过建立以下面板平滑转换回归模型来检验经济增长与资源投入之间的非线性关系。

$$GY_{it} = \beta_1 W_{it} + \beta_2 W_{it} g (W_{it}; \gamma, c) + \varepsilon_{it} \qquad （14-23）$$

$$GY_{it} = \beta_1 T_{it} + \beta_2 T_{it} g (T_{it}; \gamma, c) + \varepsilon_{it} \qquad （14-24）$$

式中，GY_{it} 为第 t 年 i 地区的经济增长速度；β_1 为水土资源投入对经济增长影响的线性部分系数；$\beta_2 g (W_{it}; \gamma, c)$ 为水土资源对经济增长影响的非线性部分系数。当线性部分与非线性部分系数之和大于零，则表示经济增长速度随资源投入的增加而增加，也就是资源投入并未达到最优状态，表现为"资源尾效"；当线性部分与非线性部分系数之和小于零，则表示经济增长速度随着资源投入增加而减缓，资源投入高于最优资源投入，经济增长速度反而变缓，表现为"资源诅咒"。

（2）趋势面分析。趋势面分析是利用数学曲面模拟地理系统要素在空间上的分布及变化趋势的一种数学方法。其原理是运用最小二乘法拟合一个二维非线性函数，模拟地理要素在空间上的分布规律，展示地理要素在空间上的变化趋势（彭山桂等，2009）。

本书通过运用趋势面分析方法来展示"资源尾效"和"资源诅咒"在空间上的分布规律及其变化趋势。趋势面分析的原理一般可用式（14-25）表示：

$$z_i(x_i, y_i) = \hat{z}_i(x_i, y_i) + \varepsilon_i, i=1,2,\cdots,n \tag{14-25}$$

式中，(x_i, y_i)为地理坐标；$z_i(x_i, y_i)$为包含地理要素的实际观测数据；$\hat{z}_i(x_i, y_i)$为趋势面拟合值；ε_i为剩余值。趋势面分析就是采用回归方法拟合出趋势面使得残差平方和最小化。

（二）数据指标

为了测度出长江经济带11个省（自治区、直辖市）的水土资源弹性及水土资源投入与经济增长之间的非线性关系，考虑到数据的平稳性及可获取性，本书以2004~2017年的《中国统计年鉴》和11个省（自治区、直辖市）2017年的《国民经济和社会发展统计公报》为数据来源，采集了2003~2016年地区生产总值、年末从业人口数和用水总量来表示总产出（Y）、劳动力总量（L）和水资源投入量（W），使用耕地面积与林业用地、可利用草地和建成区面积之和表示土地资源投入量（T）。经济增长速度GY通过计算得到，地区生产总值是以2003年为基期折算的不变价。

由于《中国统计年鉴》中并没有历年资本存量的数据，所以要对资本存量K进行估计。一般使用永续盘存法对资本存量进行估计，其公式如下所示：

$$K_{it} = K_{i(t-1)}(1-\delta) + I_{it} \tag{14-26}$$

式中，K_{it}和$K_{i(t-1)}$分别为第t年和第$t-1$年i地区的资本存量；I_{it}为第t年i地区的投资；δ为折旧率。由于不同的学者具体核算时，采取的方法不同，为了简便计算，本书采用张军等（2004）使用的核算方法，当年投资（I）用固定资产投资代替，并通过固定资产价格指数将固定资产投资折算成2003年的不变价，折旧率采用张军等（2004）使用的9.6%的折旧率，并使用张军等（2004）以当前价格计算的2000年的资本存量，计算得到2003~2016年11个省（自治区、直辖市）的资本存量（张军等在计算时并未将四川和重庆分开计算）。本书根据近几年两地区固定资产投资量所占的比重乘以2000年的固定资本存量计算出两地区各自的初始资本存量。由于数据过多，本书就不一一列出。

（三）实证分析

1）单位根检验和模型形式选择

对面板数据回归之前，一般要对面板数据各序列变量进行平稳性检验，防止出现伪回归现象。因此，本部分对总产出、资本存量、劳动力总量、水资源投入量和土地资源投入量进行LLC（Levin-Lin-Chu）单位根检验，即对$\ln Y$、$\ln K$、$\ln L$、$\ln W$、$\ln T$进行单位根检验（表14-1）。由表14-1可知，变量$\ln Y$、$\ln K$、$\ln L$、$\ln W$、$\ln T$的检验结果都是在1%的显著性水平下拒绝原假设，也就是说这五个变量都是平稳序列。因此，可以对该面板数据进行回归分析。

表 14-1　各变量单位根检验结果

变量	趋势类型（C, T, n）	LLC	结论
$\ln Y$	（C, 0, 0）	-10.5024 （0.000 0）***	平稳
$\ln K$	（C, 0, 0）	-7.5091 （0.000 0）***	平稳
$\ln L$	（C, 0, 0）	-3.8581 （0.000 1）***	平稳
$\ln W$	（C, 0, 0）	-5.2815 （0.000 0）***	平稳
$\ln T$	（C, 0, 0）	-2.8301 （0.002 3）***	平稳

***表示在 1%的水平下显著；在趋势类型中 C 代表常数项，T 代表趋势项，n 代表滞后阶数，其中 0 代表 0 阶，代表不含有该趋势项；括号内数值为 p 值。

由于不同省（自治区、直辖市）的总产出、资本存量、劳动力总量、水资源投入量和土地资源投入量的统计特征均不相同，同一地区不同年份的数据特征也不同，故需要检验是使用个体时点固定效应模型还是面板混合回归模型，还需要检验是使用固定效应模型还是使用随机效应模型，其检验结果如表 14-2 所示。根据表 14-2，最后选择个体时点固定效应模型。

表 14-2　面板数据模型选择的检验

	F 检验		结论
	F	p 值	
原假设：面板混合回归模型			拒绝原假设
备择假设：个体时点固定效应模型	214.855 4	0.000 0	
	Hausman 检验		
	χ^2	p 值	
原假设：随机效应模型			拒绝原假设
备择假设：固定效应模型	95.815 4	0.000 0	

通过 Eviews 7.2 对式（14-22）进行回归分析，得到的生产方程如下所示：
$$\ln Y_{it} = 6.434 + 0.168\ln K_{it} - 0.223\ln L_{it} + 0.256\ln W_{it} + 0.129\ln T_{it} \quad (14\text{-}27)$$
$$(0.000\,6)^{***}\,(0.147\,8)\,(0.000\,1)^{***}\,(0.000\,0)^{***}\,(0.241\,0)$$

$R^2 = 0.997\,963$　　$F=2\,286.760$

计算结果表明，水资源弹性和土地资源弹性之和约为 0.38，小于 2/3。可见，随着资源投入的增加，经济增长速度将表现为先增加后减小的趋势，且增加的速度越来越慢，而减小的速度越来越快，这证实了"资源尾效"和"资源诅咒"同时存在并且可以有条件的转换。

2）转换机制分析

（1）同质性和无剩余异质性检验。为了进一步探索这种转换条件及机制，本书使用面板平滑转换回归模型来验证。其中，经济增长率单位为%，用水总量为亿 m^3，土地资源总量单位为千 hm^2。本书使用 MATLAB 12.0 对式（14-27）进行估计。在使用面板平滑转换回归模型进行估计之前，首先要进行同质性检验，也就是检验模型是否存在非线性关系，只有当模型的截面存在异质性时，才能使用面板平滑转换回归模型进行估计。一般的估计方法是用转换函数的一阶泰勒展开构造辅助函数进行回归分析，在确定存在异质性的情况下，进一步进行无剩余异质性检验，确定转换函数的个数。这里将同质性检验和无剩余异质性检验结果列在表 14-3 中，鉴于已有研究证明 LMF 统计量具有更好的小样本性质，所以表 14-3 只展示了 LMF 统计量（van Dijk et al., 2002）。从表 14-3 可以看出，所有情况下都拒绝同质性假设，而接下来的无剩余异质性检验的结果表明，当 W 为转换变量时，转换函数为 1 个，当 T 为转换变量时，转换函数为 2 个。

表 14-3 同质性和无剩余异质性的 LMF 检验

模型	模型 1		模型 2	
门槛变量	W		T	
位置参数个数 m	1	2	1	2
$H_0:r=0$ $H_1:r=1$	7.3590 (0.0070)	5.8400 (0.0040)	19.2790 (0.0000)	14.0590 (0.0000)
$H_0:r=1$ $H_1:r=2$	2.9820 (0.0860)	3.1430 (0.0460)	(11.7390) (0.0010)	10.1010 (0.0000)
$H_0:r=2$ $H_1:r=3$	—	—	4.2200 (0.0420)	2.6930 (0.0710)

注：H_0、H_1 分别表示原假设和备择假设。"—"表示前面已经出现不显著，后面就不需要检验。

（2）最优位置参数确定。在进行无剩余异质性检验之后，进一步要确定各个模型转换函数的位置参数个数 m。对两个模型在 $m=1$ 和 $m=2$ 的情况分别进行面板平滑转换回归模型估计，得到表 14-4 中的最优转换函数个数、差平方和（sum of squared residuals, SSR）、赤池信息量准则（Akaike information criterion, AIC）和贝叶斯信息准则（Bayesian information criterion, BIC）值。通过比较表 14-4 中 AIC 和 BIC 值，最终选择模型 1（$m=1$，$r=1$）和模型 2（$m=1$，$r=2$）的两种情况。

表 14-4 位置参数数量的确定

模型	模型 1		模型 2	
位置参数个数 m	1	2	1	2
最优转换函数个数 r	1	2	1	2
SSR	581.3510	612.2920	608.8660	562.8300
AIC	1.4330	1.4650	1.4800	1.5190
BIC	1.5320	1.5440	1.6570	1.6580

（3）非线性回归结果分析。继续使用非线性最小二乘法估计上述模型，得到参数如表 14-5 所示。由表 14-5 可知，模型 1 和模型 2 的线性部分系数 β_1 均显著为正，而非线性部分系数 β_2 均显著为负，也就是随着资源投入的变化，资源投入与经济增长速度之间的关系会发生显著变化，甚至出现相反关系的变化。关于水资源投入与经济增长之间的关系，表 14-5 中模型 1 的结果显示，β_1 和 β_2 的系数分别为 0.0237 和 -0.0533，位置

参数 c_1 为 203.001 1，平滑参数 γ 为 50.675 3，表明模型的转换速度较快。

表 14-5　最终面板平滑转换回归模型估计结果

模型	模型 1	模型 2
(m, r)	（1，1）	（1，2）
β_1	0.023 7（5.534 2）***	0.160 6（3.028 1）**
β_2	−0.053 3（−5.363 9）***	−0.081 6（−7.819 6）*** −0.126 7（−9.523 5）***
γ	50.675 3	（3.257 5，0.576 4）
c_1	203.001 1	66.680 8
c_2	—	143.534 4

、*分别表示在 5% 和 1% 的水平上显著；"—"表示不存在。

　　为了直观地看出转换的快慢，在图 14-3 中绘制了转换函数 $g\left(W_{it};\gamma,c\right)$ 的数值（g 值）与水资源投入量之间的关系。从图 14-3 可以看出，随着水资源投入量的增加，g 值由 $g=0$ 这一低区制向 $g=1$ 这一高区制转换，且转换速度很快，表明转换趋向于简单的两区制 PTR 模型。由于 β_1 和 β_2 的系数分别为 0.023 7 和−0.053 3，所以当 $W<203.001\ 1$ 时，水资源投入对经济增长速度的影响为正影响，其大小为 0.023 7%；而当 $W>203.001\ 1$ 时，水资源投入对经济增长的影响为负影响，其大小为−0.029 6%。比较两个过程，发现存在一个门槛值 $W=203.001\ 1$，使得当水资源投入量跨过这一门槛值时，水资源投入对经济增长的影响突然由正影响变成负影响，并且由于这两个区制转换速度较快，因此可以认为，当 $W=203.001\ 1$ 时，经济增长速度达到最大值；当 $W<203.001\ 1$ 时，水资源投入对经济增长的约束表现为"资源尾效"作用；而当 $W>203.001\ 1$ 时，水资源投入对经济增长的约束表现为"资源诅咒"作用，随着水资源投入量的增加，水资源投入对经济的约束作用呈现由"资源尾效"向"资源诅咒"转换。进一步可以大致计算出"资源尾效"和"资源诅咒"数值的大小，这里只计算出最大的约束值。若用正数表示"资源尾效"值，用负数表示"资源诅咒"值，那么"资源尾效"的最大值为 0.033 1，而"资源诅咒"的最大值为−0.115 0。

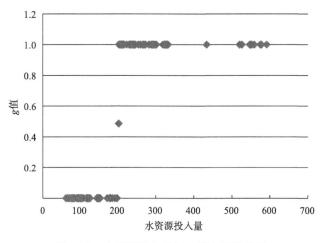

图 14-3　水资源投入量与 g 值之间的关系

关于土地资源投入与经济增长之间的关系，表 14-5 中模型 2 的结果显示，该模型有两个转换函数，因此存在两个斜率参数 γ 和两个位置参数 c，其中较小的位置参数 c_1 为 66.680 8，对应的斜率参数 γ_1 较大，为 3.257 5，表示转换速度仍较慢；较大的位置参数为 143.534 4，对应的斜率参数 γ_2 较小，为 0.576 4，表示转换速度非常慢。为了更加清晰地比较其转换情况，在图 14-4 和图 14-5 中分别绘制出 g_1（W，γ_1，c_1）值和 g_2（W，γ_2，c_2）值与土地资源投入量之间的关系。从图 14-4 可以看出，对于第一个转换函数 g_1，当 $T<66.680\ 8$ 时，模型趋向于低区制；而当 $T>66.680\ 8$ 时，模型趋向于高区制。对于第二个转换函数 g_2，当 $T<66.680\ 8$ 时，模型趋向于低区制；而当 $T>66.680\ 8$ 时，模型趋向于高区制。从图 14-5 和图 14-6 比较可以看出，当第一个转换函数达到高区制时的土地资源投入量处于第二个转换函数的低区制，由此可以画出土地资源投入量与 g_1+g_2 值的关系。从图 14-6 可以看出，当 $T<66.680\ 8$ 时，土地资源投入对经济增长速度的影响为正影响，其大小为 0.160 6%；当 $66.680\ 8<T<143.534\ 4$ 时，土地资源投入对经济增长速度的影响仍为正影响，但大小减小为 0.079%；当 $T>143.534\ 4$ 时，土地资源投入对经济增长速度的影响为负影响，其大小为 –0.047 7%，表现为由"资源尾效"向"资源诅咒"转变。根据图 14-5 和图 14-6 大致估算出经济增长速度最大的土地资源投入量为 143.534 4，因此可以认为当 $T<143.534\ 4$ 时，土地资源投入对经济增长的约束表现为"资源尾效"作用；而当 $T>143.534\ 4$ 时，土地资源投入对经济增长的约束表现为"资源诅咒"作用，随着资源投入的增加，土地资源投入对经济的约束作用由"资源尾效"向"资源诅咒"转换。同理，可以大致计算出土地资源的"资源尾效"最大值为 0.154，土地资源的"资源诅咒"最大值为 –0.148。

3）空间异质性分析

（1）均值异质性特征。为进一步分析以上水土资源约束的转换过程中的空间异质性，首先利用 ArcGIS 10.2 对上述面板平滑转换回归模型计量出来的均值进行总体趋势分析，分别得到图 14-7 和图 14-8。从图 14-7 可以看出，水资源的约束作用表现为"东低西高"，在长江经济带内部呈现出"上游高-下游低"的空间格局。鉴于"资源尾效"值用正数表示，而"资源诅咒"值用负数表示，由此可以发现，上游地区水资源对经济增长的约束

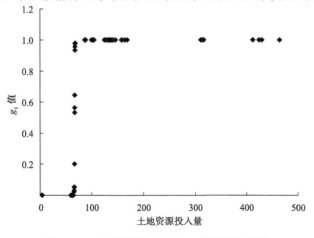

图 14-4　土地资源投入量与 g_1 值之间的关系

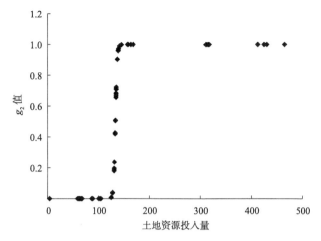

图 14-5　土地资源投入量与 g_2 值之间的关系

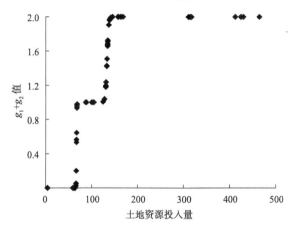

图 14-6　土地资源投入量与 g_1+g_2 值之间的关系

趋于"资源尾效"作用，而下游地区水资源对经济增长的约束趋于"资源诅咒"作用，中游地区水资源约束并不明显,水资源的约束作用总体上由上游到下游地区呈现出从"资源尾效"逐步变小并转换为"资源诅咒"逐步增强；从图 14-8 可以看出，土地资源的约束作用表现为"东高西低"，在长江经济带内部呈现出"上游低-下游高"的空间格局。相比而言，上游地区土地资源对经济增长的约束趋于"资源诅咒"作用，下游地区土地资源对经济增长的约束趋于"资源尾效"作用，而中部地区的约束作用并不明显，土地资源的总体约束作用呈现出由上游到下游从"资源诅咒"逐步变小并转换为"资源尾效"逐步增强。由此可见，水资源和土地资源对经济的约束作用在长江经济带上从上游到下游的变化格局刚好相反。

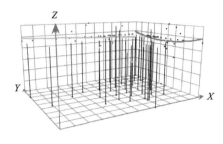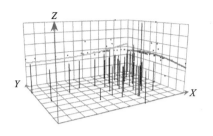

图 14-7　水资源约束的空间分异趋势图　　图 14-8　土地资源约束的空间分异趋势图

（2）趋势异质性特征。为探讨不同年份异质性的趋势分布情况，利用上述计算方法分别计算出长江经济带 11 个省（自治区、直辖市）2003 年、2009 年、2016 年的"资源尾效"和"资源诅咒"值，借助 ArcGIS 10.2 软件得到上述年份的趋势面如图 14-9 和图 14-10 所示。从各个年份比较看，2003～2016 年长江经济带的水资源约束作用整体表现为"上游高-下游低"，而土地资源约束作用表现为"上游低-下游高"，这与均值情况下的水土资源约束的空间格局基本一致，只是土地资源约束作用的趋势线更加陡峭，也就是说土地资源约束作用明显大于水资源约束作用。进一步比较各个年份的趋势变化，发现在长江经济带内部水资源约束作用在东西方向上的空间差异在 2009 年小幅度增大后，在 2016 年这种差异又小幅度减缓；而土地资源约束作用的空间差异在时间上的变化趋势却并不明显。

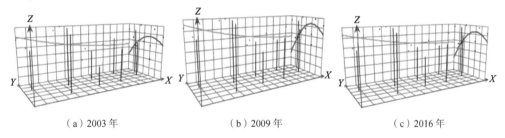

（a）2003 年　　　　　　　　（b）2009 年　　　　　　　　（c）2016 年

图 14-9　水资源对经济增长约束作用的趋势分析

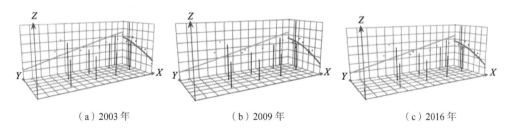

（a）2003 年　　　　　　　　（b）2009 年　　　　　　　　（c）2016 年

图 14-10　土地资源对经济增长约束作用的趋势分析

（四）结论

（1）当资源弹性不等于 2/3 时，"资源尾效"和"资源诅咒"二者可相互转换。当资源弹性小于 2/3 时，资源约束作用随着资源投入的增加表现为由"资源尾效"转向"资源诅咒"；而当资源弹性大于 2/3 时，资源约束作用随着资源投入的增加表现为由"资源诅咒"转向"资源尾效"。

（2）通过面板平滑转换回归模型测度得出长江经济带水土资源弹性分别为 0.256 和 0.129，表示出该"资源尾效"和"资源诅咒"之间可相互转换。当水资源投入量 $W<203.001\ 1$ 时，水资源投入对经济增长的约束表现为"资源尾效"作用；而当 $W>203.001\ 1$ 时，水资源投入对经济增长的约束表现为"资源诅咒"作用。当土地资源投入量 $T<143.534\ 4$ 时，土地资源投入对经济增长的约束表现为"资源尾效"作用；而当 $T>143.534\ 4$ 时，土地资源投入对经济增长的约束表现为"资源诅咒"作用。

（3）空间趋势面分析结果表明，水资源约束作用在长江经济带内部呈现出"上游高-下游低"的空间格局，而土地资源约束作用在长江经济带内部呈现出"上游低-下游高"的空间格局。但是，在总体分布趋势上水土资源对经济增长的约束作用在长江经济带内部却刚好相反。另外，水资源的约束中作用的空间差异在 2009 年出现小幅度增大，而土地资源约束作用的空间差异在时间上的变化趋势却并不明显。

第十五章　矿产资源对经济约束分析

第一节　矿产资源约束问题

矿产和能源资源是工业发展的主要原料，是城市第二产业的物质基础。尽管城市经济的开放性使得城市产业不再受域内资源的限制，但市场经济不可避免地受产品区位成本及资源总量的制约。在质方面，非能源矿产的质与矿产中有用矿物的品位、选冶加工的难易程度有关，也与资源分布、储量及赋存条件有关；通常用单位开采成本来衡量，其开采的极限可用开采和精炼的能量机会成本表示。对于能源矿产，纯度、脱水及提炼分解的难易程度与开采条件等都会影响它的质。从能量的角度来说，其极限是开采加工一种能源矿产所投入的直接或间接的能量等于该能源所能释放的全部能量，但最终在经济上得到反映，即可以用开发该能源社会经济投入的总资金与所产出能源的总价值之比来表示。其中，开采、加工及储运过程所用能源消耗与产出的可用能源之比 C 是衡量能源矿产质的限制因子。C 值越小，质越高，临界值为 $C=1$。当 $C>1$ 时，开采价值自然消失。显然，矿产资源的可利用程度受技术因素及市场作用左右。当某个资源在经济或国防方面很重要时，资源的类型、质和量必然对工业经济的发展形成瓶颈制约。自从工业革命以来，世界产业工业化使得矿产资源的需求日益扩大，虽然各国以大量的资源消耗获得了经济的快速增长，但同时矿产的开采条件恶化，而资源获取的技术进步并未与此同步，从而不同程度地造成了矿产资源质的制约。在量方面，矿产资源总量制约也是十分明显的：一方面，矿产资源总量必须满足社会生产及消费的基本需求；另一方面，经济本身的发展也需要有一定的规模，否则，单位产品的成本会上升，最终制约经济的发展。以我国为例，《中国矿产资源报告（2017）》统计数据显示，2016 年我国主要矿产中有 36 种矿产的查明资源储量增长，12 种矿产的查明资源储量减少。其中石油新增探明地质储量 9.15 亿 t，相比上年增长 0.1%；天然气新增查明储量 7265.6 亿 m^3，相比上年增长 4.7%；煤炭新增查明资源储量 606.8 亿 t，相比上年增长 2.0%。另外，我国矿产资源的潜力也是有保障的，截至 2016 年底，石油地质资源量 1257 亿 t、可采资源量 301 亿 t；天然气地质资源量 90 万亿 m^3、可采资源量 50 万亿 m^3；煤炭预测资源量 38 796 亿 t，其中查明煤炭资源占 30.3%。但是从资源的开采和利用来看，改革开放以来，中国在经济建设方面取得了非凡的成就，但这种经济建设的进步主要依靠大量的能源资源消耗，中国成为世界上第一大能源生产和消费国。2016 年一次能源生产总量为 34.6 亿 t 标准煤，同比下降 4.2%；消费总量为 43.6 亿 t 标准煤，增长 1.4%；能源自给率为 79.4%。2016 年能源消费结构中煤炭占 62.0%，石油占 18.3%，水电、风电、核电、天然气等清洁能源占 19.7%。2016 年，煤炭消费总量占能源的比重较上年下降 0.2 个百分点，较 2007 年则下降 10.5 个百分点。与 2015 年相比，水电、风电、核电、天然气等增长 1.8 个百分点，尽管中国能源消费结构不断改善，煤炭比重不断下降，天然气等清洁能源比重不断上升，但是对煤炭、石油和天然气的消耗占据了非常大的比重，产量和消费量都处于一个较高的水平。由于矿产资源为不可再生资源，随着矿产资源的不断开采和消费利用，我国的经济发展正面临着资源约束问题，其中既有流量约束，也有存量约束，但总体来说，在未来十几年甚至几十年时间内，资源约束问题将越来越严重，其中存量约束将成为问题的主要方面。

第二节　矿产资源约束理论模型

一、模型假设

假设一国内部的小型区域经济体包含制造业部门和资源开采部门。制造业部门只生产一种最终产品，该产品既可用于消费也可进行物质资本积累，但仅用于满足本区域内部消费者需求和物质资本投资；而资源开采部门仅生产自然资源，其生产的资源除了用于本地区制造业部门生产，剩余部分资源用于对外输出换回最终产品。假设整个经济社会是理性的，生产者追求利润最大化，而消费者追求效用最大化。不考虑区域间劳动力和物质资本的流动，技术进步保持不变，劳动力在制造业部门和资源开采部门间可以无成本的自由流动。

二、模型分析

（一）制造业部门

假定制造业部门通过资本、劳动和资源的投入进行生产，其规模报酬不变的生产函数为

$$Y_1 = A_1 K^{\alpha} L_1^{\beta} R_1^{1-\alpha-\beta} \tag{15-1}$$

式中，$0<\alpha<1, 0<\beta<1$。Y_1、A_1、K、L_1 和 R_1 分别为制造业部门中的最终产品产量、技术水平、物质资本存量、劳动力投入量和自然资源投入量。

（二）资源开采部门

假定资源开采部门为纯劳动密集型部门，其产出主要取决于资源开采部门的劳动力投入量和技术水平，为了简化分析，忽略资源开采部门的物质资本的投入和技术进步。那么资源开采部门的生产函数可以表示为：

$$R = A_2 L_2^{\varepsilon} \tag{15-2}$$

式中，R、A_2 和 L_2 分别为资源开采部门中的资源产量、技术水平和劳动力投入量；ε 为资源开采部门劳动力的规模报酬。

进一步假定经济体内劳动力总量为 L，且 $L = L_1 + L_2$，那么当 $L_2 = \mu L$ 时，$L_1 = (1 - \mu) L$，由于资源开采部门为纯劳动密集型部门，那么 μ 就可以代表经济体对资源的依赖程度；另外，由于假定经济体仅消耗部分资源，那么设 $R_1 = \eta R$（R_1 表示经济体消耗的资源；η 表示比例），这样式（15-1）和式（15-2）可转化为

$$Y_1 = A_1 K^{\alpha} \left[(1 - \mu) L \right]^{\beta} (\eta R)^{1 - \alpha - \beta} \tag{15-3}$$

$$R = A_2 (\mu L)^{\varepsilon} \tag{15-4}$$

（三）消费者偏好

假设经济体中由 L 个同质且有无限时间概念的消费者，每个消费者都能提供一单位的劳动力，且其供给弹性和人口增长率都为 0，即所有消费者都是理性的，且其决策是相同的，那么其标准的固定效应弹性效用函数为

$$U(c) = \int_0^{\infty} \frac{c^{1-\sigma} - 1}{1 - \sigma} \mathrm{e}^{-\rho t} \mathrm{d}t \tag{15-5}$$

式中，c 表示个人的瞬时消费，$c = C / L$，C 为瞬时总消费；$\rho > 0$，表示消费者的主观时间偏好率；$\sigma \geqslant 0$，表示边际效用弹性，是跨期替代弹性的倒数。通过构建 Hamilton 函数求最大值的方法可以得到拉姆齐法则，即

$$g_c = \frac{r - \rho}{\sigma} \tag{15-6}$$

式中，g_c 为消费增长率；r 为资本 K 的价格。

（四）均衡分析

将最终产品单位化为 1，制造业部门劳动力工资为 w_1，资源开采部门劳动力工资为 w_2，自然资源的价格为 P_R，不考虑资源向外输出的成本。假设最终产品市场、劳动力市场和资本市场是完全竞争的，那么在平衡增长路径上，应满足以下条件：①制造业部门利润最大化；②资源开采部门利润最大化；③消费者效用最大化；④所有市场出清。

制造业部门通过选择物质资本投入水平、劳动力投入量和自然资源投入量来使得利润最大化，即

$$\max_{K, (1-\mu)L, \eta R} A_1 K^{\alpha} \left[(1 - \mu) L \right]^{\beta} (\eta R)^{1 - \alpha - \beta} - rK - w_1 (1 - \mu) L - P_R \eta R \tag{15-7}$$

其一阶条件为

$$r = \alpha A_1 K^{\alpha-1} \left[(1-\mu)L \right]^{\beta} (\eta R)^{1-\alpha-\beta} \tag{15-8}$$

$$w_1 = \beta A_1 K^{\alpha} \left[(1-\mu)L \right]^{\beta-1} (\eta R)^{1-\alpha-\beta} \tag{15-9}$$

$$P_R = (1-\alpha-\beta) A_1 K^{\alpha} \left[(1-\mu)L \right]^{\beta} (\eta R)^{-\alpha-\beta} \tag{15-10}$$

由于忽略自然资源对外输出的成本，那么资源开采部门的资源对内供给制造业部门和对外输出的价格应该相同，那么资源开采部门利润最大化的决策应满足：

$$\max_{\mu L} P_R A_2 (\mu L)^{\varepsilon} - w_2 \mu L \tag{15-11}$$

其一阶条件为

$$w_2 = \varepsilon P_R A_2 (\mu L)^{\varepsilon-1} \tag{15-12}$$

制造业部门和资源开采部门之间的劳动力套利使得两部门劳动力工资相同，即 $w_1 = w_2$，结合式（15-9）和式（15-12）得到：

$$\beta A_1 K^{\alpha} \left[(1-\mu)L \right]^{\beta-1} (\eta R)^{1-\alpha-\beta} = \varepsilon P_R A_2 (\mu L)^{\varepsilon-1} \tag{15-13}$$

结合式（15-3）式（15-4）可以将式（15-13）化简为

$$P_R R = \frac{(1-\mu)\beta Y_1}{\mu \varepsilon} \tag{15-14}$$

而该区域经济体总产出应该是制造业部门和资源部门产出之和，即

$$Y = Y_1 + (1-\eta) P_R R \tag{15-15}$$

结合式（15-15）可以得到：

$$Y = \left[\frac{(1-\eta)(1-\mu)\beta}{\mu \varepsilon} + 1 \right] Y_1 \tag{15-16}$$

式（15-16）说明该区域经济体总产出可以用制造业部门的产出表示，那么 $g_Y = g_{Y_1}$。同时，平衡增长路径上资源产出部门的所有产出资源的价格应与制造业部门购买资源产出部门的资源价格相同。那么将式（15-10）代入式（15-14）中得到：

$$\beta A_1 K^{\alpha} \left[(1-\mu)L \right]^{\beta-1} (\eta R)^{1-\alpha-\beta} = \varepsilon (1-\alpha-\beta) A_1 K^{\alpha} \left[(1-\mu)L \right]^{\beta} (\eta R)^{-\alpha-\beta} A_2 (\mu L)^{\varepsilon-1} \tag{15-17}$$

化简得到制造业部门使用资源的比重：

$$\eta = \frac{\varepsilon(1-\alpha-\beta)(1-\mu)}{\mu \beta} \tag{15-18}$$

将式（15-14）和式（15-18）代入式（15-8）中得到：

$$r = \alpha A_1 K^{\alpha-1} \left[(1-\mu)L \right]^{\beta} \left[\frac{\varepsilon(1-\alpha-\beta)(1-\mu)}{\mu \beta} \right]^{1-\alpha-\beta} \left[A_2 (\mu L)^{\varepsilon} \right]^{1-\alpha-\beta} \tag{15-19}$$

化简得到：

$$r = Q(1-\mu)^{1-\alpha} \mu^{(\varepsilon-1)(1-\alpha-\beta)} \tag{15-20}$$

式中，$Q = \alpha A_1 A_2^{1-\alpha-\beta} K^{\alpha-1} L^{\varepsilon(1-\alpha-\beta)+\beta} \left[\dfrac{\varepsilon(1-\alpha-\beta)}{\beta} \right]^{1-\alpha-\beta}$，在平衡增长路径上资本 K、消费

C 和总产出 Y 应具有相同的增长率，另外 $g_c = g_{C/L} = g_C$，$g_Y = g_{Y_1}$，那么就有

$$g_c = g_C = g_Y = g_{Y_1} = g_K \qquad (15\text{-}21)$$

那么：$g_Y = g_c = \dfrac{Q(1-\mu)^{1-\alpha}\, \mu^{(\varepsilon-1)(1-\alpha-\beta)} - \rho}{\sigma}$ $\qquad (15\text{-}22)$

通过式（15-22）可以推导出该区域经济体总产出增长率 g_Y 与资源依赖度 μ 之间的关系：

$$\frac{\partial g_Y}{\partial \mu} = \frac{Q[(\varepsilon-1)(1-\alpha-\beta)(1-\mu)^{1-\alpha}\, \mu^{(\varepsilon-1)(1-\alpha-\beta)-1}] - [(1-\alpha)(1-\mu)^{-\alpha}\, \mu^{(\varepsilon-1)(1-\alpha-\beta)}]}{\sigma} \quad (15\text{-}23)$$

$$\frac{\partial^2 g_Y}{\partial \mu^2} = \frac{Q\left[(\varepsilon-1)(1-\alpha-\beta)\right]\{[(\varepsilon-1)(1-\alpha-\beta)-1]\mu^{(\varepsilon-1)(1-\alpha-\beta)-2}\} - [(1-\alpha)(1-\mu)^{-\alpha}\, \mu^{(\varepsilon-1)(1-\alpha-\beta)-1}]}{\sigma} -$$

$$\frac{Q\alpha[(1-\alpha)(1-\mu)^{-\alpha}\, \mu^{(\varepsilon-1)(1-\alpha-\beta)}] + (\varepsilon-1)(1-\alpha-\beta)(1-\alpha)(1-\mu)^{-\alpha}\, \mu^{(\varepsilon-1)(1-\alpha-\beta)-1}}{\sigma}$$

$$(15\text{-}24)$$

（五）结果分析

式（15-23）和式（15-24）表明：①当 $0 < \varepsilon \leqslant 1$ 时，也就是资源开采部门劳动力规模报酬不变或递减的情况下，$\dfrac{\partial g_Y}{\partial \mu} < 0$ 恒成立，其含义就是资源依赖度与经济增长速度之间呈负相关关系，资源开采部门劳动力投入比例越高，经济增长速度越慢，资源对区域经济增长表现为"资源诅咒"作用。②当 $1 < \varepsilon \leqslant 2$ 时，资源开采部门规模报酬递增，则 $0 < (\varepsilon-1)(1-\alpha-\beta) < 1$ 恒成立，那么 $\dfrac{\partial g_Y}{\partial \mu}$ 的正负并不确定，$\dfrac{\partial^2 g_Y}{\partial \mu^2} < 0$ 恒成立，资源依赖度与经济增长速度表现为倒 U 形关系；当 $\mu = \dfrac{(\varepsilon-1)(1-\alpha-\beta)}{(1-\alpha)+(\varepsilon-1)(1-\alpha-\beta)}$ 时，经济增长速度达到最大值，此时资源依赖度也可以说是资源产出为最佳的状态；当 $\mu < \dfrac{(\varepsilon-1)(1-\alpha-\beta)}{(1-\alpha)+(\varepsilon-1)(1-\alpha-\beta)}$ 时，资源依赖度与经济增长速度之间呈正相关关系，资源的相对不足阻碍了经济的增长，表现为"资源尾效"；当 $\mu > \dfrac{(\varepsilon-1)(1-\alpha-\beta)}{(1-\alpha)+(\varepsilon-1)(1-\alpha-\beta)}$ 时，资源依赖度与经济增长速度之间呈负相关关系，资源依赖度过高或者资源相对过剩阻碍了经济的增长，表现为"资源诅咒"。③当 $\varepsilon > 2$ 时，$\dfrac{\partial g_Y}{\partial \mu}$ 和 $\dfrac{\partial^2 g_Y}{\partial \mu^2}$ 的正负并不确定，但是

显然当 ε 超过一定值时，$\dfrac{\partial g_Y}{\partial \mu} > 0$ 恒成立的情况也是会发生的，也就是资源依赖度与经济增长速度之间呈正相关关系，资源的相对不足阻碍了经济的增长，表现为"资源尾效"。

第三节 案 例 分 析

案例：煤炭城市经济增长中的"资源尾效"和"资源诅咒"转换

一、模型方法与指标

根据第十四章第三节提及的方法，建立以下面板平滑转换回归模型来检验经济增长与煤炭资源依赖度之间的非线性关系。

$$G_{it} = \alpha + \theta_{01}\mathrm{Co}_{it} + \theta_{02}\mathrm{Inv}_{it} + \theta_{03}\mathrm{Min}_{it} + \left(\theta_{11}\mathrm{Co}_{it} + \theta_{12}\mathrm{Inv}_{it} + \theta_{13}\mathrm{Min}_{it}\right) g\left(\mathrm{Co}_{it}; \gamma, c\right) + \varepsilon_{it} \quad (15\text{-}25)$$

式中，G_{it} 为经济增长速度，用地区生产总值增长率表示；Co_{it} 为煤炭资源依赖度，用采掘业从业人员占从业总人口数比重表示；Inv_{it} 为物质资本投入，用资本存量占实际地区生产总值比重表示；Min_{it} 为制造业部门投入，用制造业部门从业人员数占从业总人口数比重表示；θ_{01} 为煤炭资源依赖度对经济增长影响的线性部分系数；$\theta_{11}g\left(\mathrm{Co}_{it}; \gamma, c\right)$ 为煤炭资源依赖度对经济增长影响的非线性部分系数。当线性部分与非线性部分系数之和大于零时，表示经济增长速度随资源投入的增加而加快，也就是资源投入并未达到最优状态，表现为"资源尾效"；当线性部分与非线性部分系数之和小于零时，表示经济增长速度随着资源人增加而减缓，资源投入高于最优资源投入，经济增长速度反而变缓，表现为"资源诅咒"。

二、单位根检验和模型形式选择

（一）单位根检验

对面板数据回归之前，一般要对面板数据各序列变量进行平稳性检验，防止出现伪回归现象。对经济增长速度、煤炭资源依赖度、物质资本投入和制造业部门投入做单位根检验，即对 G、Co、Inv 和 Min 进行单位根检验，检验方法包括 LLC 检验、ADF（Augmented Dickey-Fuller）检验和 PP（Phillips-Perron）检验（表 15-1）。表 15-1 显示，三种检验方法仅 Min 变量水平序列平稳，G、Co 和 Inv 三个变量水平序列都不平稳，但是其一阶差分序列都平稳，所以可以用该面板数据来进行回归。

表 15-1　面板数据单位根检验（一）

变量	LLC 检验		ADF 检验		PP 检验	
	水平序列	一阶差分	水平序列	一阶差分	水平序列	一阶差分
G	2.403 26 （0.991 9）	−15.829 1 （0.000 0）***	40.171 5 （0.945 3）	231.695 （0.000 0）***	41.235 1 （0.930 1）	246.732 （0.000 0）***
Co	−9.075 78 （0.439 2）***	−15.184 1 （0.000 0）***	49.256 9 （0.726 1）***	227.310 （0.000 0）***	48.515 8 （0.751 0）***	258.116 （0.000 0）***
Inv	−0.609 19 （0.271 2）***	−12.853 9 （0.000 0）***	28.762 9 （0.999 1）***	225.226 （0.000 0）***	28.078 4 （0.999 3）***	263.235 （0.000 0）***
Min	−3.793 06 （0.000 1）***	—	79.156 8 （0.022 6）**	—	115.227 （0.000 0）***	—

、*分别表示在 5%、1%的显著水平，采用施瓦兹（Schwarz）准则来确定滞后阶数，表中括号内数据为相应的 p 值；"—"表示水平序列已经稳定，不需要做一阶差分。

（二）面板数据模型选择

在使用面板数据进行回归时，要确定是使用固定效应模型还是随机效应模型，检验的方法是使用 Hausman 检验，其结果如表 15-2 所示，检验结果表明在 1%的显著水平下拒绝随机效应模型的原假设，所以应选择固定效应模型。

表 15-2　面板数据模型选择（一）

Hausman 检验			
原假设：随机效应模型	χ^2	p 值	拒绝原假设
备择假设：固定效应模型	42.446 540	0.000 0	

三、转换机制分析

（一）同质性和无剩余异质性检验

使用第十四章第三节中实证部分相同的办法进行分析，得到表 15-3。从表 15-3 可以看出，$m=1$ 的情况下无法拒绝同质性假设，而接下来的无剩余异质性检验的结果表明转换函数为 3 个，那么对于最优位置参数的确定则是 $m=2$。

表 15-3　同质性和无剩余异质性的 LMF 检验

门槛变量	Co	
位置参数个数 m	1	2
$H_0: r=0$　　$H_1: r=1$	1.887 （0.151）	2.694 （0.015）
$H_0: r=1$　　$H_1: r=2$	—	2.504 （0.022）
$H_0: r=2$　　$H_1: r=3$	—	3.841 （0.001）
$H_0: r=3$　　$H_1: r=4$	—	0.515 （0.798）

注："—"表示前面已经接受原假设，后面的检验就不需要做了。

（二）非线性回归结果分析

继续使用非线性最小二乘法估计上述模型，由于主要是研究煤炭资源依赖度对经济增长的约束作用，所以只列出 Co 的系数，整理得到参数如表 15-4 所示。根据表 15-4 的结果可知，由于位置参数是一个二维向量，也就是 $m=2$，转换函数在 $(c_{11}+c_{12})/2$ 处有最小值，其中 c_{11} 和 c_{12} 是位置参数 c_1 中的两个参数值，且在 q_{it} 较低或较高时取值均为 1，那么由于 $r=3$，也就是有三个位置参数 c，分别为 c_1（16.15，17.50）、c_2（5.57，9.07）、c_3（9.03，27.15），那么转换函数分别在中点值 16.83、7.32 和 18.09 上取得最小值，而三个位置参数分别对应的斜率参数为 103 964、88.9 和 1.57，首先分析最小的位置参数 c_2，由于其斜率参数为 88.9，可以认为转换函数在 c_2 处转换较为迅速，那么可以简单地认为，其转换函数在位置参数 c_2 的中点处，也就是煤炭资源依赖度为 7.32%，左右两侧取得最大值 1，在中点处取得最小值 0，由于位置参数不止一个，所以先分析位置参数 c_2 中点左侧，此时线性部分参数 β_{01} 为 0.796 7，非线性部分参数 β_{21} 为-0.658 8，转换函数 g 值为 1，那么总的参数为 0.137 9，也就是当煤炭资源依赖度小于 7.32%时，资源依赖度与经济增长之间呈正相关关系，资源依赖度每增加 1%，经济增长速度增加 0.137 9%，也就是平均"资源尾效"值为 0.137 9%；接下来分析第二大的位置参数 c_1，由于其斜率参数为 103 964，转换函数在 c_1 处转换非常迅速，那么可以认为转换函数在位置参数 c_1 的中点处，也就是煤炭资源依赖度为 16.83%，左右两侧取得最大值 1，在中点处取得最小值 0，由于位置参数不止一个，所以先分析位置参数 c_1 中点左侧，也就是资源依赖度处于（7.32%，16.83%）时，此时线性部分参数 $\beta_{01}+\beta_{21}$ 为 0.137 9，非线性部分参数 β_{11} 为-0.285 5，转换函数 g 值为 1，那么总的参数为-0.147 6，也就是当煤炭资源依赖度处于（7.32%，16.83%）时，资源依赖度与经济增长之间呈负相关关系，表现为"资源诅咒"，并且资源依赖度每增加 1%，经济增长速度减小 0.147 6%，即平均"资源诅咒"值大小为 0.147 6%；接下来分析最大的位置参数 c_3，由于其斜率参数为 1.57，转换函数在 c_3 处转换比较缓慢，那么可以认为转换函数在位置参数 c_3 的中点处，也就是在煤炭资源依赖度为 18.09%处取得最小值 0，而在中点左侧也就是资源依赖度处于（16.83%，18.09%）时，转换函数 g 值由 1 缓慢平滑转化成 0，再在 18.09%处转换为 1，另外由于该阶段非线性部分参数 β_{31} 为 0.043 7，也就是在（16.83%，18.09%）处总的参数由-0.103 9，慢慢平滑转换为-0.147 6，在资源依赖度超过 18.09%时再平滑转换成-0.103 9，资源依赖度与经济增长之间仍然为负相关关系，表现为"资源诅咒"，但是"资源诅咒"的约束值相对更小。总的来说，就是资源依赖度小于 7.32%，煤炭资源对经济增长约束表现为"资源尾效"，"资源尾效"平均值为 0.137 9%；当资源依赖度处于（7.32%，16.83%）时，资源依赖度对经济增长的约束表现为"资源诅咒"，"资源诅咒"平均值为 0.147 6%；当资源依赖度大于 16.83%时，资源依赖度对经济增长的约束依然表现为"资源诅咒"，只是资源约束程度相对在减小。

表 15-4　最终面板平滑转换回归模型估计结果

(m, r)	$(2, 3)$
β_{01}	0.796 7（1.810 5）
β_{11}	−0.285 5（−2.129 2）
β_{21}	−0.658 8（−1.700 5）
β_{31}	0.043 7（0.627 3）
γ_i	（103 964，88.9，1.57）
c_1	（16.15，17.50）
c_2	（5.57，9.07）
c_3	（9.03，27.15）

四、成长异质性分析

由于不同煤炭城市所处的阶段不同，不同煤炭城市中煤炭资源对经济增长的约束情况可能并不相同，所以根据对煤炭城市的分类情况分别进行研究。由于再生型城市受煤炭资源对经济增长的约束作用并不大，所以只对成长型、成熟型和衰退型煤炭城市进行分析。

（一）成长型煤炭城市

（1）同质性和无剩余异质性检验。使用第十四章第三节中实证部分相同的办法进行分析，得到表 15-5。从表 15-5 可以看出，所有情况下都拒绝同质性假设。

表 15-5　成长型煤炭城市同质性和无剩余异质性的 LMF 检验

门槛变量	Co	
位置参数个数 m	1	2
$H_0:r=0$　$H_1:r=1$	15.631（0.000）	7.866（0.000）
$H_0:r=1$　$H_1:r=2$	0.151（0.941）	2.666（0.032）

（2）最优位置参数确定。在进行无剩余异质性检验之后，进一步就要确定各个模型转换函数的位置参数个数 m。对模型在 $m=1$ 和 $m=2$ 的情况分别进行面板平滑转换估计，得到表 15-6 中的最优转换函数个数、SSR、AIC 和 BIC 值。通过比较表 15-6 中 AIC 和 BIC 值，根据其最小值法则，最终选择模型（$m=1$，$r=1$）。

表 15-6　位置参数数量的确定

位置参数个数 m	1	2
最优转换函数个数 r	1	1
SSR	693.542	882.450
AIC	3.212	3.520
BIC	3.523	3.871

（3）非线性回归结果分析。继续使用非线性最小二乘法估计上述模型，由于主要是研究煤炭资源依赖度对经济增长的约束作用，所以只列出 Co 的系数，整理得到参数如表 15-7 所示。其中资源依赖度的线性部分和非线性部分的参数 β_{01} 和 β_{11} 分别为 5.681 0、–6.288 4，而转换函数的斜率参数 γ 为 0.211 2，说明该模型转换速度较为缓慢，资源依赖度的总参数由 5.681 0 慢慢平滑转换成–0.607 4，也就是资源依赖度对经济增长的约束情况由"资源尾效"转换为"资源诅咒"。为了更清楚地看出其平滑转换情况，画出转换函数煤炭资源依赖度与 g 值的关系图（图 15-1）。

表 15-7　最终面板平滑转换回归模型估计结果

(m, r)	$(1, 1)$
β_{01}	5.681 0（1.810 5）
β_{11}	–6.288 4（–2.129 2）
γ	0.211 2
c	12.849 9

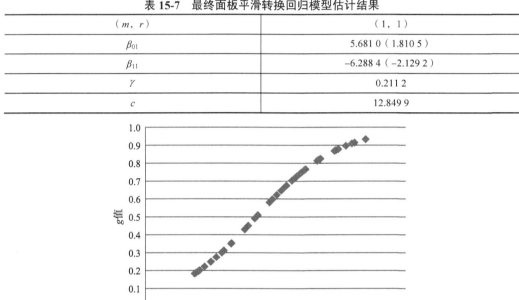

图 15-1　煤炭资源依赖度与 g 值的关系

（二）成熟型煤炭城市

（1）同质性和无剩余异质性检验。使用第十四章第三节中实证部分相同的办法进行分析，得到表 15-8。从表 15-8 可以看出，所有情况下都接受同质性假设，成熟型煤炭城市中资源依赖度与经济增长之间只是简单的线性关系。

表 15-8　成熟型煤炭城市同质性和无剩余异质性的 LMF 检验

门槛变量	Co	
位置参数个数 m	1	2
$H_0:r=0$　　$H_1:r=1$	2.389（0.070）	1.739（0.115）
$H_0:r=1$　　$H_1:r=2$	—	—

注："—"表示不存在，因为上一行结果表明只有一个位置参数，所以不用检验。

（2）线性回归结果。利用研究资源依赖度与经济增长之间关系的模型对成熟型煤炭城市进行分析。利用 Eviews 7.2 进行回归分析，得到如表 15-9 所示的回归结果。通过表 15-9 可以看出，煤炭城市中煤炭资源依赖度与经济增长速度之间呈负相关关系，随着对煤炭资源依赖度的增加，经济增长速度反而减缓，表现为"资源诅咒"效应。

表 15-9　成熟型煤炭城市面板数据回归结果

变量	系数	标准误	统计量	p 值
C	11.598 430	2.063 843	5.619 821	0.000 0
Inv	0.001 269	0.011 967	0.106 060	0.915 7
Min	0.081 562	0.059 025	1.378 438	0.169 8
Co	−0.086 788	0.061 563	−1.415 329	0.159 0

注：C 代表截距项。

（三）衰退型煤炭城市

（1）同质性和无剩余异质性检验。使用第十四章第三节中实证部分相同的办法进行分析，得到表 15-10。从表 15-10 可以看出，所有情况下都接受同质性假设，衰退型煤炭城市中资源依赖度与经济增长之间只是简单的线性关系。

表 15-10　衰退型煤炭城市同质性和无剩余异质性的 LMF 检验

门槛变量	Co	
位置参数个数 m	1	2
$H_0{:}r=0$　　$H_1{:}r=1$	1.316 （0.271）	1.581 （0.155）
$H_0{:}r=1$　　$H_1{:}r=2$	—	—

注："—"表示不存在，因为上一行结果表明只有一个位置参数，所以不用检验。

（2）线性回归结果。利用研究资源依赖度与经济增长之间的关系的模型对衰退型煤炭城市进行分析。利用 Eviews 7.2 进行回归分析，得到如表 15-11 所示的回归结果。从表 15-11 可以看出，煤炭城市中煤炭资源依赖度与经济增长速度之间呈负相关关系，随着对煤炭资源依赖度的增加，经济增长速度反而减缓，表现为"资源诅咒"效应。

表 15-11　衰退型煤炭城市面板数据回归结果

变量	系数	标准误	统计量	p 值
C	7.494 266	2.746 856	2.728 306	0.007 1
Inv	0.083 257	0.015 554	5.720 679	0.000 0
Min	0.052 730	0.076 571	0.688 634	0.492 0
Co	−0.096 807	0.080 564	−1.201 616	0.231 5

五、资源开采部门规模报酬分析

为了证实理论分析中发现资源开采部门不同规模报酬下资源依赖度对经济增长的约束情况不相同，建立下面模型进行实证分析：

$$\ln R = \alpha + \varepsilon \ln L \tag{15-26}$$

式中，R 为煤炭开采量，用原煤产量表示；α 为常数项；ε 为系数；L 为资源开采部门从业人数，用采掘业从业人员数表示。

（一）单位根检验

下面对 $\ln R$ 和 $\ln L$ 进行单位根检验，检验方法包括 LLC 检验、ADF 检验和 PP 检验（表 15-12）。表 15-12 显示，三种检验方法 $\ln R$ 变量水平序列都平稳，$\ln L$ 变量水平序列都不平稳，但是其一阶差分序列都平稳，所以可以用该面板数据来进行回归。

表 15-12　面板数据单位根检验（二）

变量	LLC 检验		ADF 检验		PP 检验	
	水平序列	一阶差分	水平序列	一阶差分	水平序列	一阶差分
$\ln R$	−6.349 72 （0.000 0）***	—	78.721 7 （0.024 3）**	—	120.353 0 （0.000 0）***	—
$\ln L$	−2.447 15 （0.007 2）**	−9.878 94 （0.000 0）***	71.196 1 （0.083 0）	188.460 （0.000 0）***	47.115 3 （0.795 2）	199.182 （0.000 0）***

、*分别表示在 5%、1%的显著水平，采用施瓦兹准则来确定滞后阶数，表中括号内数据为相应的 p 值；"—"表示水平序列已经稳定，不需要做一阶差分。

（二）Hausman 检验与回归结果

为了研究不同类型煤炭城市资源开采部门规模报酬的差异，便于证实理论分析部分，下面对成长型煤炭城市、成熟型煤炭城市和衰退型煤炭城市进行分析：首先是进行对固定效应模型和随机效应模型的选择（表 15-13）。表 15-13 显示，Hausman 检验中三个模型都拒绝原假设，因此选择固定效应模型。

表 15-13　面板数据模型选择（二）

煤炭城市类型	Hausman 检验			
成长型	原假设：随机效应模型	χ^2	p 值	拒绝原假设
	备择假设：固定效应模型	24.211 511	0.000 0	
成熟型	原假设：随机效应模型	χ^2	p 值	拒绝原假设
	备择假设：固定效应模型	3.871 893	0.049 1	
衰退型	原假设：随机效应模型	χ^2	p 值	拒绝原假设
	备择假设：固定效应模型	4.170 144	0.041 1	

利用检验的结果进行回归，结果发现：①成长型煤炭城市劳动力规模报酬为 1.655 551，处于[1, 2]。可见煤炭城市资源依赖度与经济增长之间呈倒 U 形关系，与上面的理论分析和非线性分析吻合；②成熟型煤炭城市和衰退型煤炭城市劳动力规模报酬小于 1，显示资源依赖度与经济增长之间呈负相关关系，表现为"资源诅咒"，与上面理论分析和非线性分析结果一致（表 15-14）。

表 15-14　资源开采部门规模报酬回归结果

煤炭城市类型	变量	系数	标准误	统计量	p 值
成长型	C	6.800 386	0.229 984	29.568 97	0.000 0
	$\ln L$	1.655 551	0.159 504	11.073 62	0.000 0
成熟型	C	6.795 822	0.080 665	84.247 20	0.000 0
	$\ln L$	0.623 919	0.040 415	15.438 49	0.000 0
衰退型	C	7.189 081	0.084 295	85.284 43	0.000 0
	$\ln L$	0.015 432	0.055 800	0.276 559	0.782 4

六、主要结论

本章构建了研究"资源尾效"和"资源诅咒"转换机制的理论模型，探索二者之间的转换条件和机制，并以 30 个地级煤炭城市 2001～2016 年的面板数据为样本，使用面板平滑转换回归模型对所有煤炭城市以及不同发展阶段的煤炭城市"资源尾效"和"资源诅咒"的转换机制进行了分析，得到以下结论。

（1）煤炭资源对煤炭城市经济增长的约束作用不仅与资源依赖度大小有关，还与资源开采部门劳动力规模报酬相关。当 $\varepsilon > 2$ 时，资源依赖度与经济增长速度之间呈正相关关系；当 $1 < \varepsilon \leqslant 2$ 时，资源依赖度与经济增长速度表现为倒 U 形关系；当 $0 < \varepsilon \leqslant 1$ 时，资源依赖度与经济增长速度之间呈负相关关系。随着煤炭城市发展阶段和资源依赖度的变化，煤炭资源对经济增长的约束作用会发生转换。

（2）对所有煤炭城市进行分析的结果表明，当资源依赖度小于 7.32%，煤炭资源对经济增长约束表现为"资源尾效"，其"资源尾效"平均值为 0.137 9%；当资源依赖度处于（7.32%，16.83%）时，资源依赖度对经济增长的约束表现为"资源诅咒"，"资源诅咒"平均值为 0.147 6%；当资源依赖度大于 16.83% 时，资源依赖度对经济增长的约束依然表现为"资源诅咒"，只是资源约束程度相对在减小。

（3）针对不同发展阶段的煤炭城市进行分析的结果表明，成长型煤炭城市资源约束作用表现为由"资源尾效"转换为"资源诅咒"，其劳动力规模报酬为 1.655 551（处于[1, 2]）；而成熟型煤炭城市和衰退型煤炭城市的资源依赖度与经济增长之间只是简单的线性关系，表现为"资源诅咒"，其劳动力规模报酬小于 1，并且衰退型煤炭城市资源依赖度对经济增长的负影响较大。

参 考 文 献

白永秀，吴振磊，2012. 创立中国特色人口资源环境经济学的设想[J]. 当代经济研究，（7）.

庇古，2009. 福利经济学[M]. 何玉长，丁晓钦，译. 上海：上海财经大学出版社.

蔡运龙，2007. 自然资源学原理[M]. 北京：科学出版社.

代凤娥，2007. 环境影响评价在宏观调控中的作用[J]. 绍兴文理学院学报（自然科学版），（3）.

邓聚龙，2002. 灰色预测与决策[M]. 武汉：华中科技大学出版社.

丁勇，李秀萍，刘朋涛，等，2005. 自然资源价值新论——Ⅰ自然资源有价论[J]. 内蒙古科技与经济，
　　（10）.

董敏杰，李钢，梁泳梅，2012. 中国工业环境全要素生产率的来源分解——基于要素投入与污染治理的
　　分析[J]. 数量经济技术经济研究，（2）.

方创琳，鲍超，乔标，等，2008. 城市化过程与生态环境效应[M]. 北京：科学出版社.

方大春，2009. 自然资源价值理论与理性利用[J]. 安徽工业大学学报（社会科学版），26（4）.

高东，2007. 成本不确定下的环境政策工具技术效应比较[D]. 大连理工大学.

高晶，沈万斌，2007. 生态环境影响综合评价方法研究[D]. 吉林大学.

葛京凤，郭爱请，2004. 自然资源价值核算的理论与方法探讨[J]. 生态经济，（S1）.

郭明，冯朝阳，赵善伦，2003. 生态环境价值评估方法综述[J]. 山东师范大学学报（自然科学版），（1）.

郭正权，2011. 基于 CGE 模型的我国低碳经济发展政策模拟分析[D]. 中国矿业大学.

过孝民，於方，赵越，2009. 环境污染成本评估理论与方法[M]. 北京：中国环境科学出版社.

郝永红，王学萌，2002. 灰色动态模型及其在人口预测中的应用[J]. 数学的实践与认识，（5）.

胡怡荃，2010. 论中国的人口素质现状及其提高[J]. 科技信息，（10）.

黄奇，苗建军，李敬银，等，2015. 基于绿色增长的工业企业技术创新效率空间外溢效应研究[J]. 经济
　　体制改革，（4）.

黄湘，李卫红，2006. 生态系统服务价值评价[C]. 自然地理学与生态建设论文集，2006.

姜晓璐，刘耀彬，2009. 资源枯竭型煤炭城市的煤炭资源价值核算与补偿机制研究——以萍乡市为例
　　[D]. 南昌大学.

孔德芳，1995. 模糊概念、模糊子集与模糊数学[J]. 济宁师专学报，（3）.

匡远凤，彭代彦，2012. 中国环境生产效率与环境全要素生产率分析[J]. 经济研究，（7）.

李斌，彭星，欧阳铭珂，2013. 环境规制、绿色全要素生产率与中国工业发展方式转变——基于 36 个

工业行业数据的实证研究[J]. 中国工业经济,（4）.

李兰冰,刘秉镰,2015. 中国区域经济增长绩效、源泉与演化:基于要素分解视角[J]. 经济研究,（8）.

李丽,张海涛,2008. 基于BP人工神经网络的小城镇生态环境质量评价模型[J]. 应用生态学报,19（12）.

李琳,张佳,2016. 长江经济带工业绿色发展水平差异及其分解——基于2004～2013年108个城市的比较研究[J]. 软科学,30（11）.

李通屏,邵红梅,邓宏兵,2007. 经济学帝国主义与人口资源环境经济学学科发展[J]. 中国人口·资源与环境,（5）.

李霞,崔彬,2006. 关于自然资源价值的思考[J]. 中国矿业,（8）.

李祚泳,丁晶,彭荔红,2004. 环境质量评价原理与方法[M]. 北京:化学工业出版社.

梁勇,成升魁,闵庆文,等,2005. 居民对改善城市水环境支付意愿的研究[J]. 水利学报,（5）.

刘国全,刘子藏,李宏军,等,2010. 区带资源量预测和线性规划方法及应用[J]. 天然气地球科学,21（4）.

刘娟,蒋兆华,韦军,等,2009. BP神经网络在地下水水质评价中的应用[J]. 水利科技与经济,15（3）.

刘瑞翔,安同良,2012. 资源环境约束下中国经济增长绩效变化趋势与因素分析——基于一种新型生产率指数构建与分解方法的研究[J]. 经济研究,（11）.

刘小敏,2011. 中国2020年碳排放强度目标的情景分析[D]. 中国社会科学院研究生院.

刘耀彬,蔡潇,2011. 基于CVM的南昌城市河湖生态服务功能价值评估[J]. 城市环境与城市生态,24（2）.

刘耀彬,蔡潇,姚成胜,2010. 城市河湖水域生态服务功能价值评价的研究现状与进展[J]. 安徽农业科学,38（25）.

刘耀彬,宋学锋,2005. 徐州市生态足迹计算与分析[D]. 中国矿业大学（徐州）.

刘耀彬,朱淑芬,2009. 基于可拓物元-马尔科夫模型的省域生态环境质量动态评价与预测——以江西省为例[J]. 中国生态农业学报,17（2）.

刘自强,李静,马欣,等,2005. 基于能值理论的乌鲁木齐市农业现状与发展策略[J]. 国土与自然资源研究,（2）.

陆亚洲,1994. 我国自然资源利用现状和对策[J]. 自然资源,（6）.

罗良文,梁圣蓉,2016. 中国区域工业企业绿色技术创新效率及因素分解[J]. 中国人口·资源与环境,26（9）.

吕红平,王金营,2001. 关于人口、资源与环境经济学的思考[J]. 人口研究,25（5）.

马歇尔,2008. 经济学原理[M]. 刘生龙,译. 北京:中国社会科学出版社.

马忠,1999. 环境与资源经济学概念[M]. 北京:高等教育出版社.

孟广武,1998. 模糊数学的基本理论及其应用（Ⅰ）模糊数学的产生和发展概述[J]. 聊城师院学报（自然科学版）,（2）.

穆光宗,1996. "人口问题的本质是发展问题"的理论解释[J]. 人口与计划生育,（4）.

欧阳金芳,钱振勤,赵俭,2009. 人口·资源与环境[M]. 2版. 南京:东南大学出版社.

潘浩然,2016. 可计算一般均衡模型建模初级教程[M]. 北京:中国人口出版社.

庞瑞芝,李鹏,2011. 中国新型工业化增长绩效的区域差异及动态演进[J]. 经济研究,（11）.

彭山桂,汪应宏,陈晨,等,2009. 趋势面分析方法在房地产估价中的应用研究[J]. 商业时代,（8）.

钱丽，肖仁桥，陈忠卫，2015. 我国工业企业绿色技术创新效率及其区域差异研究——基于共同前沿理论和 DEA 模型[J]. 经济理论与经济管理，V35（1）.

屈云龙，许燕，2010. 主成分分析法在人口素质评价中的应用——以江苏省为例[J]. 南京人口管理干部学院学报，26（2）.

渠涛，杨永春，2005. 城市环境污染的经济损失及其评估——以山城重庆为例[J]. 兰州大学学报，（3）.

任黎，董增川，李少华，2004. 人工神经网络模型在太湖富营养化评价中的应用[J]. 河海大学学报（自然科学版），（2）.

单豪杰，2008. 中国资本存量 K 的再估算：1952～2006 年[J]. 数量经济技术经济研究，（10）.

施键兰，黄加增，2012. 人口预测模型的进展[J]. 软件，33（8）.

苏广实，2007. 自然资源价值及其评估方法研究[J]. 学术论坛，（4）.

汪锦，孙玉涛，刘凤朝，2012. 中国企业技术创新的主体地位研究[J]. 中国软科学，（9）.

王兵，刘光天，2015. 节能减排与中国绿色经济增长——基于全要素生产率的视角[J]. 中国工业经济，（5）.

王兵，唐文狮，吴延瑞，等，2014. 城镇化提高中国绿色发展效率了吗?[J]. 经济评论，（4）.

王静，2006. 基于可拓学的知识表示及推理方法研究[D]. 哈尔滨：哈尔滨工程大学.

王奇，王会，陈海丹，2012. 中国农业绿色全要素生产率变化研究：1992—2010 年[J]. 经济评论，（5）.

王姗姗，2011. 基于熵值物元可拓模型的土地整理环境影响评价研究[D]. 中国地质大学（武汉）.

王艳，2006. 区域环境价值的核算方法与应用研究[D]. 中国海洋大学.

王智辉，2008. 自然资源禀赋与经济增长的悖论研究——资源诅咒现象辨析[D]. 吉林大学.

肖荣波，丁琛，2011. 城市规划中人口空间分布模拟方法研究[J]. 中国人口·资源与环境，21（6）.

徐建华，2006. 计量地理学[M]. 北京：高等教育出版社.

宣晓伟，2002. 用 CGE 模型分析硫税对中国经济的影响[J]. 调查研究报告，（197）.

杨洪刚，2009. 中国环境政策工具的实施效果及其选择研究[D]. 复旦大学.

杨凯，赵军，2005. 城市河流生态系统服务的 CVM 估值及其偏差分析[J]. 生态学报，（6）.

杨云彦，程广帅，2006. 人口、资源与环境经济学学科的新发展[J]. 求是学刊，（1）.

杨振兵，邵帅，杨莉莉，2016. 中国绿色工业变革的最优路径选择——基于技术进步要素偏向视角的经验考察[J]. 经济学动态，（1）.

姚成胜，刘耀彬，2010. 福建省生态系统服务价值变化对土地利用变化驱动因子的敏感性分析[J]. 农业系统科学与综合研究，26（1）.

姚成胜，朱鹤健，2007. 福建生态经济系统的能值分析及可持续发展评估[J]. 福建师范大学学报（自然科学版），（3）.

岳利萍，2007. 自然资源约束程度与经济增长的机制研究[D]. 西北大学.

张洪波，张启生，2009. 线性规划方法在生产中应用的实例分析[J]. 徐州建筑职业技术学院学报，9（3）.

张军，吴桂英，张吉鹏，2004. 中国省际物质资本存量估算：1952—2000[J]. 经济研究，（10）.

张坤民，温宗国，彭立颖，2007. 当代中国的环境政策：形成、特点与评价[J]，中国人口·资源与环境，17（2）.

张伟，2007. 基于人工神经网络吉林地下水水质现状评价及预测研究[D]. 吉林大学.

张欣，2010. 可计算一般均衡模型的基本原理与编程[M]. 上海：格致出版社，上海人民出版社.

张跃，彭全刚，1999. 水库正常蓄水位选择中的多目标模糊决策方法[J]. 系统工程理论与实践，（12）.

张志强，徐中民，程国栋，等，2001.中国西部 12 省（区市）的生态足迹[J]. 地理学报，（5）.

赵璐，赵作权，2014. 基于特征椭圆的中国经济空间分异研究[J]. 地理科学，34（8）.

赵沙，张福平，徐改花，等，2011. 基于 GIS 的关中地区人口分布时空演变特征研究[J]. 资源开发与市
场，27（8）.

赵媛，何寅昊，2008. 浅析环境问题、资源问题和生态环境问题——兼论对"高中地理选修 6 环境保护"
课标的修改建议[J]. 课程·教材·教法，（12）.

周跃龙，汪怀建，罗运阔，等，2003. 自然资源利用和生态环境保护问题及其对策探讨[J]. 江西农业大
学学报，25（2）.

朱迪·丽丝，2002. 自然资源—分配、经济学与政策[M]. 北京：商务印书馆.

朱杰，2008. 人口迁移理论综述及研究进展[J]. 江苏城市规划，（7）.

朱明芬，2009. 农民工家庭人口迁移模式及影响因素分析[J]. 中国农村经济，（2）.

朱有为，徐康宁，2006. 中国高技术产业研发效率的实证研究[J]. 中国工业经济，（11）.

庄小文，2011. 开放经济下的贸易、环境与城市化协调发展的评价及政策研究[D]. 南昌大学.

卓莉，陈晋，2005. 基于夜间灯光数据的中国人口密度模拟[J]. 地理学报，60（2）.

Cebula R J，Vedder R K，1973. A note on migration，economic opportunity and the quality of life. Journal of
Regional Science，（13）.

Charnes A，Cooper W W，Rhodes E，1978. Measuring the efficiency of decision making units[J]. European
Journal of Operational Research，2（6）.

Cooper J C，1993. Optimal bid selection for dichotomous choice contingent valuation surveys[J]. Journal of
Environmental Economics and Management，24.

Costanza R，d' Arge R，de Groot R，et al，1997. The value of the world's ecosystem services and natural
capital[J]. Nature，386.

Courchene T J，1970. Interprovincial migration and economic adjustment[J]. The Canadian Journal of
Economics，（4）.

Fan C C，2005. Interprovincial migration，population redistribution，and regional development in China：
1990 and 2000 census comparisons[J]. The Professional Geographer，57（2）.

Farrell M J，1957. The measurement of productive efficiency[J]. Journal of the Royal Statistical Society，120
（3）.

Goldratt E M，1990. Theory of Constraints[M]. New York：North River Press.

Gonzalez A，Terasvirta T，van Dijk D，2005. Panel smooth transition regression models[Z]. Sydney：
University of Technology Sydney.

Hanemann W M，1984. Welfare evaluations in contingent valuation experiments with discrete responses[J].
American Journal of Agricultural Economics，66.

Hardin G，1968. The tragedy of commons[J]. Science，162.

Harvey J T，2002. Estimating census district populations from satellite imagery：Some approaches and
limitations[J]. International Journal of Remote Sensing，23（10）.

Herberle R，1938. The causes of rural-urban migration：A survey of German theories[J]. American Journal of

Sociology，（43）．

Iisaka J，Hegedus E，1982. Population estimation from Landsat imagery[J]. Remote Sensing of the Environment，12.

Kahn H，Wiener A，1967. The Year 2000[M]. New York：MacMillan.

Lee E S，1966. A theory of migration[J]. Demography，3（1）．

Lewis W，1954. Economic development with unlimited supplies of labour[J]. The Manchester School，22（2）.

Lo C P，1995. Automated population and dwelling unit estimation from high-resolution satellite images：A GIS approach[J]. International Journal of Remote Sensing，16.

Odum H T，1988. Self-organization，transformity，and information[J]. Science，242（4882）．

Odum H T，1996. Environmental Accounting：Emergy and Environmental Decision Making[M]. New York：John Wiley.

Rees W E，1992. Ecological footprints and appropriated carrying capacity：What urban economics leaves out[J]. Environment and Urbanization，4（2）．

Rogers S A，1978. Model migration schedules：An application using data for the Soviet Union[J]. Canadian Studies in Population，（5）．

Samuelson P A，1954. The pure theory of public expenditure[J]. Review of Economics and Statistics，36（4）.

Tober W R，1979. Smooth pycnophylactic interpolation for geographical region[J]. Journal of the American Statistical Association，74.

van Dijk D，Teräsvirta T，Franses P H，2002. Smooth transition autoregressive models—A survey of recent developments[J]. Econometric Reviews，21（1）．

Wackernagel M，Onisto L，Callejas L A，et al，1997. Ecological footprints of nations. How much nature do they use? How much nature do they have?[R]. Commissioned by the Earth Council for the Rio+5 Forum. International Council for Local Environmental Initiatives，Toronto.

Wang L，Szirmai A，2008. Technological inputs and productivity growth in China's high-tech industries[J]. China Economic Quarterly，（3）．

Wu C S，Murray A T，2005. A cokriging method for estimating population density in urban areas[J]. Computers，Environment and Urban Systems，29（2）.

Yuan Y，Smith R M，Limp W F，1997. Remodeling census population with spatial information from Landsat TM imagery[J]. Computers，Environment and Urban Systems，21.

Zadeh L A，1965. Fuzzy sets[J]. Information and Control，8.

Zipf G K，1946. The PJVD hypothesis on the intercity movement of persons[C]//American Sociological Review.

后　记

自 1997 年国务院学位委员会在理论经济学一级学科下设立人口、资源与环境经济学以来，学术界展开了广泛的研究，甚至有不少同名教材的出版。但是市场上出现的有关人口、资源与环境经济学的教材，大多没有把人口、资源与环境经济学看成是一门独立的新兴学科，而是把它视为人口经济学、资源经济学、环境经济学的简单相加，在结构上表现为"三大板块"，没有体现系统性；研究内容集中于人口、资源、环境三大问题本身的探讨和解决方案，没有模型和案例的佐证分析，理论性不强。为了弥补这些缺陷，本书首先对人口、资源与环境经济学做了整体介绍，然后针对人口、资源与环境经济学的几大研究内容进行介绍，并对人口、资源、环境三者内在关系进行了探讨，同时给出了相关的模型，并且结合案例对模型进行分析，使读者能够更加清晰明了地理解相关内容。

本书共分为十五章，并可概括为五篇。第一章到第二章为第一篇，介绍了人口、资源与环境经济学的学科属性及其基本研究内容，在具体介绍模型方法之前给读者留下直观的印象，便于整体把握。第三章到第十五章是本书的主体部分，共四篇，针对第二章中介绍的每个基本研究内容给出了更加详细的介绍，提出其分析模型，并附有相关案例，便于读者理解和掌握。

本书由刘耀彬设计总体框架和写作提纲，全书内容整理由肖小东负责，各章的具体撰写分工如下：第一章、第二章由田西负责，第三章、第四章、第五章、第六章由张灵负责，第七章、第八章、第九章由占少贵负责，第十章由陈建军负责，第十一章、第十二章、第十三章由胡凯川负责，第十四章、第十五章由肖小东负责。

在本书编写过程中，我们广泛参考了很多专家和学者的研究成果，在此一并致以真诚的谢意！本书的出版得到了南昌大学经济与管理学院应用经济学省级重点一级学科和南昌大学研究生教材出版基金资助。

刘耀彬

2019 年 9 月 9 日